韩国农畜水产品质量安全管理制度概览

——发展中的韩国农畜水产品质量安全管理制度

杨宝瑞　编著

中国农业出版社

序　言

　　民以食为天，食以安为先，食品安全源头在农畜水产品。农畜水产品质量安全关系到每个人的身体健康和生命安全，关系到农业的可持续发展和社会进步，加强农畜水产品质量安全管理已成为世界各国普遍关注的问题。为了从源头上保障农畜水产品质量安全，提高农畜水产品质量，增强国际市场的竞争力，世界大多数国家，特别是发达国家和地区早已高度重视农畜水产品质量安全管理，并积累了丰富的经验。这些国家和地区管理模式成熟，法律法规健全，标准体系完备，技术支撑力强，管理效果较好，有许多地方值得我们学习借鉴。

　　近些年来，随着我国社会的进步和经济的不断发展，人民生活水平日益提高，国民的健康意识不断增强，消费者对食品安全的关注度越来越高，农畜水产品质量安全问题日益突出，已成为农业发展新阶段亟待解决的主要矛盾之一。虽然农药、兽药、饲料添加剂、动植物激素等农资材料的使用，对我国农业生产和农产品数量的增长发挥了积极作用，但是由于我国农药滥施乱用现象相对严重，投入品不合格使用或非法使用，工业"三废"存在排放无序现象，加之我国农村组织化程度低，生产者安全意识差，管理者管理不到位，法律法规及市场监管制度不健全等，导致产地环境和农畜水产品污染现象经常发生，给农畜水产品质量安全带来了很大隐患。出口农畜水产品及加工品因药残留超标等问题被拒收、扣留、退货、索赔、终止合同、停止贸易交往的现象时有发生。可以说，农畜水产品质量安全面临前所未有的挑战。为此党中央、国务院和地方政府高度重视，出台了一系列政策措施。为保障农产品安全，维护公众健康，促进农业和农村经济发展，全国人民代表大会常务委员会于 2006 年 4 月 29 日通过了《中华人民共和国农产品质量安全法》，对农产品质量安全标准、农产品产地、生产、包装和标识以及监督检查等做出明确规范，标志着我国农产品质量安全管理进入法制管理的轨道。地方各级政府都把农畜水产品质量安全问题作为农业和农村经济工作的一项紧迫、重大任务来抓，并取得明显成效。

韩国与我国是近邻，因地缘关系，韩国民众在文化和生活习惯等方面与我国有许多相似之处，两国经济联系日益密切，彼此交往越来越多。韩国农畜水产品质量安全管理虽然与欧美等发达国家相比起步较晚，仍处在发展时期，但与我国相比，管理制度比较健全，管理行为更为规范，管理效果也比较明显，有许多地方值得我们学习和借鉴。为此笔者受辽宁省海洋水产科学研究院委托编著了《韩国农畜水产品质量安全管理概览》一书，意在借他山之石，攻当下之玉，期待能为提高辽宁省乃至全国农畜水产品质量安全管理水平，使我国尽快进入世界农畜水产品质量安全管理先进国家的行列，为国民的健康助微薄之力。

《韩国农畜水产品质量安全管理制度概览》一书以韩国农畜水产品质量安全管理的相关法律法规为基础，参考韩国有关部门和专家、学者的大量研究成果和相关资料，经过认真梳理、分析和研究，编写而成。本书分总论、安全管理、认证制度、标示制度、进出口检疫、农药及饲料管理等六编二十章。总体介绍了韩国农畜水产品质量安全管理制度的产生与发展、管理体制的演变过程、管理制度的分类及基本特征，分别阐述了韩国现行的农水产品安全调查制度、农村耕地特别污染调查制度、畜产品安全检查制度、农产品良好管理制度、农畜水产品履历跟踪管理制度、危害要素重点管理标准制度、亲环境农水产品认证制度、水产品质量认证制度、传统食品质量认证制度、食品产业标准（KS）认证制度、食品名人制度、转基因农水产品标示制度、农水产品原产地标示制度、地理标示登记制度、动物及畜产品进出口检疫检查制度、水产生物进出口检疫制度、农药管理制度、饲料管理制度的建立与发展、基本标准制订、认证程序与方法、日常管理及法律责任等有关情况。为了进一步加深对韩国农畜水产品质量安全管理的认识和理解，本书的附录部分还附有《韩国农水产品质量安全管理法》《韩国畜产品卫生管理法》和《韩国农畜水产品国家认证统一标识图案》。

因韩国农畜水产品质量管理涉及的范围较广，内容较多，涵盖了种植业、畜牧业、水产业及相关的行业，每个行业均有各种制度，涉及众多品种，每项制度都有不同的法律作支撑，虽然有些品种的认证方法、认证程序有相似之处，但认证标准各异，所含内容较多，篇幅较长，难以对每个标准进行详细介绍。本书本着"力求全面、有所侧重、删繁就简、有取有舍"的原则，根据每项制度的不同情况进行介绍。比如有机农畜水产品认证属于体系认证，需要对相关标准有所了解，所以重点对几项制度做较为系统的介绍。又如农产品良好管理认证制度是农产品质量安全管理最具代表性的制度，所以对其认证标准详细加以介绍。水产品质量安全管理所涉及的品种、规格、标准较多，只能举例或梗概介绍有关标准规格。正是基于上述原因，将本书定名为《韩国农畜水产品质量安全管理概览》，试图让读者通过梗概浏览，能够对韩国农畜水产品质量安全管理的基本现状、发展历程、主要认证制度及认证方法等情况有所了解，从而开阔视野，理清思路，受到启迪，将好的经验和做法为我所用。

我国经济社会发展正处在转型期，加强农畜水产品质量安全管理已成为全局性、战略性的重大任务。我们应当按照党中央的要求，把农畜水产品质量安全作为转变农业发展方式、加快现代农业建设的关键环节，用严谨的标准、严格的监管、严厉的处罚、严肃的问责，保证广大人民群众"舌尖上的安全"。为此，我们要借鉴外国的成功经验，引进发达国家现代管理的理念和先进的科学技术，尽快建立健全农畜水产品质量安全管理组织体系，加强农畜水产品质量安全管理制度建设，完善质量认证和认证标准体系，坚持用制度管理，用标准衡量，用现代技术作支撑，保证农畜水产品质量安全管理落到实处。要统筹规划，因地制宜，多措并举，稳步推进，把农畜水产品质量安全义务认证与自愿认证结合起来，把政府监管与企业自律管理结合起来，把消费者监督与社会舆论监督结合起来，形成全民重视农畜水产品质量安全管理的良好局面，让人民吃上放心食品。这是我们的共同愿望，也是广大民众的热切期盼。

作　者

2016 年 12 月 12 日

目　　录

第四编 标示制度

第一编

总　论

第一章 概 述

第一节 农畜水产品质量安全管理制度的产生及发展

一、世界主要国家农畜水产品质量安全管理

农畜水产品质量安全管理是社会经济发展到特定历史时期的必然产物。农畜水产品质量安全不仅关系到国民健康，而且对经济发展和社会稳定也产生很大影响，因此日益受到世界各国的高度重视。

日本是一个农产品消费国，政府对农产品质量安全管理非常重视。日本政府从第二次世界大战后开始着手农产品质量管理，目前已经形成一套比较完整的农产品质量管理体系。1948 年厚生劳动省颁布实施《食品卫生法》，农林水产省颁布实施《输出品取缔法》（1997 年废止）。特别是 20 世纪 70 年代前后，日本经过高速的经济发展期，同时也面临着严重的社会公害问题。农药和化学肥料的过多使用给国民的身体健康带来危害，人们对食品安全忧虑的呼声日益高涨。在这种情况下，日本开始掀起了无农药、无化学肥料和减农药栽培运动。1971 年日本成立有机农业研究会，首次使用有机农业一词，从此正式开始有机农业的发展。1992 年制定新农业政策，环保型农业占农业政策的重要部分。1993 年 4 月制定并组织实施《有机农产品等蔬菜和水果特别标志准则》。1994 年开始推进减轻环境负担措施，实施推进新农业技术、促进地区回收利用等政策。在 1999 年 3 月制定的新农业基本法《饲料、农业、农村基本法》中，把"农业的持续发展"作为三大农业政策理念之一。为此积极推进农业生产方式的转换，推行有机性资源的循环利用等环保型农业政策。2000 年初制定有机农产品及有机农产品加工食品的生产者、制造者认证标准。2000 年 10 月 1 日开始依照《农林产品品质规格化及质量标志管理法》（《JAS 法》，1950 年制定，1970 年修订，2000 年全面推广实施）实施有机农产品认证制度。该制度实施后，在日本市场上市的有机农产品、无农药栽培、无化肥栽培等 5 种农产品均需经农林水产省注册的日本国内认证机构批准后进行标示。该制度不承认转基因食品是有机食品。例如，通过基因转换技术栽培的大豆等，即使 3 年以上不使用化肥和农药也不被认证为有机食品。日本农产品质量管理主要由农林水产省和厚生劳动省负责，直接面向农产品生产、加工、销售和消费者。日本农林水产技术消费中心指定专门负责质量认证的民间机关，实施指

导、监督业务和对认证农产品的管理等。

美国是世界上最大的农产品生产国和出口国，为适应农产品国内和国际市场贸易的需要，美国积极开展农产品认证。从19世纪初的种子认证开始，经过100多年的发展，逐渐形成了认证种类齐全、功能定位明确的多元化农产品认证体系。1980年后，美国有机农业生产进入快速发展时期。1990年，美国国会通过《联邦有机食品生产法案》，要求美国农业部制定全国通用的有机农产品生产标准和规范，供消费者辨认，所有标示"有机食品"的产品必须来自通过认证的农场或加工厂。按照这部条例启动了"国家有机食品计划"，并成立了国家有机农业标准委员会（National Organic Standard Board，委员15人），从而使有机农业的规模不断扩大。2000年12月制定了有机食品生产、处理、加工的国家标准，从2002年10月开始正式实施美国有机食品生产标准，在保障农产品质量安全、提高农产品竞争力、规范市场行为、指导消费、保护环境和人民生命健康以及促进对外贸易等方面发挥了重要作用。目前，美国的有机农业正处在日益增长阶段。

加拿大是全球主要农产品生产国和出口国之一。该国在依靠丰富的自然资源发展农业的同时，还建立起了比较完善的农产品质量安全保障体系。在农产品质量安全法律、质量标准、监督管理、检验系统等方面均处于世界领先水平。加拿大通过联邦政府的《农食品的选择和品质法》及州政府的农场食品计划，使农产品质量认证规定制度化。加拿大农产品质量认证业务由各州认证协会及民间团体承担，在认证机关协会设独立检查者协会管理认证体系。有机农产品和加工食品属于加拿大质量认证品种，得到质量认证的品种每年进行审查更新。其认证标准重点审查农场的经营管理、区分与生产有关的产地和污染条件、用水及种子、栽培方法、产品质量管理、加工处理过程等内容。为了加强认证后的管理，通过每年一次以上的现场调查，每年进行更新认证书的审查；对将非认证品标示为认证品的行为、具有认证书的欺骗行为、拒绝检查及查阅台账行为予以罚款或刑罚制裁；通过刑事诉讼获有罪判决时，将采取损害赔偿或承担赔偿责任等比较严厉的制裁措施。

德国是当今世界上最大的有机食品生产国和消费国，有机农业生产和市场具有很长的历史。德国有机农业发展大体可分两个阶段。第一阶段从1960年开始到20世纪80年代中期。在这个时期，由于现代工农业的快速发展，带来了越来越多的问题，人们开始普遍关注环境问题。于是，1961年和1971年分别建立农业生产者组织有机农业协会和Bioand协会，1975年成立德国有机农业基金会（SOL），有组织地形成了有机农业技术和信息的交流。1988年在德国有机农业基金会的发起之下，成立了有机农业运动联盟（IFOAM）。有机农业运动联盟旨在在发展有机农业系统过程中，提供一个包括保证环境持续发展和满足人类需求的综合途径。第二阶段从 1988 年开始至今。从 1989 年开始，德国政府对农业实行资助政策，德国有机农业得到快速发展。特别是 1990 年德国统一后，有机农业在原东德地区也有较快发展。有机食品市场日新月异，价格明显下降。德国从 2000 年开始统一使用"有机食品质量认证标识"。截止到 1999 年 12 月末，德国有机农户达到 10，400 户，有机栽培面积 452 279 公顷，分别比上年增加 12.6%、6.9%。

二、韩国农畜水产品质量安全管理制度的产生与发展

韩国农畜水产品质量安全管理同其他发达国家一样，是随着经济社会的发展、科学技术的进步和国民生活水平的提高而产生和发展起来的。早在 1949 年 8 月，当时的政府曾制定《农产品检查法》，该法以 1926 年公布的《朝鲜度量衡令》为依据，重点规范农产品的重量、等级、包装等，对推进农业标准化发挥了重要作用，也为后来《韩国标准化法》的制定打下了基础。进入 20 世纪 60 年代后，为了防止因食品卫生造成的危害，提高食品营养质量，提供正确的食品信息，增进国民健康，韩国于 1962 年制定《食品卫生法》，为食品安全管理提供了法律保障。该法涉及食品、食品添加剂、设备、容器、包装材料、标签、代码以及食品检验、食品生产经营活动和厨师营养专家、食品卫生审议会、食品卫生组织行政处罚等具有食品安全的必备条款，是一部有关食品的综合性法规。该法的颁布实施，标志着韩国进入食品安全管理的时代。该法后来经过多次修改，逐步完善，使用至今。

进入 20 世纪 90 年代后，世界发达国家有机农业不断发展，对食品安全高度重视，食品安全管理制度不断完善，特别是世界贸易组织（WTO）建立后，农畜水产品的开放程度越来越高，世界经济贸易一体化进程步伐越来越快，由此带来的食品安全问题时有发生，加之韩国农业科学技术的不断进步，生产力水平大幅度提高，在农业生产中过多使用农药和化肥等，不仅给农畜水产品的安全造成很大威胁，而且也使土壤、渔场、水源等自然环境污染越来越严重。同时随着韩国经济的快速发展，国民生活水平的提高，对食品安全越来越关心，购买食品时消费者从过去考虑价格开始向考虑味道、品质和安全性方面转变，要求确认食品有关事项的正确标示的呼声也越来越高。在这种形势下，韩国开始通过完善法律制度，逐步建立农畜水产品质量安全管理制度。20 世纪 70 年代中期开始，有机农业协会等组织自发地推行有机农业。1993 年 6 月制定《关于农水产品加工产业培育及质量管理法律》，正式建立质量认证制度。1994 年实施农产品农药安全调查，同年 12 月政府成立环境农业课。为了保护农民利益，支持环境保护型农业，1996 年 7 月制定"面向 21 世纪的农村环境政策"，公布"亲环境农业培育中长期计划"。1996 年建立 HACCP 管理制度。

1999 年建立农水产品地理标示认证制度。2001 年推行转基因标示制度和亲环境农产品义务认证制度。2003 年开始试行履历跟踪管理制度（2003—2005 年示范，2006 年 1 月开始自律管理）。2004 年建立加工食品产业标准（KS）认证制度，2006 年实施农产品良好管理（GAP）制度和农产品履历跟踪制度，同时组织实施"第二个亲环境农业培育 5 年计划（2006—2010 年）"，2008 年履历跟踪制度在水产品管理中应用。这些制度的建立和完善，对保证农畜水产品质量安全，提高农畜水产品质量的国际竞争力，保护消费者的利益起到了重要的保证和促进作用。

第二节　农畜水产品质量安全管理制度的分类

韩国农畜水产品质量管理大体可分为安全管理制度、基本标示制度、认证标示制度和进出口检疫制度等。

一、安全管理制度

主要包括农畜水产品安全调查制度、农产品良好管理制度、农畜水产品履历跟踪制度、转基因农水产品标示制度以及为安全调查服务的农产品安全（SafeQ）管理系统等。

二、基本标示制度

是以提供物理信息或性能等客观信息为目的进行标示的制度。基本标示制度标示标准单纯、明确，消费者关注度高。如原产地标示、转基因农水产品标示（GMO）、农水产品地理标示等。

三、认证标示制度

是以提高消费者信任为目的进行认证的制度。如水产品质量认证制度、农产品良好管理认证制度（GAP）、传统食品认证制度、食品名人制度、HACCP 认证制度等。认证标示制度多数以政府认证为主导，根据《为强化全球竞争力实施的水产食品政府认证制度改善方案》，大体可归纳四种类型。

一是以强制性与否为标准实施的认证制度。该认证制度是按义务性还是自愿性来区分的。具有强制性的认证，是在法律上规定一定的认证标准和选择标准，让义务执行者使用规定的认证制度名称及认证标志的制度。如果没有获得认证，就不能生产和流通。自愿制度与此不同，即使通过法律规定认证制度的一定认证标准和选择标准，也只适用于希望者的自愿。虽然是自愿制度，但是对参与者具有提供各种政策性和制度性的奖励。因此，韩国食品管理的政府认证制度大部为自愿性认证制度，而不是强制性认证制度。虽然不是强制性的，但是希望注册者以虚假或伪造标示上市的，也按有关规定予以罚款或刑事处罚。

除政府认证制度以外，还有地方自治团体或生产团体认证的制度。目前以民间为主体的自律认证制度为多数。同时因自律认证上市品种过多，也给消费者造成一定的混乱。特别是各主体按自身标准认证，不同领域和种类出现水平差异很大的现象。

二是以认证主体为标准实施的认证制度。这种认证制度可分为第一方认证、第二方认证和第三方认证。第一方认证也称"生产者认证"或"符合自我声明"（Self-Declaration for Conformity），特定物品供给者（即生产者）进行自我评价，标示符合该物品要求的标准、规格或要求事项，国际标准 ISO/IEC17 050（2004）的第 1 部分及第 2 部分规格为此而制定。韩国自身质量检查制度（《食品卫生法》及《畜产品加工处理法》）和对家禽类屠体（指家禽屠宰、放血后的躯体）的自身检查制度（《畜产品加工处理法》）相当于这种情况。第二方认证是指特定物品或服务供给契约关系成立的，被供给方（使用者）评价供给方的物品或服务是否满足使用者使用要求事项，认定其适合性的认证。第三方认证指不是生产者或使用者的第三方，在客观的立场上评价特定物品或服务是否满足明确要求的一系列要求事项，作为证明供给者的物品或服务是否合格的制度，通常的食品认证制度和其他产品或服务一样，大部分由第三方实施。

三是以认证目的为标准实施的认证制度。按照认证目的区分，认证制度可分为质量认证、安全保健认证、产品信息认证等。质量认证也叫合格评定，是国际上通行的管理产品质量的有效方法。质量认证按认证的对象可分为产品质量认证和质量体系认证；按认证的作用可分为安全认证和合格认证。安全保健认证指是否保证供给者提供的产品或服务能在保证使用者的安全管理系统下供给，对该管理体系按照明确的评价标准进行认证。农畜水产品中的 HACCP 是安全保健认证的代表类型。产品信息认证是指准确公布供给者提供的特定产品、服务特点，或生活条件，按照被明确的评价标准评价，符合条件的，予以认证的制度。比如履历跟踪制度、地理标示制度等。

四是以认证对象为标准实施的认证制度。在农畜水产品认证中可以以农产品、畜产品、水产品、加工食品等认证的对象为标准划分认证制度。它是按照认证品种的特性及生产该品种的产业特性规定不同标准的认证制度。

四、进出口检疫制度

是为防止进出口家畜及其产品和水产动物的传染性疾病过境传播而进行的检疫检查制度，包括进出口动物及动物产品检疫制度和水产动物检疫制度等。

第三节　农畜水产品质量安全管理的基本特征

多年来，韩国借鉴世界发达国家的食品安全管理经验，根据本国实际，逐步形成了比较完善的农畜水产品质量安全管理体系。主要有如下特征。

一、管理的系统性

韩国农畜水产品质量安全管理是从农场（养殖场）到餐桌的全程管理，体现出管理的系统性和综合性的特点。在管理范围方面，既对产品进行管理，又对生产该产品的耕地、用水、农药、饲料及环境、产品规格等全方位进行管理。例如，农产品安全调查不仅检查生产、流通和销售阶段的农产品药残留、霉菌毒素等有害物质，而且还调查农产品生产用地、用水和生产原材料等。尤其是把土壤环境调查作为农产品安全管理的重要组成部分。2006年9月原农林水产食品部、环境部、知识经济部及食品药品安全厅利用4年的时间，联合对韩国全国担心有重金属污染的废金属矿山进行土壤、水质及农产品安全联合调查。水产品安全管理不仅检查国内生产、储藏、交易前流通重金属、抗生物质、贝类毒素、食物中毒菌等有害物质残留，而且还对海域进行管理，根据《农水产品质量管理法》（第71条）规定，把符合卫生标准的海域指定为"指定海域"，在该海域及其周边1公里海域内禁止排放污染物，在养殖场设施附近禁止饲养畜禽等。为了提高农水产品的商品性和流通效率，实现公正交易，农林畜产食品部和海洋水产部依法规定农水产品包装规格和等级规格（即标准规格制度）。畜产品卫生管理不仅建立危害畜产品召回制度，还加强对虚假标示和夸大广告的管理。在管理方式方面，既有认证管理，又有标示管理。在认证管理中，既有强制性认证（即义务认证），又有自愿性认证；既有质量认证、原产地认证、地理标示认证，又有食品名人认证、传统食品质量认证和转基因标示认证等多种形式。在认证环节方面，既注重对产品本身的审查，又注重对工厂设备、人员等的检查；既注重生产管理，又注重流通管理。在认证标示方面，既对产品标示做出规定，又对产品销售场所及餐饮场所标示做出规定。对农畜水产品力求系统、全方位管理，不留任何死角，以保证产品质量和安全，为消费者提供方便。

二、法律体系的完整性

韩国农畜水产品质量安全管理法律体系逐步完善。在不同时期，针对不同的情况，制定了一系列农畜水产品质量安全管理法律法规，并经多次修改和完善，已经形成比较完整的法律体系。为明确食品安全的国民权利和义务及国家和地方自治团体的责任，确保国民食用健康安全食品，制定了《食品安全基本法》，规定了食品安全政策制定和调整的基本事项。为了确保农水产品质量安全，提高商品性，增加农民和渔民收入，保护消费者利益，制定了《农水产品质量管理法》，对农水产品的标准规格、农产品良好管理认证、水产品质量认证、履历跟踪管理、地理标示、转基因农水产品标示、农水产品安全调查、指定海域的指定及生产、加工设施的登记与管理、农水产品的检查及审定等做出明确规定。为了防止家畜传染病发生或传播，促进畜牧业发展，提高公众卫生，制定了《家畜传染病预防法》，对家畜防疫、进出口检疫做出具体规定。为了加强畜产品卫生管理，提高畜产品质量，制定了《畜产品卫生管理法》，规范了家畜饲养、屠宰、处理和畜产品加工、流通检查等有关事项。此外还颁布实施了《关于亲环境农渔业培育及有机食品管理支援的法律》《畜产品加工处理法》《饲料管理法》《农药管理法》《谷物管理法》《食品产业振兴法》等多部直接或间接与农畜水产品质量安全管理相关的法律。在这些法律的基础上，又制定了与之相对应的各种法律施行令、施行规则及实施办法等。为进一步贯彻落实相关法律，食品药品安全处、农林畜产食品部和海洋水产部还发布了一系列农畜水产品安全管理通告，为农畜水产品质量安全管理建立起较为完整的法律及政策体系。在诸多涉及农畜水产品质量安全的法律中，《食品安全基本法》（2008 年 6 月 13 日制定，同年 12 月 14 日开始实施）是食品安全管理大法。该法包括食品安全政策的制定及推进体系、应急对策及跟踪调查、食品安全管理科学化、信息公开及相互合作、消费者的参与等内容。《农水产品质量管理法》是农产品和水产品质量安全管理的主要依据。2008 年行政体制改革时，撤销海洋水产部组建农林水产食品部，并于 2011 年 7 月将《农产品质量管理法》（1999 年 1 月 21 日制定）与《水产品质量管理法》（2001 年 1 月 29 日制定）合并修订为《农水产品质量管理法》，2012 年 7 月 22 日正式施行。《农水产品质量管理法》把过去曾经独立运行的农产品和水产品质量管理合并为一部法律，由农林水产食品部组织实施。2013 年 3 月，韩国政府又把农林水产食品部改为农林畜产食品部和海洋水产部，分别由两个部门按照同一部法律组织实施农产品和水产品质量安全管理。

三、"三位一体"的管理机制

农畜水产品质量安全涉及千家万户，关系到每一个人的健康，韩国政府和国民高度关注，目前已经建立起政府、企业和消费者共同参与的"三位一体"的管理机制。首先是强化政府管理，由国立农产品质量管理院、国立兽医科学检疫院及国立水产品质量管理院为主对国民关心、容易出现问题的对象品种实施强制性认证，并进行认证前和认证后的全程管理，特别是认证后，每年有组织、有计划进行定期审查，发现不合格产品，政府将责令废弃处理或改变用途，或责令改正，取消认证，直至追究刑事责任。为提高农产品和水产品的质量，促进流通效率，农林畜产食品部和海洋水产部实行农产品质量管理师和水产品管理师制度，负责农水产品的等级确定、生产及收获后质量管理技术指导、上市时间调节等业务。其次是组织企业参与管理，要求企业建立自身标准，按照标准生产，国家认证时要提供企业标准，达不到企业标准的产品，国家不予认证。农畜水产品安全检查时，既有政府管理安全检查又有民间自律管理安全检查。再次是鼓励消费者参与监督管理。为确立农水产品公正的流通秩序，农林畜产食品部和海洋水产部，或市道委托消费者团体或生产者团体会员和职员做农产品或水产品名誉监视员，对农水产品的流通秩序进行监视、指导和启蒙。为促进政府建立举报奖励制度，对举报违反行为者，依据举报事实，给予适当奖励。政府、企业、消费者共同参与管理，为农畜水产品质量安全提供了重要保障。

四、完善的标准体系

随着农畜水产品质量安全问题的出现以及国民对这些问题认识的不断深入，韩国采取措施逐步形成比较完善的农畜水产品质量安全管理标准体系。凡需要认证和需要标示的产品均制定标准，并带有一定的强制性。农畜水产品质量安全管理标准体系由认证标准和指定标准构成。认证标准是由法定机关对需要认证的对象依法提出的标准。例如，为确保农产品安全，保护农业环境，从农产品生产阶段到采收后管理（包括农产品的储藏、清洗、干燥、筛选、折断、调制、包装等）及流通的各个阶段，依据《农水产品质量管理法》制定了农产品良好管理标准。该标准分必需标准和推荐标准共50项，想要获得农产品良好管理者必须达到规定标准。为培育亲环境农水产品产业，为消费者提供更加安全的亲环境农水产品，依法制定了亲环境农水产品认证标准等，符合该标准才能允许上市销售。指定标准是法定机关依法指定认证机关或管理设施的标准，政府对认证机关提出的必备条件和要求，达不到所规定的人才标准和设施标准，不能承担认证工作。

五、健全的检验检测体系

韩国农畜水产品质量安全检验检测体系分3个系统：一是食品药品安全处所属食品药品评价院和地方食品药品安全厅及检查所，负责农畜水产品安全检验检测等工作；二是农林畜产食品部所属国立农产品质量管理院、国立兽医科学研究院及其所属支院和办事机构，主要负责农产品和畜产品质量安全检验检测工作；三是海洋水产部所属国立水产品质量管理院及支院和分布各地的办事机构，负责水产品质量检验检测工作。三个系统的检测机构健全，检测设备先进，有关人员纳入公务员管理。除此之外，还根据情况，依法指定具备相应条件的部门作为委托检验检测机关进行检验检测，在全国形成了比较健全的检验检测体系。

六、严格的处罚制度

为强化农畜水产品质量安全管理，韩国建立起比较严格的处罚制度。坚持行政处罚与刑罚相结合，刑罚（包括罚金）与罚款并用。凡是违反相关法律规定，视不同情况予以责令纠正、禁止销售、停止标示、取消标示等处分，或予以罚款（《农水产品质量管理法》第123条）规定罚款金额最高达1 000万韩元；对情节严重的，追究刑事责任。在农畜水产品质量安全管理中刑事处罚最高可达7年。凡处以刑罚的，均适用两罚规定，即法人代表或法人，或个人代理人、使用人及其他从业人员等，关于其法人或个人业务，违反有关法律规定，除处罚行为人外，对其法人或个人也按相关条款予以罚金处罚。对因过失犯罪者处3年以下刑罚或3 000万韩元罚金。

第二章 农畜水产品质量安全管理体制

第一节 国际食品安全管理体制

一、国际机构和组织

目前世界上与食品安全管理有关的国际机构和组织主要有：世界贸易组织（WTO）、食品法典委员会（CODEX）、世界卫生组织（WHO）、联合国粮农组织（FAO），农业科学技术委员会（CAST）、英国真菌学会（BMS）、美国植物病理学会（APS），欧洲食品安全局等（表2-1）。其中，食品法典委员会是世界卫生组织和联合国粮农组织为了保护消费者健康，确保食品贸易的公正交易，共同建立的一个制定国际食品标准的政府间组织。食品法典委员会设23个地区分科委员会，一般通过每年一次会议制定国际标准。这些标准在世界贸易组织（WTO）成员之间发生摩擦时作为判断有关措施可行性的根据。食品法典委员会下设秘书处、执行委员会、6个地区协调委员会，21个专业委员会和1个政府间特别工作组。所有国际食品法典标准都主要在其各下属委员会中讨论和制定，然后经食品法典委员会大会审议后通过。韩国1971年正式加入该组织。

表2-1 国际食品安全管理机关

区　分		组织名
世界机构	WTO	世界贸易组织（World Trade Organization）
	CODEX	食品法典委员会（Codex Alimentarius Commission）
	WHO	世界卫生组织（World Health Organization）
	FAO	联合国粮农组织（Food and Agriculture Organization）
国际协会	CAST	农业科学和技术委员会（Council for Agricultural Science and Technology）
	BMS	英国真菌学会（British Mycology Society）
	APS	美国植物病理学会（American Phytopathological Society）
欧洲共同体	EFSA	欧洲食品安全局（European Food Safety Authority）

二、世界主要国家食品安全管理体制

世界发达国家食品安全管理大体分两种形式：一是向特定机构集中的"一元化"管理体制；二是分散的"多元化"管理体制。目前从生产到消费阶段实行集中的"一元化"食品安全管理的国家居多，并呈上升趋势。具有代表性的国家有德国消费者保护食品安全厅（BVL）、新西兰食品安全厅（NZFSA）、瑞典食品厅（AFA）、英国食品标准厅（FSA）、加拿大食品检查厅（CFIA）、丹麦食品农水产部兽医食品厅（DVFA）等（表2-2）。

表2-2 世界主要国家改革后的食品安全管理体系比较

区分		德国	加拿大	英国	丹麦
食品安全管理	以前	部门分散管理（联邦保健部、联邦食品农林部）	部门分散管理	农水产食品部、保健部（二元化管理）	保健部、农业部、水产海洋部
	现在	消费者保护食品安全厅（BVL）-消费者保护食品农业部	食品检查厅(CFIA)—农食品部	食品标准厅（FSA）	食品农水产部（兽医食品厅）（DVFA）
食品管理厅的独立性	性质	部门所属	独立	独立	独立
	责任人	消费者保护食品农业部长	农业食品部长（报告义务）保健部长官（决定食品安全、营养、公众保健政策、规定等）	经保健部长报议会	食品农业水产部长
危害分析	危害评价	联邦危害评价机关（BFR）	CFIA（动植物）、保健部（食品安全）	食品标准厅（FSA）	大学国立食品研究所和国立兽医研究所
	危害管理	BVL（自治团体）	CFIA（食品安全、动植物）	食品标准厅（FSA）、环境食品农业部（DEFRA）、保健部（DOH）	
	危害信息交换	联邦危害评价机关（BFR）	CFIA	食品标准厅（FSA）、环境食品农业部（DEFRA）、保健部（DOH）	

德国原来由联邦保健部和食品农林部等多部门负责食品安全管理，自1996年在英国发现疯牛病后，对德国造成很大影响。为了取信于民，德国着手食品安全管理体制改革，2001年将联邦保健部承担的食品安全、屠宰场卫生管理、进口食品检疫、消费者保护等所有食品安全业务移交联邦食品农林部，以联邦食品农林部为主体组建联邦消费者保护食品农业部，主管食品安全业务。2002年该部下设联邦消费者保护食品安全厅和联邦危险评价研究所，分别负责食品卫生管理业务和安全评价工作。德国联邦消费者保护食品安全厅由5个局（食品、饲料、商品，食品保护，兽药，遗传工程，分析）组成，具体负责食品保护（农药等）、动物药品、转基因生物（GMO）、标示及检查等危害管理业务，人员约400多名。联邦消费者保护食品安全危害评价研究所下设6个业务协调部门，9个危害评价部门，共699人（截至2009年11月），其中负责评价业务的专业人员256人，主要根据消费者健康保护及食品安全再改革法令对食品安全领域的健康风险、与消费者关系密切的产品进行评估，并尽可能早地公布结果。

加拿大食品安全管理于1997年4月将分散在保健部、农食品部、水产海洋部、产业部等4个部门管理的联邦政府食品安全有关业务按职能分部门管理。在农食品部下设食品检查厅（CFIA），承担检查、检疫及防疫、卫生等职能，实行食品风险（安全）"一元化"管理。保健部根据食品药品法，对食品检查厅实施的食品有效性进行评价，承担风险评价、食品有关法令的制定、食品安全及营养研究、事前调查及评价业务，具有农药及动物用药的注册权，将食品风险管理与风险评价相分离。加拿大食品检查厅以安全和高质量的食品供给、植物及动物保护为主要业务。该厅在全国分4个地区（大西洋、魁北克、安大略、西部）进行管理，设18个地区事务所、185个现场事务所（含边境检查所），在加工厂等非公共设施设408个事务所，另有21个试验所和研究所，约6 500人（截至2007年11月）。为强化食品风险评价管理，加拿大保健部合并部分食品风险评价机构，取消口腔保健部和保健政策部，将药品食品部改为健康制品与食品部。该部由14个局组成，其中食品局负责食品风险评价，具体进行食品安全评价、化学物质安全、微生物学危害、营养科学等食品风险评价和与食品安全有关的研究。保健部约10 000人，专业研究人员占36%，健康制品与食品部专业研究人员占保健部的22%左右。

新西兰2002年7月以前实行"二元化"管理体制，即农林部重点负责初级生产、加工及出口业务；保健部负责国内食品流通、进口业务。2002年7月，新西兰成立食品安全厅（NZFSA），当时隶属农林部，实行"一元化"管理，2007年7月食品安全厅从农林部分离出来，作为独立机关运行。新西兰食品安全厅由10个专门集团和咨询委员会（食品安全咨询委员会、食品安性公务员委员会、消费者协会）组成，2007 年约 420 多人，比 2002 年成立时增加 60%。新西兰食品风险评价由食品安全厅的科学团体承担，风险评价研究调查由各研究机关（ESR、NIWA）负责。科学团体由主管责任人和公众保健、自然毒素与病毒、微生物学、毒性学、化学物质等各专门领域责任人组成。1992 年成立履行实际风险评价业务的研究机关（ESR），在奥克兰等 3 个地区有研究所，职员 350 人。新西兰食品风险评价体制的最重要特征是通过成立由政府、学校、研究机关专家组成的"风险评价模型团体"运行，在政府层面履行风险评价。这种风险评价体系的优点是通过各领域有关专家的参与，能使信息和知识共享和交换；通过预算、人才和组织的相互作用，进行合作研究，能强化研究组织之间相互协作。

丹麦为了提高食品安全的有效性，于 1997 年将保健部（负责制定食品安全标准和流通领域卫生）、农业食品部（负责畜产品）和水产海洋部（负责水产食品）合并成立食品农水产部，下设兽医食品厅（DVFA），并把各种地区事务所合并为地区检查事务所，由兽医食品厅直接管辖。兽医食品厅主管包括食品检查、食品安全标准制定、标示标准、家畜防疫、兽药在内的全部食品风险管理。植物局负责种子、谷物、饲料检查；水产局负责水产资源管理及水产品卫生管理。兽医食品厅 2004 年隶属家族与消费者部，2007 年划归食品农水产部。兽医食品厅本级 700 人，下设 10 个地区厅，约 2 300 专职人员。丹麦食品评价过去由国立兽医食品研究所负责，2007 年合并到丹麦技术大学后，由大学国立食品研究所和国立兽医研究所承担。国立食品研究所设营养、食品化学、食品加工、微生物风险评价、毒性风险评价等 5 个部门，约 370 人（截至 2009 年 3 月）。营养、食品化学、食品加工部主要实施基础研究；微生物评价部负责诊断技术开发，对食物中毒病原性微生物、人畜共患细菌及病毒的风险评价；毒性危害评价部负责对食品摄取量、排除量的基础调查和农药、动物用药的排除评价、毒性试验技术开发等。

第二节　韩国农畜水产品安全管理体制演变过程

韩国食品安全管理长期实行多元化、分散管理，即按品种、分阶段由不同机关负责食品安全管理（表 2-3）。早在 1948 年主要由社会部（保健局）和农林部（兽医课）负责普通食品和畜产品管理，当时侧重疾病管理。1961 年将农业部兽医课更名为家畜卫生课，并成立水产局。这个时期韩国政府开始认识到食品安全管理的重要性，到 1967 年成立韩国保健福祉部食品卫生课，为韩国食品安全管理奠定了基础。从 20 世纪 70 年代开始，随着食品产业的不断发展，韩国新设保健社会部卫生管理官，农林部成立畜产局乳制品课和加工利用课，开始正式食品安全管理。到 20 世纪 80 年代，韩国建立起由保健社会部和农林部两个部门分别负责普通食品和畜产品领域的管理体制。20 世纪 90 年代初开始形成农林部、保健福祉部、海洋水产部、环境部、国税厅和产业资源部六大管理系统。保健福祉部负责食品卫生法令及主要食品安全政策；农林部和海洋水产部分别负责农产品、畜产品及其加工品和水产品及其加工品及相关食品安全政策；环境部按照饮用水管理法，负责饮用水质量卫生管理；国税厅按酒税法，负责酒类规格制定，酒类企业指导管理；产业资源部按照盐管理法，负责天然盐的规格标准制定、质量标示、质量检查等。1998 年 3 月又将保健福祉部的食品政策局与药品领域合并，扩编为食品药品安全厅，主要负责食品药品的安全管理。

表 2-3　韩国食品行政管理历史发展过程一览表

区　分	普通食品	饮用水	水产品	畜产品
20 世纪 40—50 年代	社会部		农林部	
20 世纪 60—80 年代	保健社会部		农林部	
1990—2007 年	保健福祉部	环境部	海洋水产部	农林部
2008—2012 年	保健福祉家族部	环境部	农林水产食品部	
2013 至现在	食品医药品安全处			

2008 年韩国新一届政府机构改革时，将水产品和畜产品生产阶段的食品安全管理合并，成立农林水产食品部，新设消费安全政策官和绿色发展官，承担卫生和检疫业务。消费安全政策官设立后，合并畜产、粮食、食品产业等分散的食品安全有关职能。为了食品安全管理的体系化和效率化，农林水产食品部于 2011 年 6 月 15 日将国立兽医科学检疫院、国立水产品质量检查院、国立植物检疫院合并，成立农林水产检疫检查本部，负责畜禽的疾病管理和畜产品卫生及水产品质量安全管理；农林水产食品部所属国立农产品质量管理院承担农产品质量安全管理业务。

在此期间，为了综合调整分散在政府各部门的食品安全管理业务，根据《食品安全基本法》规定，于 2008 年 12 月成立食品安全政策委员会，主管和调整食品安全政策等事项，由国务总理担任委员长，委员分别由计划财政部长、教育科学技术部长、农林水产食品部长、保健福祉家族部长、环境部长、食品药品安全厅长和国务总理室长及民间有关人员担任，形成了总理领导下的委员会协调管理体制。

这个时期的韩国农产品、水产品质量安全管理为"二元结构"的管理形式，即分产品上市前（生产阶段）和产品上市后（流通、加工、销售等）两个阶段管理。产品上市前阶段（生产阶段），由农林水产食品部（消费安全政策官）负责农产品、水产品质量和安全管理；产品上市后（流通、加工、销售阶段）由保健福祉部所属食品药品安全厅负责管理。或者说，新鲜品由农林水产食品部，加工品由食品药品安全厅管理，但畜产品从生产到流通阶段均由农林水产食品部管理，综合调整畜产品的卫生、安全业务，其所属机关国立兽医科学检疫院和地方自治团体的畜产品实验检查机关等承担进出口及国内畜产品检疫检查及其他与安全管理有关的各种业务。其中畜产加工品按肉（50％）、乳（6％）的含量由农林水产食品部和食品药品安全厅双重管理。

农林水产食品部所属国立农产品质量管理院负责农产品安全调查、标示和认证等有关业务，农村振兴厅负责农药注册管理，农业科学院负责毒性、残留性评价研究，兽医科学检疫院负责畜产品标准、规格研究和畜产品检疫方法制订及畜产品监控检查等。食品药品安全厅主要负责食品安全检查和食品标准制定和修订，食品药品安全评价院实施食品毒性试验和研究。市、道保健环境研究院和食品药品安全厅共同负责农产品上市后的流通阶段管理。农产品生产阶段依据《农水产品质量管理法》和《农药管理法》等管理，进口农产品依照《食品卫生法》由食品药品安全厅管理。

第三节　韩国农畜水产品安全管理现行体制

2013年3月朴槿惠政府执政后，提出"确保民生安全，实现国民幸福"的要求。为了综合调整食品安全政策，借鉴发达国家食品安全管理经验，韩国建立起"一元化"食品安全管理体制。

一、保留食品安全委员会

朴槿惠政府执政后，按照《食品安全基本法》规定，继续保留原国务总理室下设的食品安全政策委员会。委员长由国务总理担任，委员因机构变化也做了适当调整，由计划财政部、教育部、法务部、农林畜产食品部、保健福祉部、环境部、海洋水产部长和食品药品安全处长及国务调整室长和国务总理推荐的具有食品安全学士学位和经验丰富的专家组成（包括委员长在内20人以下）。委员任期2年，可以连任。公务员委员在职期间可以再任。食品安全政策委员会主要负责审议调整食品安全管理基本计划、食品安全有关重要政策、对国民健康有重大影响的食品安全法令及食品安全标准规格的制定与修订、对国民健康造成重大影响的食品安全评价、对重大食品安全事故的综合应对方案等事项、委员长提出的专门研究探讨食品安全政策的有关事项。食品安全政策委员会下设专门委员会。专门委员会分领域设置，由15人组成。

二、成立食品药品安全处

为了建立"一元化"的食品药品安全管理体系，搭建食品安全管理平台，朴槿惠政府将原保健福祉部食品药品安全厅的食品、药品安全政策职能和农林水产食品部的农产品、畜产品及水产品的卫生安全管理职能合并成立国务总理所属食品药品安全处，承担制定食品安全管理政策和法律、部门间组织协调等职能，统筹食品安全管理，使农产品、畜产品、水产品、加工品等所有食品安全管理从生产到销售全过程实行"一元化"管理。但是，根据国会意见，将农场、畜牧养殖场、屠宰场、乳制品场和水产养殖场等生产阶段的执行职能（质量管理和疾病管理等）分别委托农林畜产食品部和海洋水产部管理。

食品药品安全处是由国务院总理直接领导、主管食品药品事务的中央行政机关。重新成立的食品药品安全处，强化了本部以消费者为中心的食品安全政策制定和调整职能，并将指导、管理、审查等执行职能委托其所属机关。该处编制 1 760 人（比原来增加 277 人），下设企划调整官、监察担当官、危害司法中央调查团、消费者危害预防局、食品安全政策局、食品营养安全局、农畜水产品安全局、医药品安全局、生物生药局、医疗器械安全局（图 2-1）。其中农畜水产品安全局下设农畜水产品政策课、畜产品卫生安全课、农水产品安全课、检查核查课，专门负责农畜水产品卫生、安全管理和农畜水产品进出口检查核查等事项。

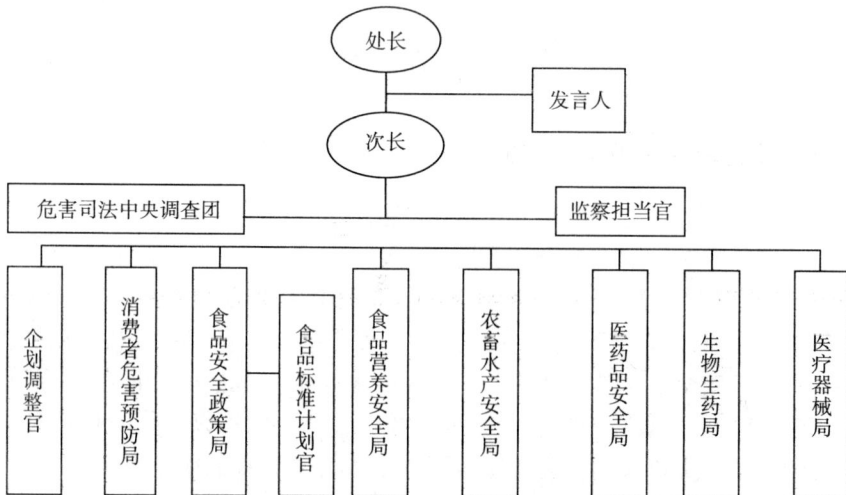

图 2-1　韩国食品药品安全处机构图

另外，在食品药品安全处下设食品药品评价院和 6 个地方食品药品安全厅。食品药品安全评价院是食品药品等危害评价和医疗器械许可等安全、有效审查相结合的食品药品安全处所属机关。该院由运营支援课、研究企划调整课、疫苗审定课、血液制剂审定课和食品危害评价部、医药品审查部、生物生药审查部、医疗器械审查部、医疗制品研究部、毒性评价研究部等 4 课 6 部 409 人组成（截至 2015 年 6 月），主要负责危害评价、试验与分析、试验方法和许可审查技术开发及试验动物管理等业务。其中，食品危害评价部设食品危害评价课、残留物质课、污染物质课、微生物课、添加剂包装课，主要负责食品危害评价等工作，包括对食品药残留、食品污染物等危害评价以及食品添加剂和器具杀菌和消毒剂的危害评价、试验方法开发及检测认证等业务。

为确保食品药品安全管理，强化地方区域性管理体系，分别在首尔、釜山、京仁、大邱、光州、大田等地设置 6 个地方食品药品安全厅、13 个检查所，负责区域性食品药品安全管理（即食品安全、农畜水产品安全、医疗制品安全、进口管理等），重点开展以民生现场为中心的迅速安全管理执行业务。地方食品药品安全厅组织体系健全，根据地区特点设有运营支援课、食品安全管理课、农畜水产品安全课（首尔、釜山、京仁、光州）、医疗制品安全课、进口管理课、有害物质分析课等部门。其业务范围包括：对辖区食品药品流通业的指导与管理，对食品药品的标示及夸大广告的指导与管理，添加剂及食品调查处理业营业许可，食品药品制造、进口品种申请受理、检查与管理，食品药品的理化检查及微生物检查，收回食品药品试验室检查等。

三、农畜水产品安全管理委托机构

2013 年韩国新政府将农畜水产品生产阶段的食品安全管理分别委托农林畜产食品部和海洋水产部。食品药品安全处负责流通和销售阶段食品安全管理。

（一）农林畜产食品部及其所属机构

韩国农林畜产食品部于 1948 年 7 月成立，当时为农林部。1962 年撤销水产局，在农林部下设水产厅。1966 年撤销山林局在农林部设山林厅。1973 年撤销农林部成立农水产部，1986 年 12 月改为农林水产部。1996 年 8 月再建农林部（另成立海洋水产部），2008 年 2 月与水产业务合并成立农林水产食品部。2013 年 3 月又与水产业务分开成立农林畜产食品部。该部设 2 室（计划室和食品产业政策室）、4 局（农林政策局、农业政策局、畜产政策局、国际合作局）和 45 个课，另设国立农产品质量管理院和农林畜产检疫检查本部。农林畜产食品部人员编制 3 237 人，其中本部 538 人，所属机关 2 699 人。该部主要负责农产品生产、贮藏和批发市场中的质量安全管理，畜产品从养殖场到餐桌全过程的质量管理和农畜产品质量认证、地理标示认证、原产地认证及进出口农畜产品及其加工品质量管理等。

农林畜产食品部所属国立农产品质量管理院是农产品质量安全管理机关，主要履行农产品安全管理（安全调查、SafeQ 系统等）、农产品认证及质量检查等业务。该院建于 1949 年，当时为农产品检查所，从 1992 年开始实施农产品质量认证，1996 年开始实施农产品安全调查，1999 年扩编并更名为国立农产品质量管理院。该院下设运营支援课、计划调整课、农业经营信息课、质量检查课、消费安全课、原产地管理课，另外下设实验研究所和 9 个支院 109 个市郡事务所。

农林畜产检疫检查本部是农林畜产食品部所属机关。该部 2011 年 6 月由国立兽医科学检疫院、国立植物检疫院和国立水产品质量检查院合并成立，2013 年 3 月机构改革将水产品安全管理业务移交有关部门后更名而成。农林畜产检疫检查本部由运营支援课、计划调整课、家畜疾病情况室、AI 预防控制中心和仁川机场、首尔、济洲等 6 个区域本部组成。其主要业务包括：进出口动物、畜产品及饲料检疫检查，畜产品检查及卫生管理，畜禽疾病防疫及生物制剂开发，动物药品检查及评价，动物保护与管理及提高福利的政策开发与施行，进出口植物检疫及检查，种植植物的隔离栽培检疫，进出口植物栽培地等外来病害虫预察及防治等。

（二）海洋水产部及其所属机构

韩国海洋水产部于 1996 年 8 月 8 日成立，2008 年改为农林水产食品部（将原海洋水产部的渔业和保健福祉部的食品产业合并到农林部成立农林水产食品部），主管水产品质量安全管理工作。2013 年 3 月又将海洋国土部和农林水产食品部及文化体育观光部中的海洋、港湾、水产、海洋休闲等相关业务分离出来，改编为海洋水产部，负责海洋政策、水产和渔村开发及水产品流通、海运与港湾、海洋环境、海洋调查、海洋资源开发、海洋科学技术研究与开发及海洋安全技术审定等业务，同时承担水产品质量管理和病害虫检疫等工作。该部编制 3 084 人，其中本部 508 人，所属机关 2 576 人，下设计划调整室、海洋政策室、水产政策室和海运物流局、海事安全局、港湾局等机构，另设国立水产品质量管理院。该部水产政策室设水产政策官、渔业资源政策官和渔村养殖政策官。

该部所属国立水产品质量管理院是水产品质量管理具体执行机关。该院前身为朝鲜总督府水产品检查所（1937 年 4 月成立），1949 年 6 月为工商部中央水产检查所，1961 年 10 月为农林中央水产所，1996 年 8 月为海洋水产部国立水产品质量检查所（新设仁川航空支院，12 个支院），2008 年为农林水产食品部国立水产品质量检查院，2011 年 6 月与国立兽医科学检疫院、国立植物检疫院合并成立农林水产检疫检查本部，为水产品安全管理部门，2013年3月新一届政府重新设立海洋水产部，又将该院更名为国立水产品质量管理院。该院现设3个课（运营支援课、检疫检查课、品质管理课）、13个支院（图2-2），实施区域管理，定员233人。其主要业务范围：负责水产生物检疫、出口水产品检查、水产品质量认证、地理标示、履历跟踪管理制度、水产品原产地指导与管理、国内水产品安全调查、国内和进口盐检查、水产食品管理（国产水产品安全调查、出口加工企业注册及卫生管理、出口和政府储备水产品检查、移植用进出口水产品检疫；水产品原产地标示指导和管束；水产品质量认证、亲环境水产品认证、地理标示及履历跟踪管理）、进出口检查（保健福利家族部委托业务）、进出口水产动物检疫、水产动物转基因生物检查及管理等。

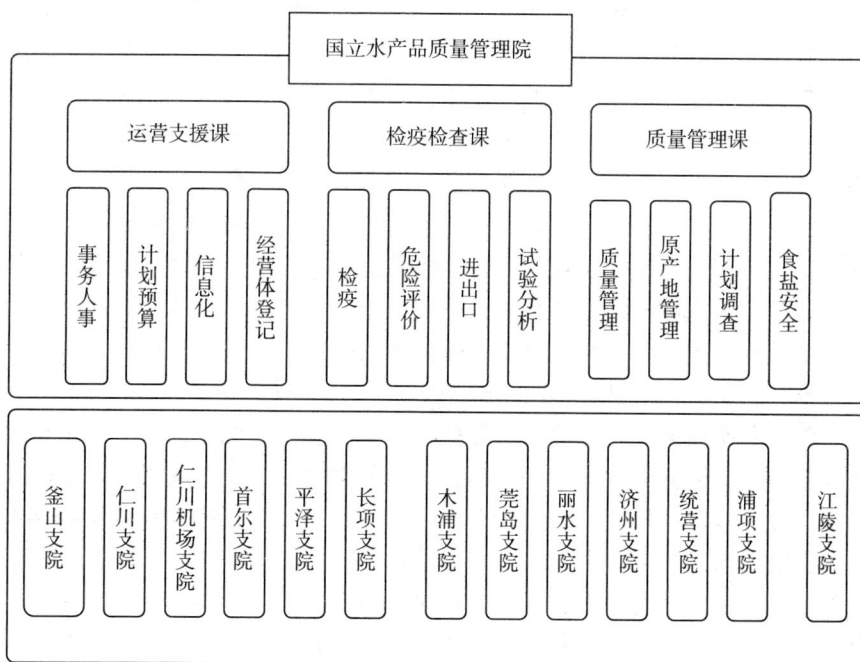

图2-2 韩国国立水产品质量管理院机构图

四、地方自治团体食品安全管理机构

韩国1995年开始成立地方自治团体食品安全管理机构，同时中央政府将99.9%的食品安全执行业务移交地方，由地方食品安全管理机构负责实质性的农畜水产品安全检查。地方自治团体食品安全管理在行政副市长或行政副知事下设"局、课、组"，负责与食品安全管理有关的食品卫生行政、农畜水产行政等业务。

韩国市、道食品卫生行政机构名称各有不同，有称保健福祉女性局（该名称居多），有称福祉（或保健）女性局，或福祉（或保健）环境局、保健福祉局等。例如首尔特别市由福祉保健局负责食品卫生行政管理。承担农畜水产卫生行政管理的机构，名称也各有不同，有称经济（或产业）局、农政（林）局或水产局（独立或合并），使用最多的名称为农政局、农林水产局、经济通商局、农政山林局（农水产局、农水畜产局）、港湾农水产局、产业局或经济产业局等。例如京畿道经济农政局负责畜产卫生行政管理，庆尚南道由农畜水产局负责农畜水产行政管理业务。

市、道食品卫生行政管理内部机构一般称保健卫生课、保健卫生政策课、卫生课、卫生政策课或社会福祉课等。例如首尔特别市福祉保健局设社会课、老人福祉课、障碍人福祉课、卫生课、保健政策课、健康都市推进班等6课（班），食品卫生由卫生课负责。市道自治团体农畜水产卫生行政课，主要设畜产课及畜政课（或农水产流通课、农业行政课、农畜产课、畜产行政课），如庆尚南道农水产局下设农业政策课、农产品流通课、畜产课、港湾课、渔业生产课，分别由港湾水产课、渔业课和畜产课负责水产和畜产卫生行政管理。

市、道食品卫生及畜产品卫生责任组名称各异。食品卫生领域设食品安全或食品安全管理、流通食品管理、食品医药、卫生指导、卫生、食品卫生责任组等；畜产卫生领域一般设畜产品卫生或畜产卫生、畜政、畜产责任组等；水产卫生领域有水产行政、渔业设施、海洋环境保护、养殖等责任组。

市郡区食品安全管理机构的基本组织形式为"局、课、组"，大体与市道相同，但部分市或多数郡不设局，将食品安全管理业务交保健所、出张所或事业所等负责。大部分市、区和部分郡在保健所设食品卫生行政组织。市郡区的食品卫生设在不同的局管理。每个市郡区履行食品卫生行政、农畜水产行政的课、责任组的名称及规模各异。负责承担食品卫生行政的课，大部分使用保健、环境、卫生、社会等复合名称（如保健卫生课），部分市单独设卫生课或社会课。农畜水产卫生行政课名称多为农政、经营、山林等名称，例如地区经济课、山林畜产课等。食品卫生行政责任组名称多为卫生组、食品组或食品卫生组；畜产卫生行政有关责任组一般称家畜卫生、产业、流通、经济组等。

在市郡区还设有其他食品安全管理机构，如出张所、事业所、保健所等，具体履行食品卫生及农畜水产卫生业务。其名称视地区特点和主管部门的机构名称而定。基层所定员较多，一般70～150人（截至2006年）左右，如庆尚北道龟尾市善山出张所定员80人，设4课、17个组；京畿道平泽市松炭出张所定员158人，设8课（室）、33个组。

市道自治团体食品卫生和农畜水产部门的主要业务由各责任组具体承担，

其职能包括：食品安全和卫生计划的制定、企业监督及不良食品管理、消费者卫生监督员管理、流通食品（农水畜产品）等检查、标示与广告、教育、消费者投诉、模范企业和饮食文化改善等、食品安全信息管理、公众卫生、非法企业及青少年危害企业管理、食品振兴基金管理、其他卫生管理。

畜产卫生部门和食品卫生部门业务范围基本相似，大体分畜产安全、畜产流通和畜产培育等。与其不同之处，畜产食品部门具有营业许可权，履行行政处罚业务。其业务范围包括：防疫管理、畜产农户（养猪、养鸡等）管理、原产地标示、畜产品商标、流通（进口安全、促进消费、改善流通、价格调整等）、饲料、农户与畜产业培育及宣传等。具体来说，负责计划制定、企业监督、许可（屠宰业、乳业、畜产加工业）、行政处罚、收走与检查、标示、HACCP 管理、生产履历、民愿诉求处理、畜产卫生研究所指导监督、相关团体指导监督、其他卫生管理等。

第四节 农水产品质量管理审议会及食品产业振兴审议会

为了审议农水产品及水产加工品的质量管理事项，根据《农水产品质量管理法》规定，农林畜产食品部或海洋水产部下设农水产品质量管理审议会（原来单设水产品质量管理审议会，根据政府委员会的整顿计划，2011 年 7 月修订的《农水产品质量管理法》，将水产品质量审议会与农产品质量审议会合并而成），为了审议食品产业振兴事项，根据《食品产业振兴法》，农林畜产食品部设立食品产业振兴审议会。

一、审议会组成

（一）农水产品质量管理审议会组成

农水产品质量管理审议会不超过 60 人，其中委员长及副委员长各 1 名。委员长从委员中推选产生，副委员长由委员长在委员中提名。委员由下列人员组成：①在教育部、产业通商资源部、保健福祉部、环境部、食品药品安全处、农村振兴厅、山林厅、特许厅、工程交易委员会所属公务员中由所属机关负责人提名者和在农林畜产食品部所属公务员中由农林畜产食品部长提名者或海洋水产部所属公务员中海洋水产部长提名者；②由农业协同组合中央会、山林组合中央会、水产业协同组合中央会、韩国农水产食品流通公司、韩国食品产业协会、韩国农林经济研究院、韩国海洋水产开发院、韩国食品研究院、韩国保健产业振兴院和韩国消费者院等各团体和机关长在所属职员中指名者；

③在市民团体（指非营利民间团体）推荐的人选中由农林畜产食品部或海洋水产部长委托者；④具有农水产品生产、加工、流通或消费领域专业知识或经验丰富者中由农林畜产食品部或海洋水产部长委托者。

农林畜产食品部或海洋水产部长在市民团体推荐的人选中委托或在具有农水产品生产、加工、流通、消费领域知识或经验丰富者委托的委员任期3年。

为了农水产品及农水产加工品地理标示登记审议，在审议会设立地理标示登记审议分科委员会；为了有效审议审议会业务中特定领域的事项，设立领域分科委员会（即安全分科委员会、企划制度分科委员会和地理标示分科委员会）。在地理标示登记审议分科委员会和领域分科委员会审议的事项视为审议会审议事项。分科委员会由包括委员长、副委员长（各1人）在内的10人以上，20人以下委员组成。分科委员长、副委员长及委员，分别由审议委员长在审议会委员中根据专业知识和经验指定人员。

（二）食品产业振兴审议会组成

食品产业振兴审议会不超过30人，其中委员长和副委员长从委员中选举产生。委员由下列人员组成：①由农林畜产食品部在其所属公务员中任命者；②在文化体育观光部、海洋水产部、食品药品安全处、农林振兴厅所属公务员中经所属机关推荐，由农林畜产食品部长任命者；③在农水产食品流通公司、农业协同组合中央会、韩国农村经济研究院、韩国食品研究院等团体和机关所属职员中由团体和机关各推荐1人，由农林畜产食品部长委托者；④在具有食品学士和经验丰富者或食品产业经营者从事该领域10年以上者，或在食品有关团体或消费者团体中由农林畜产食品部长委托者。

审议会委员任期3年。因委员辞职，新委托委员的任期为前任委员任期的剩余时间。为确保审议会业务顺利完成，在食品产业振兴审议会下设分科委员会。

二、审议会职能

（一）农水产品质量审议会职能

根据《农水产品质量管理法》规定，审议会审议下列事项：①关于标准规格及物流标准化事项；②关于农产品优质管理和水产品质量认证及履历跟踪管理事项；③关于地理标示事项；④关于转基因农水产品的标示事项；⑤关于农水产品安全性调查及对调查结果采取措施的事项；⑥关于农水产品及水产加工品的检查事项；⑦关于农水产品的安全及质量管理信息提供，由总统令、农林畜产食品部或海洋水产部令规定的事项；⑧关于出口水产品生产、加工设施及海域卫生管理标准的事项；⑨关于水产品及水产加工品的危害要素重点管理标准事项；⑩关于指定海域的指定事项。

（二）食品产业振兴审议会职能

根据《食品产业振兴法》规定，食品产业振兴审议会审议下列主要事项：①关于基本计划制定有关事项；②关于食品产业标准认证事项；③关于传统食品品种指定及标准规格制定与修订事项；④关于食品名人指定、取消事项；⑤关于传统食品质量认证事项；⑥关于制定国家食品集群综合计划事项；⑦关于快餐产业培育及促进优质食材消费的事项；⑧其他农林畜产食品部或海洋水产部与食品产业振兴及消费者保护有关提出审议的事项。

三、委员长履行的职务及审议会议

农水产品质量管理审议会和食品产业振兴审议会委员长分别代表两个审议会，负责审议会业务。审议会副委员长协助委员长工作，委员长因故不能履行职务时，由副委员长代行其职务。

审议会议由委员长主持召开。审议会在职委员过半数以上出席时开会，出席人委员半数以上同意时表决通过。审议会认为对会议有必要时，可以让利害关系人、该地方自治团体相关人及有关领域的专家等出席听取意见，必要时可邀请协助提出有关资料。

四、分科委员会的设置与构成

根据《农水产品质量管理法》规定，农水产品质量管理审议会设农产品及农水产加工品的地理标示注册审议分科委员会。分科委员会是指地理标示分科委员会和特定领域分科委员会。分科委员会分别由10～20人组成，其中委员长、副委员长各1人。分科委员长、副委员长及委员由委员长在审议会的委员中根据专业知识和经验分别提名。分科委员会委员长、副委员长按照审议会委员长、副委员长职务履行。

食品产业振兴审议会分科委员会由包括分科委员会委员长和副委员长各1人在内的10人组成。分科委员会委员长和副委员长及委员由审议委员长在审议会委员中考虑专业知识和经验提名，经审议会表决任命。

五、审议会的运营

为了处理审议会和分科委员会的事务，农水产品质量管理审议会和食品产业振兴审议会及分科委员会分别设干事、秘书各1名。由农林畜产食品部长在其所属公务员中任命。在预算范围内除公务员委员与所管业务有关出席者外，可以给出席审议会或分科委员会委员支付补贴和旅费。

第二编

安全管理

第三章 农水产品安全调查制度

第一节 农水产品安全调查制度的
推进历程及发展现状

一、定义与目的

韩国的农水产品安全调查，是指食品药品安全处或市道为了农水产品的安全管理对农水产品或农水产品生产耕地、渔场、用水、材料等进行的调查（根据《农水产品质量管理法》第61条）。农产品安全调查制度是通过采集生产、流通和销售阶段的农产品试验样品，对其农药残留、霉菌毒素等有害物质实施安全性分析，确认生产阶段相关农产品是否符合总统令规定的安全标准，流通销售阶段是否超过按照《食品卫生法》等有关法令制定的有害物质的残留允许标准等，视其情况采取延期上市等措施，以保护生产者和消费者的制度（这里所说的农产品是指作为食用的未经加工的农业产品和人参）。或者说，农产品安全调查制度是以农户的农田栽培或仓库储存为对象进行上市前调查，调查结果超过残留允许标准的不合格产品，采取废弃、改变用途、延期上市等措施，为保护生产者和消费者，事先防止农产品在市场出售的制度。农产品安全调查包括生产、流通和销售三个阶段。生产阶段重点调查是否符合总理令规定的安全标准。流通、销售阶段重点调查是否超过食品卫生法等相关法令规定的有害物质残留允许标准。

水产品安全调查是指对残留在国内生产、储藏、交易前阶段流通水产品的重金属、抗生物质、贝类毒素、食物中毒菌等有害物质是否超过法律规定的允许残留标准所进行的调查。水产品安全调查包括生产（养殖场）、储藏（冷库）及上市交易前三个阶段。生产阶段重点调查是否符合总统令规定的安全标准。储藏阶段及上市交易前阶段重点调查是否超过食品卫生法规定的残留允许标准等。

农水产品安全调查的目的：一是通过农产品生产、流通和销售阶段，水产品生产、储藏及上市交易前阶段的有害物质残留等的安全调查，防止不合格产品上市流通，确保农水产品安全供给，维护消费者的利益；二是引导农户和渔户与认证农水产品、出口农水产品安全管理等政策相衔接，提高农水产品质量，增强农水产品竞争力，增加农民和渔民收入；三是通过农水产品有害物质残留现状调查奠定科学的安全管理基础，提高农水产品的安全性。

二、农水产品安全调查制度经历的三个发展时期

（一）初始期（1993—1999 年）

为确保消费者对农水产品安全的信任，韩国于 1993 年 6 月 11 日颁布《关于农水产品加工产业培育及质量管理法律》，对标准规格上市、质量认证、原产地标示等做出规定。同年 12 月 4 日农产品质量管理院制定有机农产品质量认证指针。为做好有机和无农药质量认证品的后期管理，1994 年首次以有机栽培农产品和无农药栽培农产品认证为对象实施药残留检查，将调查对象从农药、霉菌毒素扩大到重金属、食物中毒菌。1996 年 8 月，当时的农林部根据《消费者保护法》颁布《农水产品安全检查业务处理办法》，开始对普通农产品和水产品实施安全调查，实现从药物残留检查向生产和供给安全的农水产品质量管理调查转变。为有效实施农产品安全调查，指定国立农产品质量管理院为安全调查机关，并在所属支院设立安全分析室，增加专门检测人才和尖端精密分析设备，形成全国安全管理体系。同年 9 月又另行制定《水产品安全检查业务处理办法》。1997 年 3 月在《关于农水产品加工产业培育及质量管理法律》中确立了农水产品安全调查的法律依据，使安全调查业务制度化。1999 年 1 月 21 日，将原《农产品检查法》和《关于农水产品加工产业培育及质量管理法律》中的安全调查、质量认证、原产地管理等农水产品质量管理合并，制定《农水产品质量管理法》，并规定在生产阶段对农水产品实施安全调查，同年 7 月 1 日开始实施。同时，推出《农药残留允许标准》（1999 年）。初始期的农产品安全调查是在市场销售前以农户的生产园区或储藏仓库为对象进行的调查，对不合格产品采取废弃、改变用途和延期上市等措施，防止超过残留允许标准的不合格农产品进入市场。

（二）巩固期（2000—2003 年）

随着农水产品安全管理业务的扩大，为建立有效的分析检测系统，韩国于 2000 年建立农业试验室信息管理系统（LIMS），将精密分析室和 81 个办事机构（出张所）相连接，构建快速、有效的分析检测系统，强化分析检测功能，推进地方自治团体安全调查。2001 年，对废矿山地区大米重金属调查和食物中毒实施监控。为培育农水产品加工产业，提高农水产业竞争力，同年 1 月 29 日将《农水产品质量管理法》分别修订为《农产品质量管理法》和《水产品质量管理法》两部单行法律，分别对农产品和水产品安全调查作出规定。从此水产品实行"二元化"安全调查制度，即生产阶段由水产品质量检查院负

责，储藏及上市交易前由市道负责。2002年3月对出口农产品事前农药残留进行调查。同年7月，通过修订《农产品质量管理法》，除国立农产品质量管理院外，自治团体也开始推进安全性调查。2003年开始对人参农药残留进行调查。

（三）扩大期（2004年至现在）

随着分析检测品种和分析检测要素的增加，韩国从2004年开始重点推进市郡精密分析室建设，截至2007年建设地区精密分析室15个。不断增加安全分析检测人员和预算，分析检测人员从1996年的108人，增加到2009年的131人，预算从103亿韩元增加到166亿韩元。2006年因韩国废矿山金属事件的发生，扩大了重金属（铅、镉）的调查，并扩大对农产品流通农药残留现状的监控。从2009年1月开始改善农产品安全调查体系，按照安全管理目的，实施"安全调查"、"探索调查"（短期内对特定地区及品种实施局限性的残留调查）和"监控管理"。同年12月追加农产品和水产品销售阶段调查，并建立有害物质残留调查体系，同时建立民间安全检查机关指定制度，满足消费者对农水产品安全调查的需要。2010年将农产品安全调查范围从生产阶段扩大到流通、销售全过程，有害物质调查对象由原来的4种追加到7种，使农产品调查领域、调查品种和有害物质调查对象进一步扩大，有害物质残留调查及安全检查指定机关不断增加（2010年指定检查机关11个，2011年和2012年分别为14个）。2011年7月将《农产品质量管理法》与《水产品质量管理法》合并为《农水产品质量管理法》（2012年7月22日正式实施），对农产品和水产品安全调查设专章（第5章），就安全管理计划、安全调查、调查结果的处理等有关问题做出明确规定。

三、农水产品安全调查实际情况

韩国自实施农水产品安全调查以来，不断加大安全调查力度，逐步扩大安全调查规模，安全管理业务持续增加。从农产品安全调查看，1996年国产农产品调查品种只有53个，精密分析检测调查1 314件，到2009年分别为232个和63 934件，调查规模明显增加。同时安全调查不合格品种和调查件数也大幅度增加。其中精密调查不合格的，从1996年的38件，增加到2009年的1 503件，增加近40倍。但以调查件数为标准的不合格率明显减少，1996年占精密分析调查件数的2.9%，到2009年减少到2.4%，下降0.5个百分点（表3-1）。水产品2005年检查1 368件，不合格3件占0.22%；2009年检查7 136件，不合格175件，占2.45%，均为水产养殖禁止使用的抗生素（表3-2）。

表 3 - 1　1996—2009 年农产品安全调查情况一览表

年度	品种	调查件数（件）			不合格数 (B)	不合格率 (%) (B/A)
		精密分析 (A)	简易分析	合计		
2009	232	63 934	—	63 934	1 503	2.4
2008	220	48 941	13 180	62 121	1 436	2.9
2007	186	41 925	28 058	69 083	1 477	3.6
2006	178	27 652	38 238	65 890	750	2.7
2005	155	23 689	40 035	63 724	730	3.1
2004	138	20 371	40 196	60 567	770	3.8
2003	135	19 328	40 242	59 570	880	4.6
2002	134	17 011	38 999	56 010	600	3.5
2001	128	15 110	40 234	55 344	636	4.2
2000	124	11 672	31 056	42 728	525	4.5
1999	111	8 154	20 527	28 681	473	5.8
1998	80	6 400	5 036	11 436	448	7.0
1997	75	4 192	—	4 192	107	2.6
1996	53	1 314	—	1 314	38	2.9

资料来源：农林水产食品部《农水产品消费安全政策的理解》（2010 年 6 月）。

表 3 - 2　2005—2009 年水产品调查情况一览表

区　分	年度别				
	2005	2006	2007	2008	2009
检查件数	1 368	5 359	4 970	6 281	7 136
不合格（不合格率）	3 (0.22)	4 (0.08)	7 (0.14)	13 (0.21)	175 (2.75)

第二节　农水产品安全调查对象及程序

一、安全调查对象及检查项目

（一）农产品安全调查对象及检查项目

韩国农产品安全调查按照调查对象特点分生产、流通、销售三个阶段，其调查对象主要包括农产品（大约 160 多个）、农产品生产用地、用水及材料等；同时，还对亲环境、农产品良好管理（GAP）认证品等农产品的生产及流通过程实施安全调查。农产品生产阶段主要调查是否符合法定安全标准；流通和销售阶段主要调查是否超过食品卫生法等有关法律规定的有害物质残留允许标准。

安全调查品种每年根据种植面积、产地条件、品种特点、不合格率等进行调整。

　　为提高农产品质量，确保农产品安全生产和供给，农林畜产食品部每年根据食品药品安全处制定的农产品安全管理计划，确定农产品安全调查对象。选择安全调查对象有三项基本原则：一是选择产量最多、消费量最大的品种（如大米、白菜、苹果等国民每人每天摄取量最多的品种）；二是选择未经烹饪作为生食消费的品种（如生菜、苏子叶等）；三是选择不合格比例高的薄弱品种。

　　按照上述原则，农产品安全调查对象分重点管理品种、基本管理品种和一般管理品种。重点管理品种为消费者最关心的日摄取量多或生食的蔬菜、水果等约 30 多个品种；基本管理品种为代表安全性的品种，即产量和消费量最多或不合格率高的 54 个品种（其中谷类 3 个、豆类 1 个、薯类 2 个、蔬菜类 35 个、水果类 9 个、其他类 4 个），约占产量的 99％（表 3-3）；一般管理品种为基本管理品种和重点管理品种以外的品种。

表 3-3　基本管理品种（54 种流通销售的农产品）

谷类	豆类	薯类	蔬菜类	水果类	其他类
大米、大麦、玉米	大豆	土豆、地瓜	西瓜、黄瓜、西红柿、草莓、香瓜、白兰瓜、南瓜、茄子、白菜、冬白菜、卷心菜、生菜、小萝卜、菠菜、水芹菜、韭菜、紫苏叶、萝卜、胡萝卜、洋葱、大葱、小葱、青辣椒、红辣椒、大蒜、生姜、莴苣、茼蒿、西芹、甘蓝、羽衣甘蓝、香菜、哈密瓜、冬白菜、水萝卜	苹果、梨、葡萄、桃子、甘柿子、涩柿子、李子、柑橘、梅子	栗子、芝麻、糙皮侧耳、洋松蘑
3	1	2	35	9	4

　　资料来源：韩国农产品质量及安全管理体系的结构和特征。

　　农产品安全调查项目主要包括农药残留、重金属、有害性有机污染物残留、霉菌毒素、病原性微生物、放射物质、抗生物质等 7 种（表 3-4）。

表 3-4　有害物质安全管理对象

区　分	有害物质
农药残留	食品药品安全厅公布的 420 项成分中使用量最多和残留时间最长的农药成分
重金属	大米、白菜等 24 种农产品的镉、铅 2 种
残留性有机污染物	二噁英（Dioxin）、呋喃等 12 种
病原性微生物	沙门氏菌（Salmonella）、蜡样芽孢杆菌（Bacillus cereus）等 6 种
霉菌毒素	以大米、花生等为对象的黄曲霉素 B1、B2 等 8 种成分
放射能	核放射能等 2 种
抗生物质	食品药品安全厅公布的 84 种中使用最多的动物用药

　　注：根据韩国《农产品质量及安全管理体系的结构与特点》（江原道农水产论坛第 19 次定期研讨会结果报告书 2011 年 11 月 8 日）。

（二）水产品安全检查对象及检查项目

水产品安全检查分政府管理安全性检查和民间自律管理安全性检查。政府管理安全性检查是检查生产、储藏和交易前阶段水产品及向学校供应、大型供应站供货的水产品、市场流通认证和进口水产品，是按照国立水产品质量管理院计划实施的检查。民间自律管理安全性检查是加工厂、养殖生产者等为了出口或诊断有害物质水平申请检查的水产品，是按照需求者要求实施的检查。水产品生产阶段检查是否符合法定安全标准；储藏和交易前阶段检查是否超过法定残留允许标准。

政府管理水产品安全性检查对象包括沿近海、远洋水产品生产、储藏、交易全过程水产品和水产品生产用水、渔场或材料等。水产品安全性检查按照食品卫生法规定的标准实施，检查有害物质主要包括：重金属、抗生物质、食物中毒菌（肠炎病毒）、贝类毒素、河豚毒素、孔雀石绿、核辐射等有害物质。

水产品物质残留经过一定时间能分解消失的，延期至允许标准或相关法律规定的残留允许标准以下的期限上市。有害物质残留的分解消失时间长，不能食用的，可转换为饲料工业用原料等其他用途，不能使用的，采取措施废弃。

二、农水产品安全调查程序

（一）安全调查计划制定与下达

根据《农水产品质量管理法》和《转基因农水产品标示及农水产品安全调查规则》规定，为了提高农水产品质量，确保农水产品安全生产与供给，韩国食品药品安全处每年制定安全管理计划，提出安全调查、风险评价及残留调查计划。市道及市郡区制定辖区内农水产品生产、流通安全管理的具体实施方案，并组织实施。国立农产品质量管理院、国立水产品质量管理院和特别市、广域市、特别自治市、道，根据农水产品种植和养殖面积、不合格率等，与食品安全处协商，调整有害物质调查对象，视农水产品产量、消费量等选定调查对象品种。在此基础上国立农产品质量管理院和国立水产品质量管理院分别制定安全调查实施计划，并下达所属试验研究所及支院。在国立农产品质量管理院和国立水产品质量管理院下达的安全调查实施计划的基础上，各市郡区制定调查品种、调查数量等安全调查实施计划，然后下达各支院办事机构，并通报市道、农协等有关部门。支院办事机构在此基础上，选定安全调查品种、地区、有害物质等，制定市郡区安全调查实施计划，通知市郡区、农协等有关部门，并实施安全调查。

(二) 抽样调查

根据《农水产品质量管理法》规定，为了有效开展安全调查和法律规定的危害评价及残留调查，食品安全药品处长或市道知事可以派有关公务员采集试验样品（无偿采集试验样品）或查阅有关台账或文书。安全调查抽样根据生产和上市的特点分生产、流通和销售三个阶段（表3-5）。

表3-5　试验样品采集阶段一览表

区　分	采集对象	采集场所
生产阶段	未经储藏上市的农水产品 生产者储藏的农产品	农田、养殖场等储藏场所
流通阶段	批发市场等	流通现场
销售阶段	商场、大型流通企业网上商场、传统市场等最终消费阶段农水产品	交易现场

1. 生产阶段调查（即生产过程中的调查）

是指某农产品或水产品上市前，在主产地（养殖场）或生产者和养殖者储藏场所采集试验样品实施的调查。

2. 流通阶段调查（即上市交易前的调查）

是指上市的农产品或水产品交易之前，在批发市场、共同市场、收购站等农产品和水产品市场采集试验样品实施的调查。

3. 销售阶段调查（即交易阶段调查）

是指在消费者购买的最终消费阶段（包括电商或网上购买等）采集交易的农产品或水产品实施的调查。

调查机关对上述三个阶段调查时，组织安全调查人员在所有者的协助下采集样品。采集时间分品种，视生产和流通数量多少或认为有害物质增加的时期而定。具体来说，在生产阶段，种植的农产品一般在预计收获前10天左右；在储藏阶段，预计上市前10天左右采集（预计收获或上市时间根据产品所有者意见，由调查人员自定）；流通和销售阶段，在流通和销售中提取。生产阶段调查对象的数量安排和农户选定、流通阶段调查对象的安排和流通场所的选定、销售阶段调查对象的安排和销售业的选定，分别视种植面积和不合格率、批发经营规模和过去不合格率、销售规模和过去不合格率而定，并考虑其代表性。抽取样品数量视不同产品而定（表3-6）。按规定，样品可无偿提取，但所有者提出支付样品费的，可按实际费用支付。如果所有者不到现场，或不提供银行账户的，也可无偿提取样品。

表3-6 农水产品安全调查无偿取样数量表

食品种类	取样数量	备　注
农产品 谷类、豆类及其他农产品 蔬菜类 水果类 人参类等高价样品	1～3千克 1～3千克 3～5千克 500克	①取样数量是指样品的个体重量或容量之和的数量 ②调查所需要的样品要在取样数量范围内提取。样品最小单位超过取样数量的，可按最小单位（样品、包装等单位）取样 ③蔬菜类（叶菜类等）每棵重量在20克以下的，在50棵以上或500克中，可以把重量多的作为取样数量 ④人参等高价值样品，在6棵以上或500克中，可以把重量多的作为取样数量 ⑤土壤、用水、原材料，可以把在检查方法中要求的重量（容量）作为取样数量
水产品 自然产品 养殖产品	按《食品公典》规定标准提取	
农田、用水、材料	2～5千克	

资料来源：《转基因农水产品标示及农水产品安全调查规定》。

（三）有害物质分析

有害物质分析是采用物理和化学或生物学的方法分析判断残留或包含在农水产品的有害物质的含有量。为了加强农水产品科学安全管理，调查分析机关根据食品药品安全处和国立农产品质量管理院或国立水产品质量管理院年初安全调查计划，对农水产品安全调查品种和有害物质分期实施抽样调查分析，并对国民委托进行分析（图3-1、图3-2）。

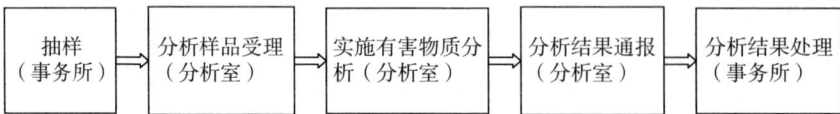

图3-1 农水产品有害物质抽样调查分析程序

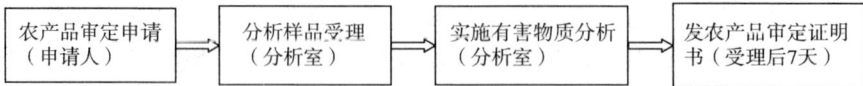

图3-2 国民委托检查申请程序

安全调查样品的分析方法，原则上采用食品卫生法等相关法律规定的分析方法。有关法律法规没有规定的分析方法或认为有更精密的分析方法的，为了提高分析效率也可使用国立农产品质量管理院规定的分析方法和国际通用的分析方法。

（四）通报分析结果及采取措施

农产品分析机关自受理之日起 7 天内（包括休息日）完成样品检测分析，但在分析方法中规定的分析时间超过 7 天以上的，从其规定时间。因特殊原因在分析期限内不能完成的，应马上以书面形式通知委托事务所。水产品分析自受理之日起 12 天内（除休息日外）完成。分析机关完成样品分析后，要及时将分析结果通报委托分析事务所，不得随意向外界公布结果。如果分析结果不合格，首先用电话通报分析委托机关。通报分析结果时，委托机关及分析机关之间与农业安全信息系统（SafeQ）连接的，将分析结果输入该系统，替代通报；未建立信息系统的，以书面形式通报；市道等国立农产品质量管理院以外的调查机关分析发现不合格的，将样品详细资料输入信息系统。

分析结果违反生产安全标准的，由该产品生产者或所有者提出处理意见和处理期限，并采取下列措施：①该农水产品有害物质随着时间推移分解和消失，超过一定时限后，认为可以食用的，延期上市至有害物质残留允许标准以下时间；农水产品有害物质分解、消失时间较长，在国内不能作为食用上市，但可以作为工业原料及出口等其他用途的，可以转为其他用途；上述方法均不能处理的，限一定期限内销毁。②用改良土壤、净化等方法能够消除有害物质的，要改良不合格农产品生产用地、用水和材料等；认定经过一定时间分解和消失能够使用的，可暂时中止农产品生产用地、用水和材料的使用，直至有害物质减少到允许残留标准以下；如果没有按照上述方法采取措施的，停止农产品生产用地、用水和材料的使用。

调查机关在辖区内确认不合格农水产品所有者是否采取上述措施，如果没有采取相应措施，连同有关证据材料报辖区警察署，并将有关情况通报当地市郡区等有关机关。在此期间调查机关可以对不合格农水产品实施再抽检。

特别市、广域市、特别自治市、道、特别自治道或市郡区要对不合格农产品所有者实施安全教育。不按有关规定采取措施的农水产品所有者，不能享受农林畜产食品部给予的国库补助金。市道或市郡区要认真分析经常出现不合格地区的原因，并采取必要措施。如果因土地、用水等种植环境造成的，要采取改良土壤、改为非食物用作物种植、收购废弃等措施，并对该农水产品所有者实施半个月的教育。

调查机关在每季度的下一个月 15 日前将安全调查情况分别报食品药品安全处和农林畜产部或海洋水产部。

第三节 农水产品安全调查机关

农水产品安全调查机关是为确保农水产品安全，采集试验样品、处理调查结果等工作的机关。主要有国立农产品质量管理院及其试验研究所、支院和地区事务所；国立水产品质量管理院、国立水产品科学院；特别市、广域市、特别自治市、道。除此之外，还包括依法指定的安全检查机关（即安全检查指定机关）。

安全检查指定机关是为专门和有效履行部分安全性调查业务和试验分析，依照《农水产品质量管理法》（第64条）的规定，分别由国立农产品质量管理院和国立水产品质量管理院指定的农产品和水产品安全检查机关。被指定的安全检查机关要具备安全性调查和试验分析所需要的人力和设施。近些年来，因韩国安全调查任务不断增加，检查人员和设备严重不足，为了扩大安全检查规模，上述两院从2010年开始，依法指定部分农产品和水产品安全检查机关。指定安全检查机关时，按照安全检查业务代行办法，分委任检查机关和委托检查机关。委任检查机关一般为国家及其所属机关，负责依照《农水产品质量管理法》制定计划实施的安全调查；委托检查机关为公共机关及民间组织等，负责实施农产品质量管理院或水产品质量管理院委托的安全调查及其他国家、自治团体、民间等委托的安全检查。

按照相关法律规定，被指定的安全调查机关应当具备能够满足调查和试验分析所需要的设备和专业人才，例如分析室、分析器具和受过高等教育并有实践经验的专业技术人才。下面列表概要介绍韩国农水产品安全检查机关指定标准（表3-7）。

自2010年4月开始正式建立安全调查机关指定制度以来，到2013年6月，共指定（株）韩国SGS、庆尚北道海洋生物产业研究院、东医科学大学产学协作团（东医分析中心）、农协食品安全研究院、全罗北道大学产学协作团（环境资源分析认证中心）、（株）韩国分析技术研究所等27个部门为农产品安全检查指定机关。

表3-7 农水产品安全检查机关指定标准（概要）

区　　分	指定标准
分析室面积	分析室面积达到250米^{2}以上，能满足安全调查和试验分析业务要求。只承担特定项目分析业务的，面积在70米^{2}以上。分析室要分前处理室、一般试验室和机器分析室

（续）

区　分	指定标准
分析器具标准 （农产品和水产品）	根据安全调查及试验分析业务对象，应具备下列各项分析器具标准： （1）农药残留（水产品动物用药）：①化学天秤（最小测定单位0.000 1克以下）；②上皿式天平（最小测定单位0.1克）；③冷库（包括－20℃以下的冷库）；④均质器（Homogenizer）或搅拌机；⑤浓缩器（旋转减压浓缩器及气吹浓缩器）；⑥气相色谱仪（GC）；⑦高效液相色谱仪（Hplc/Ms）；⑧高效液相色谱仪质量分析仪；⑨其他药残留分析所需要的基本设备 （2）重金属：①化学天秤（最小测定单位0.000 1克）；②上皿式天平（最小测定单位0.1克）；③冷库（包括－20℃以下冷库）；④微波炉（Microwave）或加热板（Hot plate）；⑤原子吸收光谱仪（AAS）或原子发射光谱仪（ICP）或ICP/MS；⑥其他重金属分析所需要的基本设备 （3）病原性微生物：①化学天秤（最小测定单位0.000 1克）；②上皿式天平（最小测定单位0.1克）；③冷库（包括－20℃以下冷库）；④无菌操作台（Clean bench）；⑤高压灭菌器（Autoclave）；⑥细菌计数器（Colony counter）；⑦匀浆器（Stomacher）；⑧培养器；⑨全自动细菌鉴定仪；⑩光学显微镜（1 000倍以上）；⑪其他微生物鉴定所需基本设备 （4）其他有害物质：由国立农产品质量管理院长另行规定公布的分析器具标准
检查员标准	（1）检查人员6人以上（只被指定有害物质分析业务的，可4人以上） （2）检查人员资格要件：①在高等教育法规定的大学或专科学校与分析有关的学科毕业者，或具有同等以上水平资格者；②食品技术师、食品技师、食品产业师、农化学技术师、农化学技师、卫生师、卫生试验师、农村土壤评价管理师或具备与分析有关的同等水平资格以上者；③其他在安全检查部门从事2年以上有经验者 （3）检查人员的教育：根据食品药品安全处长的规定，对检查人员进行抽样办法、分析方法等安全调查教育，使检查人员能够圆满地完成检查任务

注：根据《转基因农水产品标示及农水产品安全调查规则》。

第四节　农产品安全（SafeQ）管理系统

农产品安全（SafeQ）管理系统是韩国农林畜产食品部为检查农产品农药、重金属、生物毒素、病原性微生物等有害物质残留，让国民吃上放心、安全的农产品而建立的农产品安全检查管理系统。SafeQ即英文Safe（安全）、Sure（安心）和Speed（速度）的意思。韩国称之为"三叶"（3S），是韩国语新鲜叶子的谐音，象征着"安全"、"安心"、"迅速"的三片叶子，代表全部农产品的新鲜度。Q代表Quality（品质）和Quick（快速），与Safe（安全）联起来，蕴含着"农产品安全性的最高品质和迅速服务"的意思。

SafeQ 管理系统功能齐全，除有无访问检验服务、不合格信息共享等多种功能外，还有检验申请事前预约、检验结果真伪确认、分析结果短信服务系统（SMS）、信息通报等以顾客为中心的服务功能。通过该系统，顾客在全国任何地方都可以确认分析结果，通过网站申请检查等，为顾客提供安全、便捷的安全服务平台。

SafeQ 管理系统具有四大特点：①世界最先开发应用网络的基础信息管理系统。该系统把过去以各分析室为单位连接的分析室内部信息管理方式改变为连接全国所有分析室的网络信息管理方式。这种方式把取样及有害物质分析、结果通报等一系列分析过程与全国 114 个分析中心连接起来，无论是谁只要与 WWW. safeq. go. kr 连接加入会员后，在任何地方都可以申请安全检验，确认分析过程和结果。②韩国国内最先采用无访问网络检验服务。以网络和邮寄相结合的方式，建立顾客在网络申请检查，通过邮寄邮递被检查的农产品系统，解决了农民、出口企业等客户远距离送达的不便。③与全国批发市场、流通企业共享不合格产品信息。建立起包括全国批发市场和流通企业在内的网络，共享不合格产品信息，彻底切断不合格农产品的流通。④通过互联网实时信息公开，建立早期信息系统。实时公开不合格产品名称、地区、主要不合格成分等，强化服务，满足消费者的知情权。该系统现已成为韩国农产品安全管理的重要组成部分。

第四章　耕地污染特别管理

第一节　土壤污染管理概述

　　土壤和阳光、空气、水一样，是大自然赋予人类和其他生物存在的四大要素之一，是人类、动植物等所有生物生存的基本条件，也是环境的核心部分，同时又是粮食资源的生产场所。土壤污染是因人类活动产生的有害有毒物质进入土壤，积累到一定程度，超过土壤本身的净化能力，导致存在于土壤的特定化学物质的浓度增高，构成对农作物和人体的影响和危害的现象。土壤污染物质是在土壤中不被分解、残留性强、给农作物生长和人类健康带来恶劣影响的物质。

　　20世纪中后期，随着世界经济的高速发展，工业化进程加快，加上过于追求经济效益而忽略环境保护，许多国家和地区都先后出现过一系列土地污染事件。可以说，土地污染已经成为世界性环境问题，它对土壤本身，对动植物及地下水等整个生态系统都会带来严重危害。因此，各国政府高度重视，许多国家都出台了一系列保护土壤、环境，防治公害的法律法规和政策措施，并把强化土地污染管理作为农水产品安全管理的重要组成部分。

　　20世纪70年代，美国纽约某垃圾填埋场的有害化学物质渗出，给附近居民造成严重危害。经历过惨痛的土壤污染教训，美国政府从危险废物管理角度对被污染的土壤进行控制和管理，并制定一系列严格的法律法规。1976年12月美国国会通过了《固体废物处置法》，又称《资源保护回收法》，1980年12月又制定《综合环境反应、赔偿和责任法》，设立著名的"超级基金"，建立起比较完备的危险物质环境释放的联邦政府反应机制和严厉的环境责任机制。从此以后美国利用数千亿元"超级基金"净化被污染的土壤，为美国地下水有机污染物清除、填埋场渗出物和土壤金属修复、土壤有机化合物和废水有机污染物的修复等方面提供了法律保障，也促进了被污染土壤修复市场的繁荣和城市经济的发展。

　　日本是最早在土壤保护方面立法的国家。在20世纪60年代末期发生的金属矿重金属污染事件后，为了防止因土壤污染影响农作物生长进而影响人类健康情况发生，日本于1970年颁布有关防止农用地土壤污染的法律，并根据该法将镉、铜、砷3种元素指定为特定有害物质。为了解决日趋严重的市区环境污染问题，日本环境省于 2002 年制定《土壤污染对策法》，对调查的地域范围、超标地区的确定，以及治理措施、调查机构、支援体系、报告及检查制度、惩罚条款等进行规定。

与世界发达国家相比，韩国土壤环境保护的历史并不长。20 世纪 70 年代中期以后，随着以重化工业为中心的经济开发，韩国土壤污染问题开始出现。1977 年韩国将《公害防止法》改为《环境保护法》，1980 年成立环境厅，并设立专门负责土壤污染的部门。后来因产业化的快速发展，水质、大气等环境问题呈现多样化。1990 年分 6 个污染领域制定单行法，实行部分管理。但是，因快速的经济发展形成的各种产业园地、非卫生废弃物填埋地、废金属矿、工厂污染物排放、加油站的快速增加，由此产生的土壤和地下水污染等社会问题日趋严重。为此，韩国政府高度重视，将耕地污染问题作为农水产品安全管理的重要组成部分。为推进土壤污染保护的综合、有效的政策，韩国政府于 1995 年 1 月 5 日颁布实施以全国国土为对象的《土壤环境保护法》，从此初步建立起土壤污染防治管理的综合法律框架，对土壤环境保护产生了积极的影响。

第二节　土壤污染管理政策措施

《土壤环境保护法》颁布实施后，韩国土壤环境管理分为预防土地污染的事前管理和修复被污染土壤的事后管理，在全国建立土壤污染观测网，指定特定土壤污染诱发设施，确定土壤污染标准，开展土壤污染调查，并将超过土壤污染措施标准的地区指定为土壤保护措施地区进行系统管理。该法经过多次修订，但与世界先进国家相比，仍有一定差距。2004 年 12 月 31 日韩国政府对该法再次大幅度修订后，从 2005 年开始建立土壤污染申报制度，禁止污染土壤丢弃，实行泄漏检查义务化和土壤净化业登记制度，推行污染土壤危害性评价等先进的管理制度，使土壤污染管理制度不断完善并步入世界先进行列。

一、设置全国土壤观测网

为全面掌握全国土壤污染状况及发展趋势，作为土壤污染事前预防和土壤污染净化修复等土壤保护政策的基础资料，韩国环境部自 1987 年开始先后在全国设立 522 个土壤监测网，每隔 1 年监测一次。自 1996 年开始，将土壤监测分为环境部负责的全国监测网和市道管辖区域的地区监测网，对土壤污染程度进行监测。

全国土壤监测网由环境部把国土划分一定单位，每个地区根据耕地和工厂、产业地区等土地的用途建立监测网。地区监测网在市道管辖区域内选择废金属矿山、废弃物填埋地、公团周围地区等土壤污染可能性大的场所设置。环境部或市道土壤监测网，每年组织一次以上的土壤污染程度调查。对调查结果超过土壤污染担心标准的地区实施污染种类、污染程度和范围的精密调查。精密调查结果超过担心污染标准的，采取土壤污染防治措施；超过措施标准的，指定为土壤保护措施地区进行管理。

二、确定土壤污染标准

《土壤环境保护法》把判断土壤污染标准分为土壤污染担心标准和土壤污染措施标准。土壤污染担心标准是指担心给人类健康、财产或动植物生长带来障碍的土壤污染标准；土壤污染措施标准是指超过污染担心标准，给人类健康及财产和动植物生长带来障碍，有必要对土壤污染采取措施的土壤污染标准。1995年制订的《土壤环境保护法》规定重金属、有机磷化合物、氰、苯酚等11种成分的土壤污染担心标准和措施标准，2001年从11种扩大到16种，到2009年6月修订《土壤环境保护法》时规定21种。韩国土壤污染标准分三类区域（表4-1）。第1类区域标准包括农田（水田、旱田）、果园、牧场用地、矿泉地、宅基地、学校用地、沟渠、渔场、遗址、儿童娱乐场等；第2类区域标准包括林地、盐田、仓库用地、河川、体育用地、宗教用地；第3类区域包括工厂用地、停车场、加油站用地、公路、铁路用地、堤坝、国防设施等。

表4-1 土壤污染标准

单位：毫克/千克

物 质	担心标准			措施标准		
	第1区域	第2区域	第3区域	第1区域	第2区域	第3区域
镉（Cd）	4	10	60	12	30	180
铜（Cu）	150	500	2 000	450	1 500	6 000
砷（As）	25	50	200	75	15	600
汞（Hg）	4	10	20	12	30	60
铅（Pb）	200	400	700	600	1 200	2 100
六价铬	5	15	40	15	45	120
锌（Zn）	300	600	2 000	900	1 800	5 000
镍（N）	100	200	500	300	600	1 500
氟化物	400	400	800	800	800	2 000
有机磷化合物	10	10	30	—	—	—
多氯联苯	1	4	12	3	12	36
氰（CN—）	2	2	120	5	5	300
苯酚（phenol）	4	4	20	10	10	50

（续）

物 质	担心标准			措施标准		
	第1区域	第2区域	第3区域	第1区域	第2区域	第3区域
苯	1	1	3	3	3	9
甲苯	20	20	60	60	60	180
乙基苯	50	50	340	150	150	1 020
二甲苯	15	15	45	45	45	135
石油烃	500	800	2 000	2 000	2 400	6 000
三氯乙烯	8	8	40	24	24	120
四氯乙烯	4	4	25	12	12	75
苯并（a）芘	0.7	2	7	2	6	21

三、指定土壤污染诱发设施

土壤污染诱发设施是指与担心土壤污染有关的设施、装置、建筑物及场所等。将担心污染的设施规定为土壤污染诱发设施，并对这些设施进行登记管理，可以事先防止土壤污染。在管理过程中，考虑污染的可能性、危害程度、设施数量、基层行政机关的管理能力，韩国将石油类的制造及储藏设施和有毒物的制造及储藏设施、输油管设施等指定为土壤污染诱发设施（表4-2）。石油类主要有丙酮、汽油等引燃点不足 21℃ 的；轻油等引燃点 21℃ 以上不足 70℃ 的；重油等引燃点 70℃ 以上不足 200℃ 的；机械油等引燃点在 200℃ 以上的。其加工及储藏设施容量在 2 万升以上的设施。有毒物有 10 种，储藏 3 米³ 以上的设施。

表4-2 土壤污染诱发设施对象范围

种 类	对象范围
石油类的制造及储藏设施	为制造、储藏及经营易燃液体而设置的储藏设施，总量在 2 万升以上的设施
有毒物的制造及储藏设施	在内容物成分中含下列物质的：①镉（Cd）及其化合物、②铜（Cu）及其化合物质、③砷（As）及其化合物、④汞（Hg）及其化合物、⑤铅（Pb）及其化合物、⑥氰（CN）及其化合物、⑦六价铬及其化合物、⑧有机磷化合物、⑨苯酚（phenol）类、⑩多氯联苯（PCB）
输油管设施	输油用管道及储藏罐
其他	类似上述管理设施，有必要特别管理的，由环境部与相关中央行政机关协商公告的设施

资料来源：土壤环境保护法施行规则。

为了有效扩大法律的适用范围，韩国现行的土壤污染诱发设施的油类储藏设施按照有关规定，设置土壤污染诱发设施者须向其管辖市道提出申请，市道按规定批准后，加强对土壤污染诱发设施的管理。如果发现未设置土壤污染防止设施或不符合标准的，要责令设置污染防止设施；如果不予改正的，要责令停止使用。同时视不同情况予以处罚。

四、建立土壤环境评价制度

土壤环境评价是在不动产交易中通过事前准确调查、评价对象用地的环境污染情况和范围，为明确交易后由此引起的财产不利或与净化责任有关的法律责任关系而进行的环境评价。土壤环境评价可以说是在不动产交易、企业并购、企业信用评价及金融机关信贷审查等多方面，能够事先防止因污染用地引起的法律责任转移、资产损失等环境风险的有利手段，美国最早实行这项制度。

为进一步明确土壤污染的法律责任，建立完善的土壤环境管理，韩国2001年3月修订《土壤环境保护法》时开始引入土壤环境评价制度。即设置土壤污染诱发设施或转让、继承或出租、租借被设置用地的，转让人、继承人或租借人可由土壤管理专家对该设施设置的用地及其周边地区进行土壤污染评价。这项制度的建立，进一步强化土壤污染者的责任，明确发生土壤污染损害时，造成土壤污染者不仅负责污染赔偿损失，还要负责净化被污染土壤。同时，扩大污染者的范围，不仅土壤污染诱发设施的所有者、经营者，而且作为转让、拍卖等继承土壤污染设施者也被规定为土壤污染者，同样负有污染赔偿和净化责任。

第三节 耕地污染特别调查

从20世纪80年代开始，韩国矿山资源枯竭，国际矿物质资源价格下降，大部分矿山停产或关闭。大多数停产或关闭的矿山未经处理就被搁置起来。被搁置的金属矿山开始造成土壤、地表水、地下水污染，给农产品安全带来严重影响。为此，韩国环境部在1996年以前就对担心土地污染的10个矿山进行了调查。1997年至2005年，韩国政府把158个废金属矿作为重点管理对象实施概况调查和精密调查。在此期间还对638个废矿山实施概况调查，选定310个（占48.6%）矿山作为精密调查对象。2005年5月3日出台《关于矿山灾害防治与恢复的法律》（2006年6月起施行），并依法成立韩国矿山灾害管理公司，从而形成系统的矿害防治工作的运营和管理。2006年9月农林水产食品部、环境部、知识经济部及食品药品安全厅利用4年的时间联合对全国废金属矿山中担心重金属污染的431个矿山进行土壤、水质及农产品安全调查。农林水产食品部负责农产品安全调查，重点对在废金属矿山地区重金属污染的农田中种植的大米、白菜等10个农产品的重金属（铅、镉）实施安全检查（表4-3）。

表4-3 联合调查部门分工一览表

部 门	业 务	措施内容
农林水产食品部	农产品安全调查	对在废金属矿山地区重金属污染的农田中种植的大米、白菜等10个农产品的重金属（铅、镉）实施安全检查 对超过标准的农产品由当地自治团体收购、销毁
环境部	土壤和水质污染调查	实施土壤调查及居民健康影响调查 从金属矿中选定担心重金属污染较大的431个，从2006年到2009年实施污染程度调查
知识经济部	矿山灾害防治工作	推进废矿山地区超过农产品标准地区的休耕和客土等矿山灾害防治工作
食品药品安全厅	制定残留允许标准	制定农产品安全检查标准（铅、镉） 对象品种：大米、大豆、小豆、玉米、土豆、地瓜、萝卜、白菜、大葱、芹菜

资料来源：农林水产食品部《农水产品消费安全政策的理解》，2010年6月。

2006年9月农林部、产业资源部及食品药品安全厅的废矿山污染情况调查报告显示，废矿山地区的土壤、水质、重金属污染问题相当严重。土壤污染程度达到10.0%，水污染程度为25.0%，农作物重金属污染达到25.9%（表4-4）。2007年环境部对京畿道、江源道、忠清南北道、庆尚南北道等地区100个金属矿山调查，发现大部分矿山下游有许多农田，94个矿山周围农田使用周边河水灌溉，82个矿山超过土壤污染措施标准，32个矿山超过水质标准。

表4-4 矿山地区土壤、水质及重金属污染程度

区分	污染度%	污染度标准
土壤	10.0	超过担心土壤污染标准比率
水质	25.0	超过江河水质污染标准比率
重金属	25.9	超过铅（镉）的允许标准比率

注：农林部、产业资源部及食品药品安全厅废矿山污染情况调查结果资料，2006年9月。

当时农林水产食品部以大米、大豆、小豆、玉米、土豆、地瓜、萝卜、白菜、大葱、芹菜等10个品种为对象，实施重金属（铅、镉）安全性调查。2009年着手制定综合农产品重金属污染管理基本计划，安全调查件数从2006年的898件增至2009年的2 079件（表4-5），到2010年7月又扩大农产品重金属污染安全检查对象品种，在原来 10 个品种的基础上又增加胡萝卜、大蒜、韭菜三个品种，至此达到 13 个，到 2011 年达到 24 个品种。在重金属安全检查中被认定为不合格的农产品，由所在地区自治团体负责收购或销毁，坚决禁止流通。知识经济部对被污染农田采取停止耕作或修复等措施。同时扩大重金属农田污染管理对象和范围，由原来废金属矿山 2 公里内调查扩大到农田污染以外下游的 2~4 公里等，由对重金属矿污染调查扩展到掩埋地、产业园地周围农田的调查。

表 4-5　2006 年至 2009 年农产品重金属安全调查结果表

年　　份	2006 年	2007 年	2008 年	2009 年
调查件数	898	6 959	2 660	2 079
不合格件数	107	139	46	31
不合格率（%）	11.9	2.0	1.7	1.5
不合格数量（吨）	143.8	142.5	45.5	40.5

第四节　土壤污染治理

韩国《土壤环境保护法》实施以后，在开展土壤污染调查的基础上，韩国对重金属含量超过污染担心标准和措施标准的，分不同情况采取必要的土壤污染治理措施。土壤污染治理坚持"谁污染谁赔偿和治理"的原则。按照法律规定，发生土壤污染事故时，土壤污染责任人既要负责赔偿，又要承担污染土壤的净化责任。土壤污染责任人既包括土壤污染诱发设施所有者和运营者，也包括转让、收购接收土壤污染诱发设施者。

按照《土壤环境保护法》的规定，土壤精密调查结果超过措施标准以上地区，应当采取种植非食用植物、耕地整理、客土等改良方法；调查结果超过土壤污染担心标准以上地区，采取客土、施石灰、磷酸及有机物和物理管理方法。目前韩国农村振兴厅开发的重金属污染土壤改良方法有物理方法、化学方法和生物学方法。物理方法有耕地整理、客土、覆土等；化学方法有使用石灰类提高土壤 pH，减少重金属类的活性度等；生物学方法有在耕地选择栽培非食用植物或重金属吸收量大的植物吸收清除土壤重金属等方法。

超过措施标准地区，原则上禁止种植食用农作物，鼓励多种非食用植物。如植树（朴树、黄杨木等），种植花卉（映山红、金丝草等）和纤维作物（大麻、亚麻）等。土壤污染超过担心标准以上地区，多采用客土和耕地整理，施用改良剂石灰等方法。

　　在重金属污染治理中，韩国专家认为采用物理、化学方法净化土壤具有较好的效果，但费用相对较高，所以鼓励利用植物净化土壤技术。植物净化土壤的修复技术在美国、新西兰等先进国家应用较普遍。其优点是利用太阳能自然亲和力，能源需求量小，比物理处理工程经济，向大气或水中排放的污染物少。其缺点是处理时间相对长，受土壤的特点及气候条件影响较大。在净化土壤重金属污染的植物净化技术中，最具代表性的净化技术有植物提取法（phyto-extraction）和植物稳定法（phyto-stabilization）。植物提取法是利用重金属超富集植物（hyper-accumulator）从根部组织中吸收土壤中的金属，输送到地面，重金属被根部组织积蓄后收获净化的方法。植物稳定技术是利用耐受高浓度重金属植物，在土壤中使重金属的移动性和生物学的有效度减少，在土壤中切断和稳定扩散的方法。

第五章　畜产品安全管理制度

第一节　概　　述

畜产品是指从牛、猪、鸡、鸭等畜禽中获得的食用肉、原乳、蛋及以此为原料加工的肉制品、乳制品和蛋制品等。为确保畜产品安全，韩国实施从养殖场到餐桌的专门、系统的食品安全管理。畜产品安全检查贯穿畜产品卫生管理的全过程。畜产品卫生管理分危害要素发生前的事前卫生管理和危害要素发生后的事后卫生管理。事前卫生管理包括义务适用作业场所的基本卫生管理标准，在各个过程适用食品安全管理认证体系（HACCP），实施畜禽及畜禽产品检查等。事后卫生管理包括按照畜产品的标准规格、标示标准等进行的卫生监督及收走检查等。畜产品卫生管理分家畜饲养、屠宰（集乳、加工）、流通销售、消费四个阶段。

在饲养阶段，建立阶段式养殖场 HACCP 管理体系；实行配合饲料工厂 HACCP 管理制度；强化防止有害物质残留等饲养管理指导、宣传和教育。

在屠宰（包括集乳、加工）阶段，实施屠宰检查、原乳检查、病原体微生物检查及有害物质检查；屠宰场义务适用 HACCP 管理，畜产品作业场所适用 HACCP 自律管理；义务运用企业食品卫生管理标准（SSOP）；定期实施设施检查和卫生检查。

在流通销售阶段，实施全国性收走检查，禁止有害畜产品流通；定期实施设施检查和卫生检查；义务运用企业卫生管理标准（SSOP）及 HACCP 标准。

在消费阶段，定期实施安全检查，加强安全畜产品食品选择办法的宣传教育；提供有关畜产食品的安全信息；建立非法、不良畜产品举报系统等。检查官对屠宰阶段屠宰的家畜实施检查；感染传染病家畜原则上禁止屠宰和流通。

为确保饲养、屠宰、流通销售、消费四个阶段的畜产品安全，韩国不断完善安全管理政策和制度体系。一是制定畜产品标准及规格。2008 年 12 月制定的《畜产品加工标准及成分规格》，对韩国国内生产的畜产品和国外进口的畜产品加工标准及成分规格同时进行管理。二是公布畜产品标示标准。为向消费者提供正确信息，确保公平交易，政府公布并组织实施畜产品标示标准。三是建立企业卫生管理标准。在畜产品加工处理法中，对经营者及其从业人员在作业或营业场所应当遵守的企业卫生管理标准做出规定。企业卫生管理标准规定了防止在作业前和作业过程中可能发生的污染或变质的具体程序和方法，要求经营者每天检查自身卫生管理情况，并记录保存相关资料。四是建立畜产品HACCP管理制度。韩国1997年12月开始建立该项管理制度，到2003年7月所有屠宰场全部义务实行HACCP管理制度，并逐步向销售领域拓展。通过建立HACCP管理制度，从养殖场到餐桌建立完整的安全预防体系，为消费者提供可靠的畜产品。五是建立系统的家畜和畜产品检查制度。在所有经屠宰场屠宰、处理的家畜均要接受检查员检查（鸡、鸭等部分家禽可由企业检查员代替检查）。禁止屠宰和流通感染传染病的家畜。屠宰申请时，以屠宰检查官实施的活体、解剖等检查为主，经实验室检查、残留物质检查等检查合格的产品方可进入流通市场。畜产品检查以《畜产品加工处理法》为依据，按照《肉物质残留检查办法》《肉微生物检查办法》《畜产品加工业经营者检查细则》《食用卵微生物及物质残留检查办法》《畜产品加工标准及成分规格》《畜产品标示标准》等农林畜产食品部的公告实施。六是采取措施，加强饲料管理。逐年减少饲料添加用动物药品种类，从2008年的25种，减少到2011年的9种。禁止把动物蛋白作为反刍动物饲料使用。

第二节　畜产品安全检查种类与方法

根据韩国《畜产品加工处理法》规定，屠宰经营者、集乳（收集、过滤、冷却、储藏原乳）经营者和畜产品加工经营者在作业场处理的食用肉，收集、过滤、冷却、储藏的原乳和加工的畜产品要经检查官安全检查。畜产品安全检查分屠宰检查、肉物质残留检查和微生物检查、食用卵物质残留检查和微生物检查、原乳检查、畜产品收走检查等。畜产品安全检查又分企业自身检查和委托检查。在韩国，除鸡、鸭等部分禽类由企业检查员自检外，其他屠宰、加工处理的畜禽都要委托有关机关检查。

一、屠宰检查

屠宰检查是为了向消费者提供安全卫生的食用肉，逐一检查屠宰场的屠宰法定卫生状况，确定屠宰家畜能否食用的一系列检查。屠宰检查包括活体检查、解剖检查及实验室检查。活体检查是检查官或责任兽医师为了确认被屠宰的家畜是否对人或家畜的健康造成危害而在屠宰场实施的现场检查。活体检查主要通过家畜的立姿、举动、营养状况、呼吸状况、皮、毛等检查，必要时通过测定体温，识别是否患有疾病，确定是否符合屠宰要求进行的检查。解剖检查是为了鉴别屠宰的家畜肥肉、瘦肉、头、内脏及其他部位（32个部位）有无病变，由责任兽医师或屠宰检查官等在屠宰场实施的肉眼检查。实验室检查是活体检查和解剖检查结果认定有必要进行精密检查的，采用病理学和组织学检查确认是否感染疾病，通过有害物质残留检查、病原性微生物等精密检查，确保食用肉安全。

根据韩国屠宰家畜及食用肉具体检查标准规定，屠宰经营者屠宰前应当向检查官或责任兽医师提出屠宰检查申请，接到屠宰申请后检查人员对养殖户或养殖场进行确认，并对屠宰设施及从业人员进行卫生检查，依照有关规定实施活体检查。活体检查结果发现异常现象的，在隔离场隔离一定时间后再行检查，然后决定是否屠宰。活体检查确认无异常现象的，允许屠宰，依照检查标准实施解剖检查。解剖检查发现异常部分，按照检查标准部分或全部废弃。怀疑紧急屠宰和因一般疾病治疗用药的畜禽屠体送试验室检查后决定是否合格。经活体检查和解剖检查后未发现异常现象的，分品种做出合格标示后，发"屠宰检查证明书"出库上市。被感染传染病的家畜原则上禁止屠宰和流通（图5-1）。

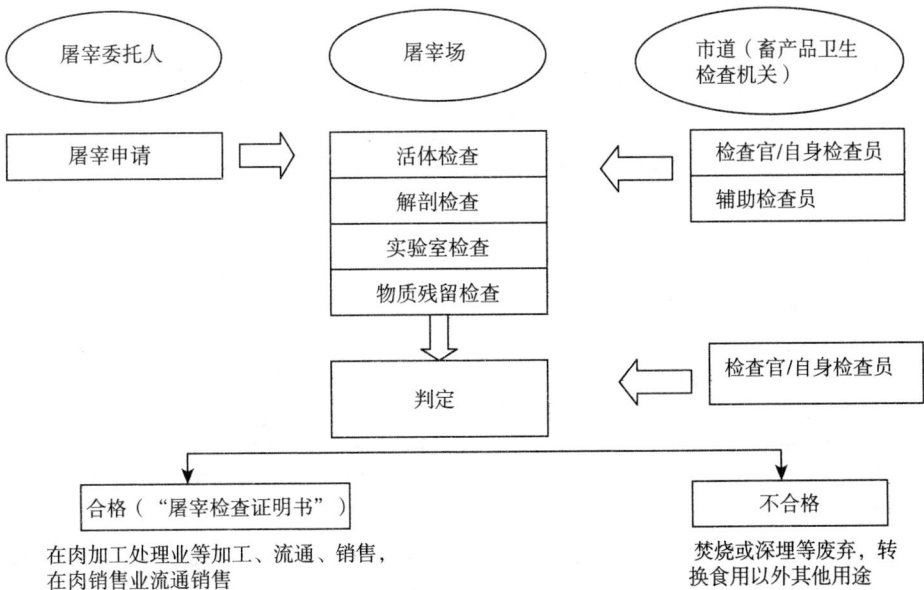

图5-1　屠宰检查流程图

二、物质残留检查

韩国从1988年出口日本猪肉中检查出磺胺甲基嘧啶后被退回开始实施畜产品有害物质残留检查。当时韩国虽然没有物质残留分析专家，但从1989年开始持续进行残留调查，并确立残留分析方法。1999年制定《肉类有害物质残留检查办法》，目前逐步完善，检查的品种和项目不断增加。

（一）检查对象品种与检查项目

物质残留检查是为了向消费者提供安全的畜产品，确认是否在屠宰场上市的食用肉中残留抗生物质、合成抗菌素、农药、荷尔蒙等有害物质，决定能否食用的检查。物质残留检查分肉物质残留检查和蛋物质残留检查。肉物质残留检查品种包括在韩国国内屠宰场上市或将要上市的牛、猪、鸡、鸭、羊、马等；蛋物质残留检查品种包括鸡蛋、鸭蛋、鹌鹑蛋等。

肉物质残留检查项目包括抗生物质、合成抗菌剂、荷尔蒙剂、农药等。上市前活体物质残留检查以抗生素、磺胺类等为检查对象；屠宰后肉物质残留检查以抗生物质、合成抗菌剂、荷尔蒙剂、农药为检查对象。2008年韩国肉物质残留检查对象物质有94种（其中抗生剂25种、合成抗菌剂38种、荷尔蒙剂2种、农药29种），后来逐年增加，到2014年增加到143种，其中抗生物质48种、合成抗菌剂59种、荷尔蒙剂2种、其他药物6种、农药28种（表5-1）。

表5-1　2008—2014年肉物质残留检查对象物质情况表

单位：种

年　份	抗生物质	合成抗菌剂	荷尔蒙剂	其他药物及农药	合计
2008年	25	38	2	29	94
2009年	30	43	2	29	104
2010年	43	47	2	30	122
2011年	47	53	2	32	134
2012年	47	54	2	33	136
2013—2014年	48	59	2	34	143

资料来源：畜产品安全检查改进方案研究（食品药品安全处，研究机关韩国农村经济研究院，2014年10月）。

食用卵物质残留检查项目分异物检查（即蛋表面危害人体健康的物质检查）、腐败变质检查以及抗生物质、合成抗菌剂等检查。2014年蛋类物质残留检查项目51种，其中抗生物质24种、合成抗菌剂27种。

选定物质残留检查项目，首先以设定残留允许标准的物质为对象，以危害评价结果和是否可信的标准分析法为选定标准；其次是国内外发生安全问题等认定需要进行残留检查的，可以追加计划检查项目以外的物质。

（二）检查方法

肉物质残留检查一般分监控检查、限制检查和探索调查。监控检查是为确认是否被有害物质污染或残留进行的检查，分上市前活体残留检查和屠宰后肉物质残留检查。限制检查是以限制上市养殖户（物质残留检查结果超过残留允许标准的养殖户）及违反物质残留可能性大的家畜及其产品为对象进行的检查。例如：①出现不能站立症状的家畜（受伤、懒散、产褥麻痹、急性腹胀症等）；②有受伤、化脓部位、手术部位和注射痕迹等；③活体解剖检查结果发现乳房炎、子宫炎、腹膜炎、脑炎、胸膜炎、心肌炎、败血病、脓血症、蜂窝组织炎等炎症性疾患、非正常性体温、衰弱、脱水、淤血性黏膜等全身性疾患等家畜疾病的症状或病变等。为了加强物质残留管理，对进口产品进行随机抽样检查和最初进口产品精密定量检查。国内产品实施监控检查和限制检查、精密定量检查。探索调查以未设定国内残留允许标准，或即使设定残留允许标准，也不包括在监测检查及限制检查项目的物质为对象实施的检查。物质残留检查采取简易定性检查和精密定量检查的方式进行。

1. 监控检查方法

监控检查以抗生物质、合成抗菌剂、荷尔蒙剂、农药为对象。上市前活体残留检查有抗生物质、磺胺类药物等；屠宰后肉物质残留检查有抗生物质、合成抗菌剂、农药、荷尔蒙剂等。上市前活体残留检查，在预计上市前3～7天由养殖户从养殖场采集试验样品。牛、猪、羊按出栏前预计出栏量的10％以上采集尿液（5毫升）或血液（1毫升，用作血清）。鸡、鸭按出栏前预定出栏量的0.1％以上采集血液（1毫升），冷藏运送到市道畜产品卫生检查机关（市道家畜卫生试验所、保健环境研究院等地方团体成立的卫生检查机关）委托检查。检查机关受理后，采用薄层色谱法（TLC）、BmDA（B. megaterium Disc Assay）、EEC4-plate法、酶联免疫吸附剂测定法（简称ELISA）、微生物受体测定法或荧光免疫分析法等适合尿液或血清抗菌物质的方法进行抗菌物质简易定性检查，并将检查结果迅速通报养殖业主（图5-2）。检查结果为阳性的，考虑最终投药时间、最少休药期，让养殖户延长到休药期满后上市。检查结果为阴性的，按预定出栏日期上市。违反物质残留养殖户，对当时被检出的违反残留物质，采用能检出肉物质残留允许标准以下的方法检查。

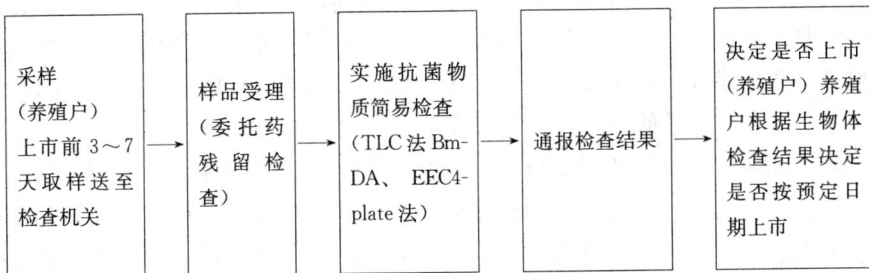

采样（养殖户）上市前3～7天取样送至检查机关	→	样品受理（委托药残留检查）	→	实施抗菌物质简易检查（TLC法BmDA、EEC4-plate法）	→	通报检查结果	→	决定是否上市（养殖户）养殖户根据生物体检查结果决定是否按预定日期上市

图5-2 上市前活体物质残留检查程序

屠宰后肉物质残留检查，由市道畜产品试验检查机关所属检查官或责任兽医师在屠宰场随机采集样品，原则上一个养殖场抽一个以上样品（鸡、鸭一只），避免重复。取样检查：牛，分韩牛、奶牛、肉牛、进口牛；羊，分绵羊、山羊等。取样部位和数量分别为：肌肉 100～500 克；脂肪 10 克以上；肾及肝脏 50 克以上（家禽为全部肾脏或肝脏）。检查方法原则上采用食品药品安全处公布的畜产品加工标准及成分规格或食品标准及规格规定的方法。肾脏采用EEC4-plate 法、微生物学快速简易检查法、微生物受体测定法等实施简易定性检查。检查结果呈阳性的，对该样品被认定的系列项目实施精密定量检查，主要包括：青霉素、四环素、大环内酯抗生素类、氨基糖苷类等抗生物质（样品为肾脏）；磺胺药物及喹诺酮系列等合成抗菌素（样品为肾脏）；荷尔蒙（样品为肝脏、尿液等）；其他消炎、镇静剂等药物（样品为肝脏）；有机磷、有机盐、氨基甲酸酯农药等（样品为脂肪或肌肉）。精密检查结果超过允许标准的，市道试验检查机关要指定责任公务员指导该养殖户采取防止残留改进措施；通过畜产品安全管理系统指定为违反物质残留养殖户（6 个月），并按规定予以处罚；作为限制检查对象，实施限制流通等特别管理。同时组织有关人员调查残留原因，将调查结果及时报告市道和农林畜产检疫检查本部及所管辖的市郡区，并让责任公务员在限制检查期间内加强监视监督，防止匿名上市（图 5-3）。

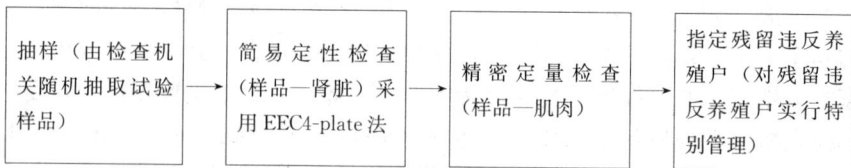

图 5-3　屠宰后肉物质残留检查程序

2. 限制检查方法

对不能站立的家畜、有化脓部位和注射痕迹，或在活体检查和解剖检查中被确认为家畜疾病症状或病变等违反残留可能性大的家畜或其产品，需要检查青霉素和四环素、磺胺类药物及喹诺酮类合成抗菌素。对违反物质残留养殖户上市的家畜，除检查上述项目外，还要检查以前监控检查中违反的物质残留项目。限制检查由检查机关在屠宰场取样检查。取样分品种按养殖场上市规模确定数量：牛上市 5 头以下抽检 2 头以上；猪、羊上市 40 头以下抽检 2 头以上；鸡、鸭上市 1 500 只抽检 3 只以上（表 5-2）。

取样部位及数量。肌肉 100～500 克；脂肪 10 克；肾脏及肝脏 50 克以上（家禽为全部肾脏或肝脏）。肌肉有化脓部位或注射痕迹的，取其全部检测。原则上采用《畜产品加工标准及成分规格》（食品药品安全处公布）或《食品公典》规定的方法检查。为快速检测，可以使用快速检测试剂盒检查。简易检查结果为阴性的，按照养殖户要求可以上市。检查结果为阳性的，在同一养殖场上市的牛、猪、羊屠体（即被屠宰、放血后的躯体），除被检查屠体以外的其余所有屠体全部实施超物质残留允许标准的精密定量检查。超过物质残留允许标准的屠体（含附属物）一律禁止食用。

表5-2　抽检数量表

牛		猪、羊（含山羊）		鸡、鸭	
上市头数	检查头数	上市头数	检查头数	上市只数	检查只数
5头以下	2头以上	40头以下	2头以上	1 500只以下	3只以上
6~10头	4头	41~80头	4头	1 501~3 000只	5只
11头以上	5头以上	81头以上	5头以上	3 000只以上	6只以上

　　食用卵物质残留检查，分简易试验法和定量试验法。一般情况下，先用能确认动物药残留允许标准的微生物受体法、荧光免疫分析法、酶联免疫法等原理制作的检测试剂盒定性试验，试验结果呈阳性的，再实施精密定量检查。

　　食用卵异物检查及腐败变质检查，由检查员随时到管辖区内的养殖户抽取样品后，采用物理和化学试验法、感官检查法等实施检查。物理和化学试验法包括：水分测定法、钙质成分定量法、脂肪定量法、蛋白质定量法、pH测定法、挥发性盐基氮测定法、有害金属试验法等。感官检查包括：外部检查、内容物检查、比重检查等方法。外部检查是通过外观、颤音、透视和紫外线照射等方法检查蛋的新鲜程度的方法。内容物检查是在干净的玻璃板上移动食用卵内容物，观察其色泽、蛋黄的位置、有无胚盘的胚子发育、是否形成血管的方法。比重检查是通过食用卵在一定浓度的盐水里所处的形态比重鉴别蛋的新鲜程度的方法。

　　异物检查（即蛋表面危害人体健康的物质检查）、腐败和变质检查标准，是食用卵表面无粪便、血液、内容物、羽毛等可能危害人体健康的物质；无变质或腐败。物质残留检查标准，是土霉素（Oxytetracycline）在0.4毫克/千克以内，恩诺沙星（Enrofloxacin）不得检出（表5-3）。

表5-3　食用卵检查项目及标准表

检查项目	允许标准
异物检查	蛋表面无粪便、血液、蛋内容物、羽毛等可能危害人体健康的物质
变质、腐败检查	未变质或腐败
物质残留检查	首次简易定性检查后呈阳性时，实施精密定量检查
土霉素（Oxytetracycline）	土霉素：0.4毫克/千克以内
恩诺沙星（Enrofloxacin）	恩诺沙星：不得检出

检查机关检查后，对食用卵异物及腐败或变质检查结果不合格的，要指导该养殖户采取必要措施，清除异物及变质或腐败等。食用卵物质残留检查结果超过允许标准的，市道畜产品卫生检查机关应采取如下措施：①将物质残留超过允许标准的养殖户指定为违反残留养殖户，在调查其饲养管理状况等残留原因之后，指导其制定防止残留的改进方案。②对违反残留养殖户，自指定之日起6个月内，采取上市保留措施后，抽取原来2倍以上的样品再行检查。③上述检查结果仍超过残留标准的，通报所在市、郡、区，禁止该产品上市销售。④被指定为违反残留养殖户的，其产品6个月内禁止上市销售，残留物质再行检查结果超过残留标准的，要延长检查物质残留养殖户指定期限。⑤对违反物质残留养殖户实施连续检查结果，在允许标准以下的，未达到指定时间，也可解除违反残留养殖户指定（图5-4）。

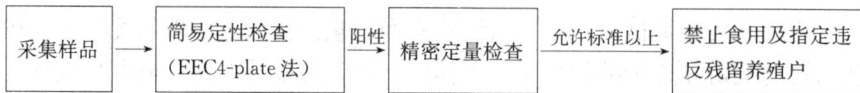

图5-4　食用卵物质残留检查

（三）检查现状

自2000年以来，韩国畜产品物质残留检查合格率稳中有升。2000年肉物质残留检查合格率为99.7%，2004年肉物质残留计划检查数为101 858头，实际检查114 057头，超过允许标准值290头占0.25%，合格率为99.75%；2008年肉物质残留计划检查数110 000头，实际检查150 912头，超过允许标准值258头占0.17%，合格率为99.8%；2013年物质残留计划检查数为120 000头，实际检查217，196头，超过允许标准值225头占0.10%，合格率为99.9%。在2013年肉物质残留检查中抗生物质不合格率最高，其次是合成抗菌素。从检查品种看，2013年猪的物质残留不合格率相对较高，为0.13%，牛0.19%，鸡0.12%。如果与发达国家2006年相比较，美国不合格率为1.38%，韩国为0.26%，英国0.25%，欧洲0.06%，日本0.02%。除美国以外，韩国与欧洲、日本等国相比，不合格率仍然较高（表5-4）。

2010年食用卵物质残留计划检查3 280件，其中简易定性检查1 350件，精密定量检查1 930件，不合格率为0.20%；2011年计划检查8 221件，其中简易定性检查5 329件，精密定量检查2 892件，不合格率为0.10%；2012年计划检查9 336件，其中简易定性检查6 315件，精密定量检查3 021件，不合格率为0.08%；2013年计划检查6 228件，其中简易定性检查4 288件，精密定量检查2 000件，不合格率为0.09件。检出的喹诺酮类居多。

表 5 - 4　2004—2013 年肉物质残留检查结果表

区分	计划	实际	违反（不合格率）	措施事项
2013 年	120 000	217 196	225（0.10）	—
2008 年	110 000	150 912	258（0.17）	
监控检查	91 990	126 541	64（0.05）	
限制检查	18 010	24 371	194（0.80）	194 头全部废弃
2007 年	110 000	125 342	283（0.23）	
监控检查	93 750	105 022	127（0.12）	
限制检查	16 250	20 320	156（0.77）	156 头全部废弃
2006 年	111 800	140 666	364（0.26）	
监控检查	98 800	123 925	220（0.18）	
限制检查	13 000	16 741	144（0.86）	144 头全部废弃
2005 年	101 905	121936	309（0.25）	
监控检查	96 000	110 255	206（0.19）	103 头全部废弃
限制检查	5 905	11 681	103（0.88）	
2004 年	101 858	114 057	290（0.25）	
监控检查	95 775	105 219	183（0.17）	
限制检查	6 083	8 838	107（1.12）	107 头全部废弃

三、微生物检查

（一）检查对象品种及检查项目

1. 肉微生物检查

肉微生物检查以在国内屠宰场、包装处理厂、商店等屠宰、处理、加工、销售的牛、猪、鸡、鸭及羊的肉为检查对象。

肉微生物检查项目主要包括：一般细菌数和大肠杆菌数；国内外发生问题的病原性微生物，或者农林畜产食品检查机关、市道畜产品卫生检查机关认定有必要检查的微生物。检查项目可由食品药品安全处视情况进行调查调整。

2. 食用卵微生物检查

食用卵微生物检查以在农场和销售场所的鸡蛋、鸭蛋、鹌鹑蛋为对象。食用卵微生物检查以沙门氏菌（Salmonella Enteritidis）为对象。未经加工、加热处理的生食用卵，沙门氏菌不得检出。

（二）检查标准

按照肉微生物检查办法规定，肉微生物监控检查结果的推荐标准和依照畜产品危害要素重点管理标准在屠宰场实施沙门氏菌检查标准如下表（表5-5、表5-6）。

表5-5　微生物检查结果的推荐标准

区分	一般细菌数（CFU/克，平方厘米）			大肠杆菌数（CFU/克，平方厘米）		
	屠宰场	肉包装处理场	肉食店	屠宰场	包装处理场	肉食店
牛肉羊肉	$1×10^5$ 以下	$1×10^7$ 以下	$1×10^7$ 以下	$1×10^2$ 以下	$1×10^3$ 以下	$1×10^3$ 以下
猪肉	$1×10^5$ 以下	$1×10^7$ 以下	$1×10^7$ 以下	$1×10^4$ 以下	$1×10^4$ 以下	$1×10^4$ 以下
鸡肉、鸭肉	$1×10^5$ 以下	$1×10^7$ 以下	$1×10^7$ 以下	$1×10^3$ 以下	$1×10^3$ 以下	$1×10^4$ 以下

表5-6　沙门氏菌实行标准

屠宰场	沙门氏菌允许检查标准		沙门氏菌检出率（每年）
	检查样品数	最多允许检出样品数	
牛	26	1	2.5%以内
猪	26	2	7%以内
鸡	26	5	18%以内

（三）检查方法

微生物检查方法分监控检查和探索调查。监控检查是为掌握畜产品屠宰、包装处理、销售场所的卫生管理水平，防止和减少微生物污染进行的检查。主要检查一般细菌和大肠杆菌是否满足推荐标准。探索调查是以监控检查项目以外的病原性微生物、国内外发生问题的病原性微生物或农林畜产食品检查机关、市道畜产品卫生检查机关认定有必要检查的微生物为对象，通过分布状况等污染程度调查，评价监控检查的实效性，为制定肉类卫生管理检查计划提供基础资料进行的检查。目前韩国探索调查对象主要有大肠杆菌 O157：H7（属于肠杆菌科埃希氏菌属）、单核细胞增多性李斯特氏菌（*Listeria monocyto-genes*，简称单增李斯特菌，是一种人畜共患病的病原菌）、金黄色葡萄球菌（*Staphylococcus aureus*，简称金葡菌，是人类的一种重要病原菌，隶属于葡萄球菌属）、产气荚膜梭状芽孢杆菌（*Clostridium perfringens*，又名魏氏梭菌，属于人和动物肠道内正常菌群的成员）、空肠弯曲菌（*Campylobacter jejuni/coli*，是一种人畜共患病原菌，可以引起人和动物发生多种疾病，并且是一种食物源性病原菌，被认为是引起全世界人类细菌性腹泻的主要原因）、小肠结肠炎耶尔森（氏）菌（*Yersinia enterocolitic*，为革兰氏阴性杆菌或球杆菌）、肠出血性大肠杆菌（026、0111、0128）等15种。监控检查和探索调查由市道畜产品试验检查机关、病原性微生物探索调查由食品药品安全处或地方食品药品安全厅和农林畜产检疫本部组织实施。

（四）事后管理

为掌握屠宰场卫生管理水平，检查机关要依照微生物监控检查推荐标准对其检查对象进行一般细菌及大肠杆菌检查。屠宰场每周抽样一次，每月进行4次例行检查。为防止和减少微生物污染，确认是否有效运用HACCP体系，畜产品卫生检查机关还要对适用HACCP体系屠宰场实施沙门氏菌检查。沙门氏菌检查依照畜产品安全认证标准，牛每300屠体、猪每1 000屠体、鸡鸭每22 000屠体各抽取一件样品。每周屠宰达不到这个数量的屠宰场，至少按不同品种抽取一件样品进行检查。

微生物监控检查结果超过推荐标准的，市道、市郡区要求该屠宰场、包装处理厂、贩卖场等经营者加强卫生管理；按照相关法律规定，对该作业场所履行卫生管理标准、自身危害要素重点管理标准（限屠宰场）、活体及解剖检查标准（限屠宰场）、设施标准、经营者及从业人员遵守事项等进行检查。

食用卵微生物检查通过增菌培养、分离培养和确认试验（生物化学或凝聚试验）等方法认定有无沙门氏菌。食用卵微生物检查每月4次以上。食用卵养殖户（或货场）每户随机选20只样品混合后与异物（附着在蛋壳上的粪便、血液、内容物及羽毛等）、变质、腐败、物质残留检查一起实施微生物检查。

从食用卵中检出沙门氏菌的，未经加工热处理不能直接食用。检出后2周内再抽样检查，连续检查2周，共检查4次。如果再次检出，自查出后2周内再抽样检查，连续检查2周，共检查4次。如有违反相关事项的，按有关规定指导经营者采取措施予以改正，直至达到卫生标准，为消费者提供卫生、安全的畜产品为止（图5-5）。农林畜产食品部要将监控检查结果在网站上公开。

（五）检查现状

从韩国肉蛋微生物检查结果看，总体上比较好。肉微生物监控检查结果显示：2006年检查146 503件，超过推荐标准412件，占0.28%；2009年检查120 332件，超过推荐标准288件，占0.24%；2010年检查122 002件，超过推荐标准276件，占0.23%；2013年132 773件，超过推荐标准296件，占0.22%（表5-7）。2013年肉微生物探索调查结果显示：沙门氏菌超过标准值12.84%，葡萄球菌占5.3%，李斯特菌2.8%。蛋微生物（沙门氏菌）和异物、变质、腐败检查，2009—2011年未检出，2012年检出2件。

```
                    ┌─────────────────────────────────┐
                    │   采集样品（屠宰检查官随机抽样）    │
                    │   ○牛、猪在预冷室抽样              │
                    │   ○鸡鸭一只                      │
                    └─────────────────────────────────┘
```

监控检查	确认检查
（屠宰场、包装处理场、肉食店） ○一般细菌数 ○大肠杆菌数	（确认适用HACCP屠宰场） 沙门氏菌

超过推荐标准的	被认定为不合格的
○要求作业场经营者强化卫生管理 ○检查屠宰场设施标准和卫生管理标准、屠宰遵守事项等 ○制定并实施屠宰场污染防止措施，检查实施情况	○屠宰经营者分析不合格原因，研究制定改正措施和HACCP计划 ○市道连续2次、近期3次以上认定不合格的，变更HACCP计划、完善设施等改正措施及行政处罚

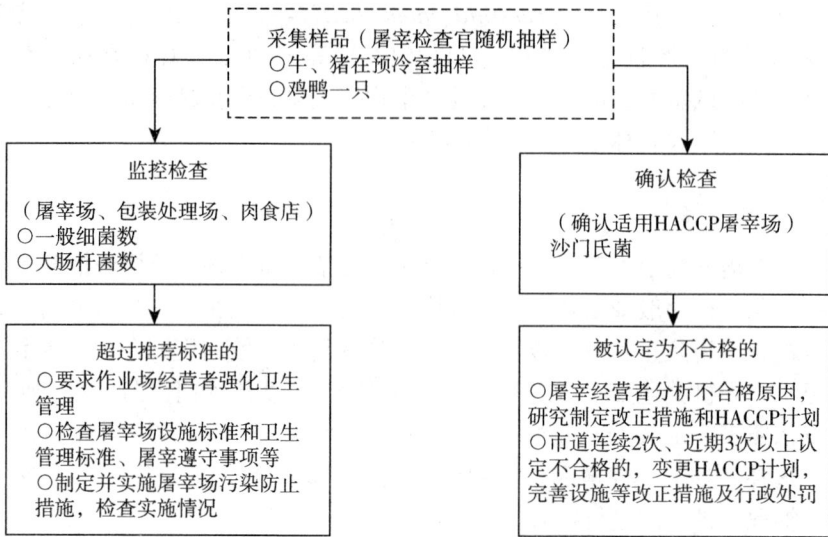

图 5-5　畜产品安全检查流程图

表 5-7　屠宰场肉微生物检查结果表

单位：只、%

区　　分	实际	超过推荐标准 （比例）	不合格屠宰场 （强化卫生监督措施）
2006 年	146 503	412（0.28）	19 个（牛4、猪2、鸡9、鸭4）
一般细菌数	44 334	24（0.05）	8 个（牛2、猪2、鸡1、鸭3）
大肠杆菌数	44 339	18（0.04）	8 个（牛2、鸡5、鸭1）
沙门氏菌	57 830	370（0.64）	3 个（鸡3）
2007 年	155 029	251（0.16）	34 个（牛9、猪7、鸡13、鸭5）
一般细菌数	49 605	54（0.11）	18 个（牛3、猪7、鸡5、鸭3）
大肠杆菌数	49 605	20（0.04）	15 个（牛6、鸡7、鸭2）
沙门氏菌	55 859	177（0.32）	1 个（鸡1）
2008 年			
一般细菌数	54 048	72（0.05）	23 个（牛4、猪10、鸡6、鸭3）
大肠杆菌数	53 754	9（0.02）	7 个（牛3、鸡4）
沙门氏菌	未确认		
2010 年	122 002	276（0.23）	
2011 年	124 572	279（0.22）	
2012 年	124 559	334（0.27）	
2013 年	132 773	296（0.22）	

资料来源：①畜产品安全检查改进方案研究，韩国农林经济研究院，2014 年 10 月。

②畜产品安全检查现状，食品安全信息服务，2009 年 5 月。

四、原乳检查

(一) 原乳检查分类与方法

1. 原乳检查分类

韩国原乳检查是依法对原乳进行卫生等级（细菌、体细胞数）及物质残留的检查。根据《畜产品卫生管理法》规定，集乳者（收集、过滤、冷却或储藏原乳者）要接受检查官或法定责任兽医师对集乳业的原乳实施检查。

原乳检查分原乳卫生检查和设施卫生检查。原乳卫生检查包括收集、过滤、冷却或储藏的原乳检查（简称集乳检查）和试验检验。集乳检查是集乳场检查员在收集、过滤、冷却或储藏原乳之前在养殖场依照标准实施的现场检查。主要通过感官评价、比重测试、酒精测试及沉淀试验等方式进行检查；试验检验是由特别市、广域市、特别自治市、道及特别自治道指定的原乳检查机关对原乳委托检验的样品采取物理和化学的试验方法进行的检查。主要包括滴定酸度测试、细菌测试、体细胞检测、细菌生产抑制剂检查、成分及其他检查等。

原乳检查有细菌检查、体细胞数（白细胞和乳房分泌组织的上皮细胞）检查和乳脂肪检查等决定原乳质量并与价格核算有关的项目。按照规定，细菌和体细胞每 15 天检查 1 次以上，视集乳业情况检查次数可变化。设施卫生检查一般在集乳前后各检查一次。

2. 原乳检查方法

韩国原乳检查采用食品药品安全处公布的《畜产品加工标准及成分规格》规定的标准方法，包括感官评价、物理和化学试验法、细菌学试验法、体细胞检测法等。

（1）感官评价。感官评价是凭借对牛奶的知识和经验，通过鉴别异常乳的方法，将原乳充分搅拌后，放入清洁的试管内（10 毫升），在明亮无气味的场所确认牛奶有无色、香、味及凝固物。如果不是牛奶固有颜色，而是呈红、青、黄色等异常现象，或异常气味、色泽等为不合格乳。

（2）物理和化学检测法。物理和化学检测法主要包括水分测定法、脂肪定量法、钙质成分定量法、蛋白质定量法、乳糖定量法、乳固形物定量法、纯乳固体定量法、有害金属试验法、鲜度试验法（含酒精沉淀试验、煮沸试验）、沉淀试验、酸度试验法、比重测试、磷酸酶测定、检乳器测试、加水乳鉴别测试、牛奶凝固点测定等方法。

（3）细菌学检查。原乳微生物污染程度决定乳制品的最终质量。原乳微生物污染主要是侵入奶牛乳房中的微生物或挤奶及收购过程中的污染。原乳微生物为革兰氏阳性菌和革兰氏阴性菌，此外，还可能存在酵母菌、霉菌等。因为这些细菌会给乳制品带来不良影响，所以为保证原乳卫生和乳制品质量，需要严格控制原乳中的细菌数量。为评价牛乳生产和储藏过程中的卫生状况，判断灭菌后生存的微生物对乳制品的质量带来的影响，必须进行原乳细菌检查。韩国原乳细菌检查方法有测定细菌群落的方法和直接计算细菌的方法、测定细菌活性度的方法等。

（4）体细胞数检查。奶牛乳房一旦被病原性微生物侵入感染，会导致乳腺组织发炎，致使原乳中体细胞数增加。因此，世界各国广泛应用测定体细胞数诊断乳房炎的技术。测定体细胞数的方法有通过直接染色的显微镜检查法，利用牛奶粘度测定的滚动球式粘度计法，用荧光物质溴化乙啶体（Ethidium bromide）染色细菌计算的牛乳体细胞自动测定仪和细胞计数仪法、能同时测定细菌和体细胞的 Cobra 法等。

（二）原乳卫生等级制度

1. 原乳卫生等级变化情况

韩国原乳卫生等级制度是按照符合原乳检查项目的原乳中细菌和体细胞数分等级定价的制度。乳业发达国家普遍认为，在原乳生产中，细菌数、体细胞数、乳脂肪等决定原乳的质量，其中反映原乳卫生状况的是细菌数和体细胞数。韩国从 1981 年开始实行以细菌、体细胞为主要内容的原乳卫生等级制度。但当时只以细菌数和体细胞数设定等级，并无限制措施标准。1992 年 10 月修订《畜产品卫生处理法实施规则》时，制定限制规定，强化了原乳检查标准。修订后的实施规则 1993 年 4 月 20 日开始施行，同年 6 月 1 日起原乳细菌数分 5 个等级，体细胞数分 4 个等级，开始建立以原乳卫生等级为标准的等级差价格机制。当时按细菌卫生等级每千克原乳差 50 韩元，体细胞数仅在 75 万个以上减少 11 韩元。1995 年 10 月 6 日对细菌和体细胞等级标准做部分调整，进一步强化卫生等级，将细菌数分 1—4 等，1 等再细化 1 等 A 和 1 等 B；体细胞数分 1—3 等。1996 年取消细菌数超过 100 万个/毫升的 5 等标准，体细胞数按照欧美标准上调到 4 等 60 万个/毫升以上。1997 年 3 月 1 日将细菌及体细胞数分别调整为 50 万个/毫升以上 4 等和 3 等。实施原乳卫生等级制度后细菌数改善很快，但体细胞数改善缓慢。因此，又提出建立体细胞改善的新制度。2001 年为应对农畜水产品进口全面开放，提高国内奶业的国际竞争力，研究改善以乳脂肪为主的高费用、低效率的价格体系，改善体细胞等原乳质量，同年 12 月乳制品农业促进会决定大幅度缩小乳脂肪区间的价格等级差，重新设定乳脂肪上限（4.3％以上）和下限（不足 3％）。2002 年 7 月 1 日开始把体细胞数等级间的标准范围从 3 个等级（1、2、3 等）细化为 5 个等级（1、

2、3、4、5 等）。新制定的体细胞数标准 1 等与原来相同，每毫升牛乳体细胞数不足 20 万个；2 等 20 万个，不足 35 万个；3 等 35 万个，不足 50 万个；4 等 50 万个～75 万个；5 等超过 75 万个。同时，2002 年 7 月 1 日起将价格计量单位由千克变为毫升，实行新的原乳价格核算体系；采取奖优罚劣的措施，对体细胞数 1 等、2 等和 3 等，每千克分别奖励 50 韩元、23 韩元和 3 韩元，与此相反，对 4 等和 5 等分别处罚 25 韩元和 40 韩元。

现行原乳卫生等级划分包括细菌数 1—4 个等级，1 等再分 1 等 A 和 1 等 B；体细胞数细化为 5 个等级；乳脂肪划分 15 种（表 5 - 8）。

表 5 - 8　原乳卫生等级和价格等级差

(1) 细菌数

等级	细菌数（个/毫升）	价格等级差（韩元/千克）
1 等 A	不足 3 万个	52.53
1 等 B	3 万个～不足 10 万个	36.05
2 等	10 万个～不足 25 万个	3.09
3 等	25 万个～不足 50 万个	−15.45
4 等	不超过 50 万个	−90.64

(2) 体细胞数

等级	体细胞（个/毫升）	价格等级差（韩元/千克）
1 等	不足 20 万个	51.50
2 等	20 万个～不足 35 万个	23.69
3 等	35 万个～不足 50 万个	3.09
4 等	50 万个～75 万以下个	−25.75
5 等	超过 75 万个	−41.20

(3) 乳脂肪单价

乳脂肪（%）	不足 3.0	3.0	3.1	3.2	3.3	3.4	3.5	3.6
价格等差（韩元/千克）	−103.00	−41.20	−30.90	−20.60	−10.30	0.00	10.30	20.60
乳脂肪（%）	3.7	3.8	3.9	4.0	4.1	4.2	4.3 以上	
价格等差（韩元/千克）	30.90	41.20	51.50	61.80	66.95	72.10	77.25	

2. 原乳细菌数及体细胞数卫生等级分布情况

从原乳细菌变化看，1993 年 6 月 1 日是韩国实施原乳等级制度的第一个月，所生产的 原乳细菌数 1 等（不足 10 万个）占 26.7%，细菌数为等外（100 万个以上）的占 21.5%。当时原乳质量很差。但实行原乳卫生等级制并建立价格等级差后，同年下半年 1 等原乳占 44.7%，等外（细菌数达到 100

万个以上）的占 9.6％，原乳质量发生了很大变化。实行 3 年后，1 等原乳占 66.8％接近 70％，细菌数达到 100 万个以上的等外原乳占 3.1％，原乳细菌数明显改善。1997 年全国约有 50％的奶农生产细菌数不足 3 万个的高品质原乳，1 等原乳（细菌数 10 万个以下）约占 80％。2008 年细菌数平均为 2.1 万个，1 等占 97.8％（1 等 A 占 88.4％，1 等 B 占 9.4％）。到 2013 年细菌数平均为 2.7 万个，1 等占 97.9％，其中 1 等 A 占 84.6％，1 等 B 占 13.3％（表 5 - 9）。

表 5 - 9　2008—2013 年原乳检查现状表

单位:％、千个/毫升

区　　分		2008	2009	2010	2011	2012	2013
乳脂肪		4.04	4.03	3.98	4.01	4.02	4.26
体细胞数	平均	207	206	220	225	234	251
	1 等	57.6	57.7	52.1	49.1	45.2	38.8
	2 等	30.6	31.1	33.6	36.6	40.6	41.9
	3 等	8.5	8.3	10.2	10.5	10.9	13.6
	4 等	2.9	2.6	3.5	3.3	3	4.9
	5 等	0.4	0.3	0.5	0.4	0.3	0.8
细菌数	平均	21	20	21	20	20	27
	1 等 A	88.4	89.3	88	88.8	89.3	84.6
	1 等 B	9.4	8.8	9.9	9.3	8.9	13.3
	2 等	1.7	1.5	1.6	1.5	1.4	1.5
	3 等	0.4	0.3	0.3	0.3	0.3	0.4
	4 等	0.1	0.1	0.1	0.1	0.1	0.2

注：①乳脂肪、体细胞数、细菌平均数为奶农促进会所属奶农的平均数。

②体细胞数、细菌数等级比率为全国奶农的等级比率，资料来源：奶农促进会。

从体细胞数变化看，实施原乳等级制后，体细胞数没有明显改善。1994 年以后因 1 等原乳标准从 20 万个调整到不足 20 万个，所以分布率减少。1995 年下半年韩国发生奶牛乳房炎和物质残留事件。从 1996 年 7 月份开始原乳体细胞数进入价格核算体系，从此体细胞数有所改善，20 万个以下的 1 等原乳生产明显增加。

3. 原乳检查公营化

韩国原乳检查公营化是指依据《奶农促进法》（1999 年 1 月 1 日修订），将原来分乳业实施的原乳检查改为由原乳检查机关组织实施的检查。原乳检查公营化是决定原乳卫生等级，向奶农支付相应卫生等级的原乳价格的系列检查。原乳检查公营化始于 1999 年 1 月 1 日。当时为保障原乳检查的客观性和公正性，在新修订的《奶农促进法》中规定，原乳检查由农林畜产食品部长或特别市、广域市长、道及特别自治道知事负责，改变了过去分乳业实施检查的方法。

为了提高原乳检查的公正性，农林畜产食品部依法制定《原乳检查公营化实施办法》。按照该办法规定，原乳收购者在收购原乳之前把经现场检查和实验室检查无异常现象的原乳样品提交指定检查机关进行细菌、体细胞数和乳脂肪检查。经指定检查机关检查后，将检查结果通报原乳收购者，原乳收购者以接到通知的检查结果为基础，按原乳卫生等级向奶农支付相应的原乳价格。

五、采集试验样品检查（收走检查）

采集试验样品检查，也称收走检查，是指市道地方食品药品安全厅采集市场流通的畜产品试验样品，依照《畜产品加工标准成分规格》进行加工品成分规格及病原性微生物检查和物质残留检查。采集试验样品检查以肉、蛋、肉制品、乳制品、蛋制品、进口畜产品等为主要对象，以不合格可能性大的畜产品为中心，以因夏季、成熟期等流通量增加，担心管理疏忽或有公众卫生问题，或者担心发生或过去采集试验样品检查不合格的企业以及为生食生产、流通的肉、蛋等为重点检查对象。采集试验样品检查分地区按季节特点进行检查。其目的是确保畜产品公众卫生，维护交易秩序，为消费者提供优质安全畜产品。

近些年来，韩国加大畜产品采集试验样品检查力度，检查数量不断增加，不合格率明显下降。2006 年采集试验样品检查乳制品、肉加工品、蛋制品、包装肉及食用肉、蛋 586 件，到 2013 年达到 15 740 件，增加近 27 倍，不合格率 2006 年占 0.68%，到 2013 年为 0.41%，不合格率所占比例相当低（表 5-10）。

表 5-10 畜产品收走检查结果（件）

区 分	2006		2007		2008		2013	
	收走样品	不合格	收走样品	不合格	收走样品	不合格	收走样品	不合格
乳制品	209	2	274	7	315	7	2 057	10
肉加工品	253	2	232	2	274	3	3 196	38
蛋制品	36	0	35	1	47	4	184	5
包装肉	84	0	73	0	68	0	4 882	—
肉 食用卵	4	0	0	0	5	0	5 421	11
合计	586	4	614	10	719	14	15 740	64

资料来源：畜产品安全检查现状（2009.5），食品安全信息服务。

第三节　畜产品卫生监督

一、卫生监督分类

畜产品卫生监督是为向消费者提供安全、卫生的畜产品，通过收走、委托检查等手段，对畜产品屠宰、处理、制作、加工、流通、销售等全过程的畜产品卫生问题进行调查。根据《畜产品加工处理法》规定，检查官或有关公务员可以到屠宰场、肉包装处理厂、畜产品加工厂、畜产品销售店、畜产品运输和储藏企业检查畜产品、设施、资料或作业状况等，无偿收走检查所需要的少量畜产品。畜产品卫生监督分定期监督、特别监督和计划监督三种类型。定期监督由管辖营业许可申报等业务机关，按照《畜产品加工处理法施行规则》等有关规定义务实施，主要包括以预防为中心的指导、宣传、教育活动等。特别监督是为保持公众卫生或畜产品的交易秩序，在本年度卫生监督指南中规定的特别卫生检查，分季节和领域，以卫生事故的事先预防为重点实施，主要监督事项以定期监督为准。计划监督是通过舆论动向、国内外信息收集，在监督死角和脆弱时期，通过防止危害或消除危害的活动，分析饲养、屠宰、加工、运输、销售等阶段发生危害原因，相当于消除该危害要素的活动。

二、卫生监督检查内容

卫生监督检查包括屠宰场、集乳业、畜产品加工业、肉包装处理业、畜产品储藏和运输、销售业。主要检查事项如下：

（一）屠宰场

主要检查待宰处（系泊处）、活体检查处、作业车间、冷藏冷冻室、其他设施等设施标准；制定和执行企业卫生标准等情况；危害要素重点管理标准；营业者遵守事项；卫生教育及健康检查等情况。

（二）集乳业

主要检查原乳处理车间、检查室、技术等级设施等设施标准；制定和执行企业卫生标准情况；营业者遵守事项；卫生教育和健康检查等。

（三）畜产品加工业

主要检查作业场、制作加工设备、技术等级设施、卫生间、检查设施、储藏设施等；使用原料检查（包括非食用原料、加工标准及成分规格、过期产品再使用、进口原料、保存及管理等）；制作加工流程管理（包括原材料合成标准、制作加工流程管理、制作设备卫生管理）；企业自检管理（自身质量检查、不合格产品处理等）；营业者遵守事项；许可和品种制作报告事项；卫生教育及健康检查；执行畜产品标示标准（有无虚假标示、夸大广告等）。

（四）畜产品保存及运输业

主要检查设施标准、卫生管理、卫生教育及健康检查等。

（五）畜产品销售业

主要检查设施标准、卫生管理、卫生教育及健康检查、履行营业者遵守事项等。

三、危害畜产品召回制度

韩国危害畜产品召回制度是指在畜产品中发生公众卫生危害或有潜在危害的，尽快将其事实告知消费者，并通过召回市场流通、销售的产品，确保消费者安全的制度。召回制度为消费者的安全而实施，是从危害产品开始保护消费者采取的措施。

畜产品危害召回制度分自发召回和责令召回（即强制召回）两种。自发召回，是指经营者或进口者依法对危害或担心危害畜产品告知消费者，采取自觉召回、废弃等措施的制度。自发召回，经营者要制定召回计划，报农林畜产食品部和市道（或市郡区）。召回结束后要马上将其处理结果报告批准机关。召回计划，包括畜产品名称、经营者及其企业名称、销售路径、销售量、制作年月日或流通期限、召回理由、召回方法和时间及场所、召回畜产品处理方法、告知消费者方法等。召回结果报告书，包括畜产品名称、产量、销售量、召回量、未召回量等召回实际情况，未召回的详细情况及措施计划、防止再发生的对策。许可机关认为经营者提出的召回计划或召回结果在防止危害公众卫生上还存在不足，可以要求其完善。

责令召回，是按照《畜产品加工处理法》规定，农林畜产食品部国立兽医科学检疫院或市、道强制性使经营者召回危害或担心危害畜产品的制度，即强制性召回的制度。按规定，收到责令召回的营业者要立即中止召回对象产品的流通、销售，应在5日内制定召回计划，报责令召回管辖机关。被责令召回者按照召回计划召回畜产品后，自召回时间结束之日起7天内将召回结果报管辖行政机关。被责令召回营业者应在首尔特别市以全国为对象发行的2个以上的日刊报纸上登载。召回广告包括产品名称、召回畜产品制作时间或流通时间、召回理由、召回办法、召回的营业者名称、电话及地址、其他召回必要事项。

按照《畜产品加工处理法》规定，应立即召回的畜产品包括：腐烂变质可能危害人体健康的；侵入或感染有毒有害物质，或担心侵入或感染有毒有害物质的；被病原性微生物污染或担心被污染的；因混入不干净或其他物质或添加其他物质担心危害人体健康的；未按畜产品标示标准认定的合格标志的；禁止进口或应当进口申报未申报就进口的；在屠宰、集乳、畜产品加工、肉包装处理业被屠宰、集乳、加工包装处理的畜产品中没有合格标志的；未获市道发放的屠宰场、集乳业、畜产品加工业营业许可，或市郡区发放的肉包装处理业、畜产品储藏业营业许可及畜产品运输、销售业营业申报者处理、加工或制作的。

除上述情况外，还包括收走检查认定不合格的畜产品；物质残留检查结果认定不合格畜产品；违反畜产品加工标准及成分规格的畜产品；被病原性微生物、有毒有害物质污染或担心污染，禁止销售等需要采取公众卫生措施的产品；其他可能对人体健康有害，农林畜产食品部（国立兽医科学院）或市、道（市、郡、区）认为应当召回的畜产品（图5-6）。

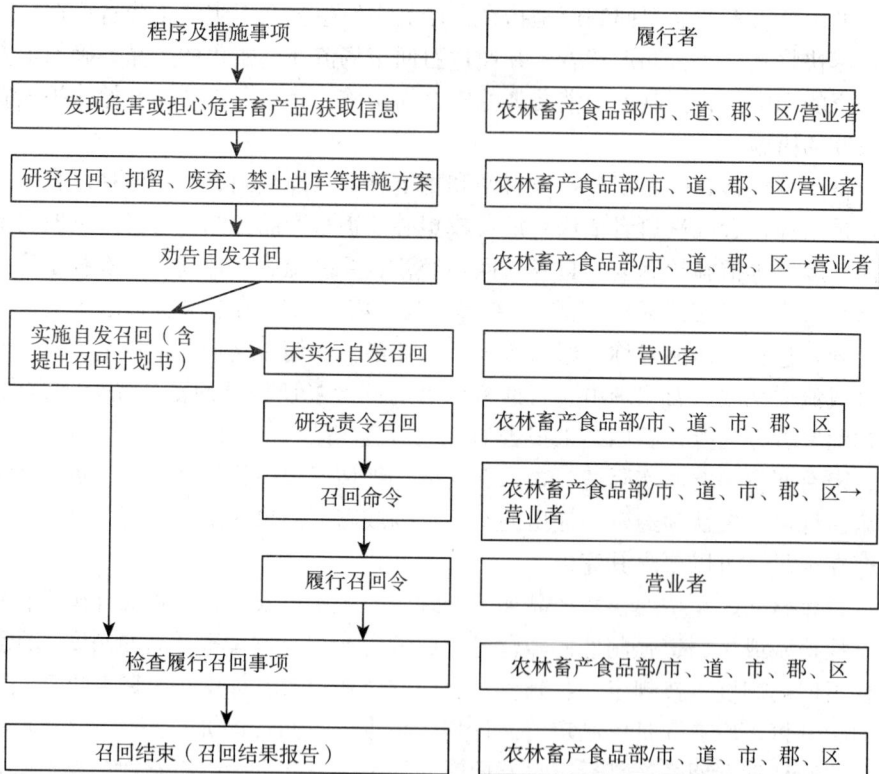

程序及措施事项	履行者
发现危害或担心危害畜产品/获取信息	农林畜产食品部/市、道、郡、区/营业者
研究召回、扣留、废弃、禁止出库等措施方案	农林畜产食品部/市、道、郡、区/营业者
劝告自发召回	农林畜产食品部/市、道、郡、区→营业者
实施自发召回（含提出召回计划书）	
未实行自发召回	营业者
研究责令召回	农林畜产食品部/市、道、市、郡、区
召回命令	农林畜产食品部/市、道、市、郡、区→营业者
履行召回令	营业者
检查履行召回事项	农林畜产食品部/市、道、市、郡、区
召回结束（召回结果报告）	农林畜产食品部/市、道、市、郡、区

图5-6　危害畜产品召回流程图

注：营业者发现或掌握危害或担心危害畜产品信息时，要马上向有关机关报告；
　　营业者没有收到有关机关的劝告回收，也可以自发实施回收。
　　资料来源：农水产食品消费安全政策的理解，农林水产食品部，2010年6月。

第六章 农产品良好管理制度

第一节 概　述

韩国农产品良好管理，即国际通用的良好农业规范（GAP；Good Agri-cultural Practice）。从广义上讲，GAP 作为一种适用方法和体系，通过经济、环境和社会的可持续发展措施来保障食品安全和食品质量。韩国农产品良好管理是良好农业规范在该国的具体应用。根据《农水产品质量管理法》的定义：所谓农产品良好管理，是指为确保农产品安全，保护农业环境，在农产品生产、收获后管理（包括农产品贮藏、清洗、干燥、挑选、摆放、包装等）及流通各个阶段，切实管理农作物栽培的土壤及农业用水等农业环境和可能残留在农产品的农药、重金属、残留性污染物或有害物质等危害要素。它是从生产到消费综合管理农产品的危害要素的管理制度。韩国建立农产品良好管理制度的主要目的，一是建立从生产到销售全过程的安全管理体系，为消费者提供安全的农产品；二是通过确保农产品的安全，提高国内消费者的信赖，强化农产品在国际市场的竞争力；三是通过可持续的低投入，保护农业环境。这项制度是韩国农产品安全管理最具代表性的重要制度之一。

农产品良好管理制度最早始于欧洲。1997 年，欧洲零售商农产品工作组（EUREP）在零售商的倡导下提出良好农业规范的概念，即 EUREPGAP，是一种评价用的标准体系。2001 年 EUREP 秘书处首次将 EUREPGAP 标准对外公开发布。该标准主要针对未加工和最简单加工的初级农产品的种植业和养殖业，分别制定和执行各自的操作规范，鼓励减少使用农用化学品和药品，关注动物福利、环境保护、工人健康、安全和福祉，保证初级农产品生产安全的一套规范体系。它以 HACCP、良好卫生规范、可持续发展农业和持续改良农场体系为基础，避免在农产品生产过程中受到外来物质的严重污染和危害。该标准主要涉及农作物种植、水果和蔬菜种植、家禽养殖、牛羊养殖、生猪养殖、畜禽公路运输等农业产业。EUREPGAP 作为大型超市采购农产品的评价标准，不仅在欧洲零售商业内受到青睐，而且被越来越多的政府部门所重视。

韩国农产品良好管理制度由农产品良好管理标准、良好管理设施、履历跟踪管理、良好管理教育构成。其主要特点：①从农场到餐桌实施全程管理；②义务建立农产品履历跟踪管理制度，发生问题时可以跟踪追查，能够迅速查明原因并召回；③土壤、水质、农药检查义务化，定期实施安全性检查等。

农产品良好管理制度的建立，给农业和食品产业带来很大的影响。对于农民来说，通过扩大安全的农产品消费市场，能够不断地提高农民收入，稳定地区经济；对于普通消费者或国民来说，得到了安全、高质量的农产品，从而减少食物中毒，提高人们的生活质量；对于食品产业来说能够生产卫生、安全的食品，建立自主的卫生管理体系，自觉遵守法规，赢得消费者好评，减少消费者不满等；对于政府来说，能够实施有效的食品监督，提高公众保健，减少医药费，确保国际食品交易顺利进行。

韩国政府从 2002 年 9 月开始引入农产品良好管理制度（当时称良好农产品管理），2003 年 2 月成立由农林部和农产品质量管理院、农村振兴厅、农协中央会、农水产品流通公司、农业基础公司等 6 个部门参加的 T/F 团队，完善相关制度，组织典型示范。同时由农林部组织标识设计，参考各国指南和标准出版发行了 GAP 说明书。为制定符合国际水准的标准，参考食品法典委员会（Codex）水果和蔬菜卫生管理规范，制定符合韩国实际的 GAP 栽培管理指南。指南包括环境卫生、土壤、用水、农药、肥料等农业生产过程中与农产品安全有关的所有项目。

2003—2005 年，韩国利用 3 年时间先后对药材、水果和蔬菜等 42 个品种进行典型示范。农协、流通公司、生物制药协会、人参公司等参加了典型示范。2003 年参与示范农户 9 户，2004 年 357 户，2005 年扩大到 965 户。在此基础上，进一步完善和解决典型示范中出现的问题，于 2005 年 8 月修订《农产品质量管理法》，从而确立了 GAP 认证制度的法律地位。2006 年 1 月 1 日起确定 96 个品种（其中粮食作物 12 个、特种作物 4 个、药材 29 个、木耳 9 个、蔬菜 28 个、水果 14 个）正式推广，到 2007 年达到 100 个品种，参与农户 16 790 户，2008 年扩大到 105 个品种（其中粮食作物 10 个、特种作物 4 个、药材 34 个、木耳 10 个、蔬菜 30 个、水果 17 个）。2009 年 12 月将良好农产品管理制度更名为农产品良好管理制度，将认证对象由 105 个品种扩大到国内食用栽培的所有农产品。2011 年参与农户增加到 37 000 多户，占全部农户的 3.2%，到 2013 年认证农户 46 000 多户，栽培面积 58 703 公顷，截止到 2015 年底扩大到 12 万多户，占全部农户的 10% 左右，计划到 2017 年占全部农产品的 30%，到 2025 年农产品良好管理栽培面积将达到 50%。

从 GAP 农户认证的地区分布看，截止到 2011 年，全罗北道 8 179 户，占 GAP 农户的 23.5%，为认证农户最多的地区；庆尚北道和京畿道分别为 6 700 户和 5 900 户。从种植面积看，全罗北道 10 912 公顷，江原道和京畿道分别为 10 664 公顷和 7 380 公顷。计划产量庆尚北道 13.1 万吨，全罗北道 11.2 万吨，忠清南道 8.8 万吨。从农产品良好管理农户的生产品种看，粮食作物认证占全部农户认证的 55.4%，所占比例最大，水果和蔬菜分别占 25.7%和 10.4%，其他品种占 4%以下。

表 6 - 1 2006—2014 年农产品良好管理认证现状

年度	认证品种	认证机关 （个）	管理设施 （个）	认证件数 （件）	农户数 （户）	种植面积 （公顷）
2014	136	44	681	2 689	46 323	58 763
2013	132	48	756	2 499	46 000	58 703
2012	110	51	718	1 969	40 215	55 215
2011	89	49	606	1 756	37 146	49 548
2010	86	45	565	1 459	34 421	46 701
2009	59	43	484	1 233	28 562	40 081
2008	59	38	417	1 053	25 158	37 129
2007	50	31	316	364	16 769	24 754
2006	45	21	190	220	3 659	1 373

资料来源：韩国 GAP 信息服务网。

为了稳定和推进农产品良好管理制度，韩国政府采取积极的扶持政策。重点对产地流通设施实施补助。同时对有关农产品良好管理认证审查予以支持，主要对农产品良好管理审查申请农户费用和认证机关出差费补贴。补贴由国家、地方和农户分别负担。

第二节 农产品良好管理认证

一、农产品良好管理标准及重点管理要素

农产品良好管理标准是为确保农产品安全，保护农业环境，从农产品生产阶段开始到采收后管理及流通的各个阶段，系统管理所需要的管理标准。希望获得农产品良好管理认证者，应当按照该标准生产。农产品良好管理标准由农林畜产食品部制定并公布（由韩国农村振兴厅具体组织实施）。标准分应当遵守的必需标准和尽可能遵守的推荐标准。按照《农水产品质量管理法》规定，获得农产品良好管理认证者必须遵守必需标准，尽量遵守推荐标准。在 2004 和 2005 年典型示范的基础上，韩国农村振兴厅（2006 年第 21 号公告）公布的良好农产品管理标准，把生产者和管理者应当遵守的必需标准设定为 74 项，推荐标准 36 项，共计 110 项。在实施过程中考虑项目过多，难以操作，后来又进一步完善，到 2010 年将必需标准和推荐标准分别修订为 27 项和 23 项，共计 50 项（表 6 - 2）。

表6-2　农产品良好管理标准表

管理标准	必需项目	推荐项目	管理标准	必需项目	推荐项目
(1) 实施农产品履历跟踪制度	2	0	(8) 收获作业及采收后管理	6	0
(2) 选定种子及苗木	1	2	(9) 收获后管理设施	1	0
(3) 栽培前土壤管理	2	2	(10) 有害物质及垃圾管理	1	1
(4) 肥料及营养管理	2	3	(11) 作业者健康和安全及幸福	0	5
(5) 水质管理	1	2	(12) 环境问题	1	1
(6) 作物保护及农药使用	7	6	(13) 教育	1	0
(7) 农机具管理	1	1			
小计	17	16		10	7
总计			50		

资料来源：农村振兴厅公告第 2010-32 号"良好农产品管理标准"。

　　农产品良好管理必需标准的内容：①实施农产品履历跟踪管理制度。即，希望获得农产品良好管理者必须进行农产品履历跟踪管理登记，依法遵守履历跟踪管理登记事项。②选定种子及苗木。种植或销售转基因农产品的，要保存栽培记录，依法标示转基因农产品标识。③栽培前土地管理。种植认证农产品的耕地，要依法提供 4 年以内的重金属分析结果，不得超过土壤污染担心标准一类地区重金属标准；为了加强土壤病害虫管理，要采用轮作、休耕、太阳能消毒、抗病虫害品种栽培等耕种管理方法，土壤消毒要记录消毒详细情况。④肥料及营养管理。使用市场流通肥料的，只能使用符合《肥料管理法》的公平规格肥料，记录管理使用详细情况（如肥料名称、主要成分、使用场所、时间、施肥量、使用方法、使用者等）。⑤用水管理。农业灌溉用水要依法提供近 4 年以内的水质结果。⑥农作物保护和农药使用。提出病虫害防治及农药喷洒和农药残留等有害分析、农药保存及管理等标准，例如病虫害防治要选择抗病力强品种，采用生物学防治、物理学防治等手段，使用病害防治的所有农药在该产品收获后要记录保存一年以上，喷洒农药设备要保持清洁等。⑦农具管理。新鲜农产品收获时，要特别注意个人卫生管理。⑧收获后管理设施。要在指定的农产品良好管理设施中处理。⑨有害物质及垃圾处理。切实加强管理，防止有害物质等环境污染物质流入，造成耕地或农业用水污染。⑩作业人员健康、安全和福祉。遵守安全守则，作业场所内具备急救箱和灭火器等。⑪环境。水资源及水生态保护区等环境保护地区要遵守有关法律规定，确保环境污染最小化。⑫加强认证农产品生产管理的基本教育等。

农产品良好管理认证的重点管理要素包括：生产环境管理、栽培管理、收获管理、有害要素管理和履历跟踪管理。生产环境管理，要求栽培地区的土壤和水质要干净；栽培管理，要按照安全标准使用农药、肥料等；收获管理，要求卫生收获后，在管理设施中挑选和包装；有害要素管理，每年对生产的农产品进行一次以上农药和重金属分析；履历跟踪管理，从生产到销售全过程记录，并提供记录信息。

二、认证程序与方法

希望获得农产品良好管理认证者须向指定的民间认证机关提出申请。申请品种以食用为目的生产和管理的农产品。申请材料包括：申请书、预计种植土地台账、农产品良好管理生产计划书、产业运营计划书等。认证机关受理后，在 10 日内组织由专家组成（具备审查员资格 1 人以上组成）的审查班进行认证审查。认证审查分材料审查和现场审查。材料审查主要审查申请书记载事项是否正确，认证品生产计划书记录、预定栽培耕地地籍图是否正确。在材料审查的基础上，具体整理现场询问事项。现场审查包括申请人面谈，审查农场条件、认证申请土地周围环境、肥沃程度、种植农作物生产状态、农业生产记录的记录事项是否与农场一致、种子及种苗、栽培园区及栽培方法、田间管理、用水、产品质量管理、使用材料等内容。审查时，如果是生产者团体，要对组成人员逐个审查。

除此之外，认证审查时，还要对土壤、用水、农产品等进行调查分析。土壤和水质检查，在近 4 年内要检查一次以上；农产品认证审查时，认证品上市的，采集样品进行分析，如果没有生产认证品，农场审查时，认定被农药污染的，要采集种植的农作物确认（审查样品分析费由申请人承担）。

认证机关审查时，应当把握以下标准：①要按照农产品良好管理标准生产和管理；②要在农产品良好管理设施中实施采收后管理；③要进行履历跟踪管理登记。此外还包括农产品良好管理基本教育等其他有关事项。认证审查机关审查后要形成审查报告。认为符合认证标准的，给申请认证者颁发良好管理认证书；认证不合格的，通知申请人，并说明理由。认证审查期限自受理之日起42 个工作日（图 6-1）。

认证申请人需要交纳手续费和审查员出差费，每件 5 万韩元，生产组织成员较多的团体最高交 40 万韩元。

获得农产品良好管理认证者，可以在良好管理认证品的包装、容器、发票、交易明细表、广告牌、运输车辆上标示良好管理认证标识（标识图案见本书附录 3）。

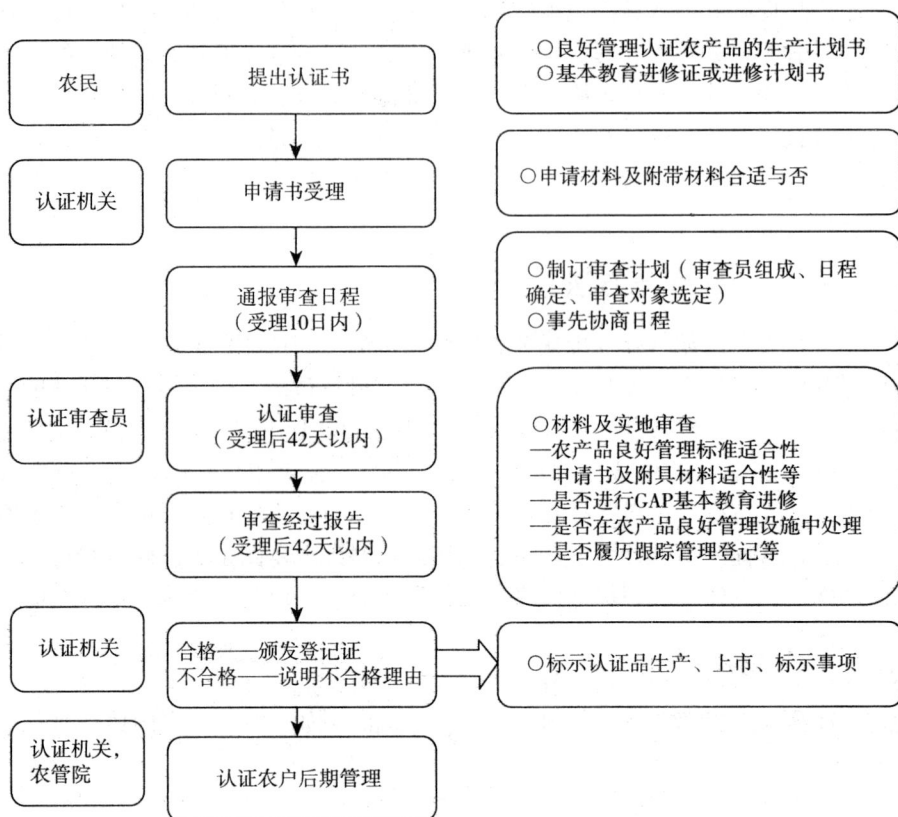

图 6-1　农产品良好管理认证程序

三、认证后管理

（一）农产品良好管理认证有效期

良好管理认证自获认证之日起 2 年内有效，特殊品种需要延长有效期的，由农林畜产食品部另行规定，但最多不超过 10 年。按照农林畜产食品部制定的《农水产品质量安全管理法施行规则》规定，人参认证有效期在 5 年以内；药材认证有效期在 6 年以内。认证有效期满后，想要继续保留农产品良好管理认证的，应在有效期满前，经认证机关审查，更新良好管理认证。在有效期内认证品种上市未结束的，经审查机关审查后可以延长有效期限。

农产品良好管理认证有效期满前，如果想要变更认证农产品生产计划书（品种、种植面积、计划产量等）、生产者团体法人代表、被认证者的住所及种植农田等重要事项的，应事先向认证机关提出认证变更申请，得到认证机关的同意。认证审查程序和方法与首次申请认证相同。

（二）农产品良好管理认证后调查或检查

为了掌握农产品良好管理认证者是否遵守标准，认证机关认证后，每年要定期对其生产和流通、销售过程进行一次以上调查或检查，必要时可要求提供有关资料。消费者团体和流通团体有要求的，可以随时检查。生产过程的调查项目包括：播种阶段、生长阶段；收获、储藏、保存、加工、包装、上市阶段和农产品履历跟踪管理制度履行及符合其他认证标准等情况。

播种阶段主要检查转基因种子使用情况；种植记录是否与农产品计划书种植记录相一致等。生长阶段检查施肥、病虫害防治、各种材料投入等种植农田管理事项；遵守农药安全使用标准及适当使用化肥情况；发生冻害、冰雹、病虫害等情况。需要确认是否使用农药的，要选择疑点最大的，采集样品（农产品或土壤）进行药残留分析。采收、储藏、保存、加工、包装、上市阶段主要检查适时收获情况及非认证品混入情况；储藏运输时产品质量管理情况，是否符合上市认证品的认证标准，收获后管理设施等情况。在调查或检查中，发现违反事项，取得确凿证据后要立即报告。

（三）农产品良好管理认证取消及停止标示

良好管理认证后，认证机关在调查或检查过程中，如果发现有违反法律规定行为的，可以取消认证或停止三个月以内认证标示。具体处分方法如下：

（1）以虚假或其他非法手段获得良好管理认证的，违反一次取消认证。

（2）不遵守良好管理认证标准的，违反一次停止标示一个月；违反两次停止标示 3 个月；违反三次取消标示。

（3）因转产、停产，难以生产良好管理认证品的，违反一次取消认证。

（4）获得良好管理认证者无正当理由，不配合调查、检查，或不提供有关资料的，违反一次取消标示一个月，违反两次取消标示三个月，违反三次取消认证。

（5）未经变更审批变更主要事项的，违反一次取消标示一个月，违反两次取消标示三个月，违反三次取消认证。

认证机关按照上述规定取消或停止标示的，要立即通知获得认证者并将其事实报农林畜产食品部。

第三节　农产品良好管理认证机关

根据《农水产品质量管理法》规定，农林畜产食品部可以将具备良好管理认证所需要的人力及设施者指定为良好管理认证机关进行良好管理认证。对从国外进口的农产品良好管理认证，具备农林畜产食品部规定标准的外国机关也可以指定为良好管理认证机关。农林畜产食品部依法委托国立农产品质量管理院负责良好管理认证指定工作。

一、认证机关指定标准

（一）组织与人力标准

1. 具有履行认证业务的专门组织，确保认证机关运营所需要的经费。

2. 具有 5 名以上认证审查人员。认证审查人员应当具备下列条件之一，并接受过与认证有关的法律、认证审查标准、认证审查业务等培训，能够圆满完成审查任务：

（1）在《高等教育法》规定的大学获得学士学位或具有同等水平以上学历者。

（2）在《高等教育法》规定的大学或专科学校获得专门学术学位或同等水平以上学历者，在农业有关企业、研究所、机关及团体承担农产品管理业务 2 年以上者。

（3）持有《国家技术资格法》规定的农林技术师、技师，或持有该法规定的农产品质量管理师资格证书者。但具有产业技师资格者，要具有在农业有关企业、研究所、机关及团体等承担质量管理业务 2 年以上经历者。

（4）具有在农业企业、研究所、机关及团体等部门承担农产品质量管理业务 3 年以上经历者。

（5）具有在良好管理认证机关承担 2 年以上与认证业务有关的业务经历者。

（二）设施标准

1. 能分析土壤、水质、农药残留、重金属、微生物等，分析设施应当是由部、处、厅、公认机关及国立农产品质量管理院指定的分析设施。

2. 大学、研究所等公认机关和通过业务协作履行分析等业务的，可以不具备上述规定的分析室。

（三）认证业务规定

1. 认证农户履行管理方法。

2. 认证程序及方法。

3. 认证后管理。

4. 认证手续费征收办法。

5. 认证审查员遵守事项及自身管理、监督办法。

6. 认证审查员的培训。

7. 履行下列任务的认证委员会构成、运营与管理事项：①制定认证业务方针；②制定认证长期计划及发展方向；③审议认证运营的主要事项。

8. 其他国立农产品质量管理院认为认证履行所需要的事项。

二、认证机关指定程序

农产品良好管理认证机关指定申请者要向所在地管辖的国立农产品质量管理院支院提出认证申请。申请时，要向认证指定机关提供法人章程、记载良好管理认证计划及认证业务规定等认证工作计划书、能证明具备农产品良好管理认证机关指定标准的材料等。认证指定机关受理后对所提供的资料进行审查，通过行政信息的共同利用，确认登记事项证明书。自受理之日起 3 个月内审查是否符合指定认证机关的指定标准（图 6-2）。

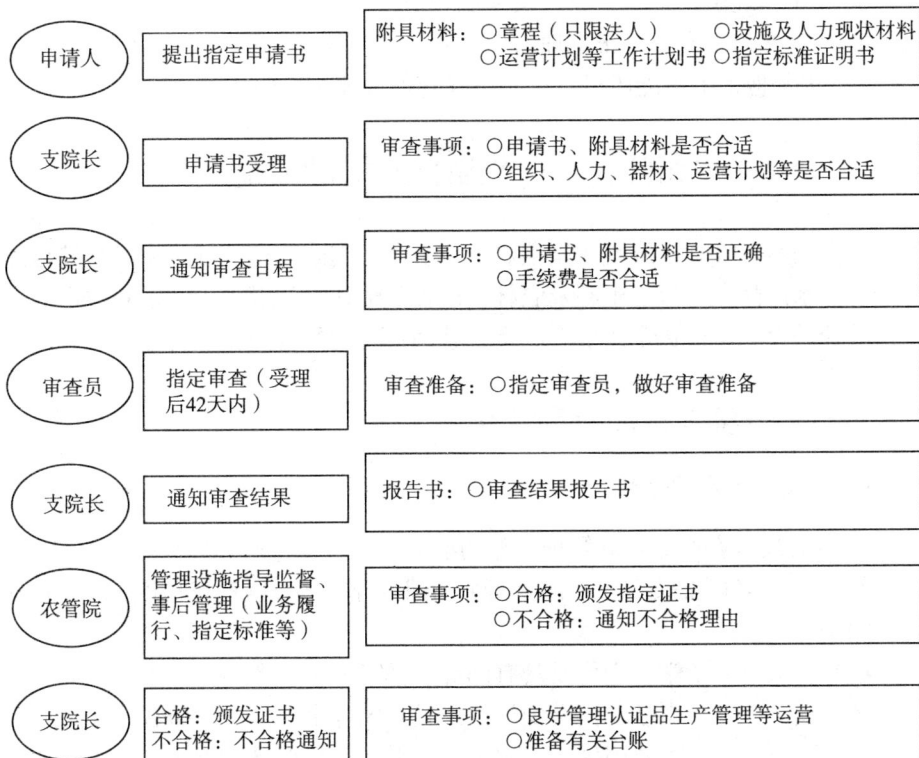

申请人	提出指定申请书	附具材料：○章程（只限法人）　　○设施及人力现状材料 ○运营计划等工作计划书　○指定标准证明书
支院长	申请书受理	审查事项：○申请书、附具材料是否合适 ○组织、人力、器材、运营计划等是否合适
支院长	通知审查日程	审查事项：○申请书、附具材料是否正确 ○手续费是否合适
审查员	指定审查（受理后42天内）	审查准备：○指定审查员，做好审查准备
支院长	通知审查结果	报告书：○审查结果报告书
农管院	管理设施指导监督、事后管理（业务履行、指定标准等）	审查事项：○合格：颁发指定证书 ○不合格：通知不合格理由
支院长	合格：颁发证书 不合格：不合格通知	审查事项：○良好管理认证品生产管理等运营 ○准备有关台账

图 6-2　农产品良好管理认证机关指定程序

三、认证机关指定后管理

农产品良好管理认证机关指定有效期 5 年，如果想要继续履行认证业务，要在有效期满前更新其认证指定。认证机关指定后，农林畜产食品部如果发现有下列情形之一的，可以取消认证机关指定，或视违反情况责令停止 6 个月以内的认证业务，但符合前三项情形之一的，要取消其认证指定：

1. 以虚假或其他非法手段获取指定的。

2. 在业务停止期间仍从事农产品良好管理业务认证的。

3. 因农产品良好管理认证机关解散、破产，不能从事认证业务的。

4. 未依法变更申请，从事认证业务的。

5. 与农产品良好管理认证业务有关，对认证机关责任人和职员处罚金以上刑罚的。

6. 不具备法律规定的指定标准的。

7. 错误适用农产品良好管理认证标准等错误从事认证业务的。

8. 无正当理由，一年以上无认证成绩的。

9. 违反法律规定，无正当理由，不服从农林畜产食品部要求的。

10. 因其他事由不能履行农产品良好管理认证业务的。

第四节　农产品良好管理设施

农产品良好管理设施是指国立农产品质量管理院在依法规定的谷物综合处理场和农水产品产地流通中心及农林畜产食品部认定的设施中指定的农产品采收后管理的设施。被指定的农产品良好管理设施应具备法律规定标准。

一、良好管理设施指定标准

（一）组织与人力标准

1. 具有履行农产品良好管理业务的能力。

2. 具有 1 名以上负责农产品良好管理业务者。该良好管理业务者应当具备下列条件之一：

（1）获法定大学学士学位及具有同等水平以上学历者；

（2）获法定专科学校专门学士学位及具有同等水平以上学历者，并有在农业企业、研究所、机关及团体等承担 2 年以上农产品质量管理业务经历者；

（3）法定农林技术师、技师、产业技师或持有农产品质量管理师资格证书者。但持有产业技师资格者，要有在农业企业、研究所、机关或团体等承担 2

年以上农产品质量管理业务经历者；

（4）有在农业企业、研究所、机关及团体等 3 年以上农产品质量管理业务经历者；

（5）其他从事农产品质量管理业务 4 年以上者。但农民或生产者组织为了自产农产品采收后管理拥有的产地流通设施的，从事农产品质量管理业务 2 年以上者。

（二）设施标准

1. 谷物综合处理场标准

谷物综合处理场是共同处理物产形态的粮食设施。经过原料运输、筛选、计量、质量检查、干燥、储藏、加工、产品上市、销售、副产品处理等基本流程。其设施标准主要包括如下内容：

（1）设施物标准。安装粮食采收后处理设备及成品保存设备的建筑物位置要远离畜产废水、化学物质及其他产生污染物的设施，防止对产品造成不良影响。

（2）干燥储藏设备标准。干燥及储藏设备不造成碎米，或设置能清理碎米的结构；储藏设施要安装通风、冷却等能使谷物温度下降的设备，能检测谷物温度；储藏设施结构要防止鼠类等进入，储藏设施内不能与农药等给谷物造成不良影响的物质一起存放。

（3）加工车间标准。加工包装谷物车间要与搬运、干燥及储藏设施和副产品隔离，或用隔断分开；大米加工车间要把纤维间、大米间、包装间、成品保存间、包装材料保存间分别隔开，或用隔断分开；加工车间地板材质要结实，经得住重载和冲撞，无严重裂缝或窟窿；加工车间内墙和天棚材质对谷物无不良影响，设置能清扫的结构，避免灰尘积压或微生物繁殖；加工车间出入门坚固封闭，叉车出入频繁的出入口用双重门，外侧门坚固密封，里侧门能迅速开关，设置结构防止粉尘进入；加工车间窗户密封，并设防虫网；加工车间要安装吸尘用外部空气导入口，并在外部空气导入口安装过滤器，防止灰尘和异物侵入；加工车间照明设备要保持在适合作业环境的状态，要安装避免损坏的灯罩等保护装置；加工车间要具备清洁安全管理的吸入式清扫系统。

（4）加工设施标准。在传送设备、传送管道、储藏容器中与捣谷直接接触的部分，要像不锈钢一样光滑，耐腐蚀，无空隙或裂痕；加工车间要安装防护设施，以防老鼠入内；每台机械、传送设备及储藏容器结构要易发现有无残谷，并能清扫。

（5）吸尘设备及副产品标准。为防止因粉尘引起的交叉污染，吸尘设备要与加工车间分开安装；为清除加工车间产生的粉尘及粉末而安装的吸尘设备要齐全，并处无故障状态；谷壳室、米糠室及其他副产品室结构要避免内部产生的粉尘泄漏到外面。

（6）水处理设备标准。谷物清洗或加工用水应达到《环境政策基本法》及《地下水法》规定的饮用水标准以上，使用地下水的，取水处要距卫生间、废水处理场、动物养殖场及其他担心地下水污染的场所 20 米以上的地方；谷物用水每年要检验一次以上，确认是否符合饮用水标准；储水容器要安装密封盖及锁具设备，容器结构要能事先防止污染物流入。

（7）卫生管理标准。卫生间要与加工车间分离，安装水冲式设备，清洁卫生，有洗手盆和手烘干机；要为加工车间人员准备卫生服装，设更衣室；具备保存清扫设备及工具的专用空间。

（8）其他设施标准。灰尘等废弃物处理设备要安装在距加工车间较远的地方；废水处理设备要远离加工车间。

（9）管理维护标准。为有效管理农产品良好管理设施，要准备设施及机械设备作业流程图、管理记录台账等。

2. 管理设施标准

农产品采收后管理设施标准包括建筑物、作业车间、采收后管理设备、储藏（预冷）设施、运输及搬运设施、水处理设备、卫生管理、其他设施、管理维护等。除储藏（预冷）设施、运输及搬运设施外，其他标准与谷物综合处理场标准相同。

储藏（预冷）设施是为其他农产品采收后实物及农产品质量管理安装的低温设备。不需要低温冷藏设施的，也可以不安装。其具体标准如下：①墙体和天棚原则上用耐水性隔热板最终处理；②门窗要安装防虫网，阻止鸟类、啮齿动物和家畜接近；③需要冷藏（冷冻、冷却）的，要具备装载送货板，保持适当低温管理，使冷气畅通；④要安装清除掺杂谷物里的异物和其他谷物设备。

运输及搬运设备标准。①加强运输车辆管理，避免运输的农产品受外界污染，需要储藏运送的农产品，要使用冷藏车运输；②运输及搬运容器要易清洗，必要时能消毒烘干；③运输、搬运及保存等物流机械要清洁卫生。

3. 自有储备设施标准

自有储备设施是指为农民或生产者团体自己生产的农产品采收后管理而准备的储备设施。主要包括建筑物、作业车间、采收后管理设备、水处理设施、储藏设施、传送及搬运设备、卫生管理、其他设施、管理维护等标准。设施标准除储藏设施、传送及搬运设备与农水产品产地流通中心及农产品采收后管理设施标准有所不同外，其他标准大体相同。

（三）农产品良好管理设施业务规定

农产品良好管理设施业务规定包括：采收后管理程序；良好管理认证品的

经营方法；采收后管理设施的管理方法；良好管理认证品品种采收后管理程序；良好管理设施工作者守则及自身管理、监督事项；良好管理设施工作者教育事项；其他国立农产品质量管理院认为有必要履行的良好管理业务事项。

二、农产品良好管理设施指定程序

希望获得农产品良好管理设施指定的企业做好准备后，向国立农产品质量管理院（该设施所在地管辖支院）提交良好设施指定申请书，接受审查。提出申请时附具下列材料：①公司章程（限法人）；②记载良好管理设施及人力状况的资料；③良好管理设施运营计划及良好管理认证农产品处理规定等良好管理设施计划书；④能证明具有良好管理设施指定标准的资料。

国立农产品质量管理院所属支院或事务所负责良好管理设施指定的审查，自受理之日起42天内，通过申请材料认定和现场调查，审查是否符合良好管理设施指定标准。审查结果符合指定标准的，国立农产品质量管理院要向申请人颁发良好管理指定证书。不符合标准的，向申请人说明理由。

三、农产品良好管理设施指定后管理

良好管理设施指定有效期5年。为了保持良好管理设施指定的效力，在有效期满之前要更新其指定。为加强良好管理设施指定后的管理，在有效期内，国立农产品质量管理院所属事务所每年要对指定标准及设施运营状况等进行一次检查和指导。农林畜产食品部认为有必要，可以让认证机关、设施运营者或获得良好管理设施指定者报告其业务事项，或提供有关资料，派有关公务员赴现场检查设施和设备，调查相关台账或资料。公务员现场检查或调查时，要事先将检查或调查的日期、目的、对象等通知当事人。如果是在紧急情况下或认为事先通知不能达到目的的，也可以不通知。有关公务员依法检查或调查时，要向相对人出示有关证件和文件。检查机关要求报告或提供相关资料及现场调查时，设施运营者或获得良好管理设施指定者无正当理由不得拒绝、妨碍或逃避。

在检查或调查中发现有下列情形之一的，可以取消其良好管理设施指定，或责令在6个月以内停止对良好管理认证对象农产品的良好管理业务，但符合前三项情形之一的，应取消其良好管理设施指定：

（1）以虚假或其他非法手段获取指定的。

（2）在业务停止期间从事农产品良好管理业务的。

（3）良好管理设施运营者因解散、破产不能从事农产品良好管理业务的。

（4）不具备法律规定指定标准的。

（5）未按法律规定变更申报，经营（包括清洗等单纯加工、包装、储藏、交易、销售）良好管理认证对象农产品的。

（6）与农产品良好管理业务有关，确定对设施代表人等负责人和职员处罚金以上刑罚的。

（7）违反法律规定，未按良好管理标准管理良好管理认证对象或认证农产品的。

（8）因其他原因，不能履行农产品良好管理业务的。

第七章 农畜水产品履历
跟踪管理制度

第一节 履历跟踪管理制度的产生与发展

一、履历跟踪管理制度的定义

韩国履历跟踪管理制度（Traceability）实际上是欧盟的食品可追溯制度（Food Traceability System）。该制度最早起源于欧盟地区，当时以欧洲疯牛病危机为代表的食源性恶性事件在全球范围内频繁暴发的背景下，由法国等部分欧盟国家在联合国食品法典委员会生物技术食品政府间特别工作组会议上提出来的旨在加强食品安全传递，控制食源性疾病危害和保障消费者利益的信息记录体系。

关于履历跟踪管理制度的概念和具体应用，每个国家各有不同。联合国食品法典委员会（简称 CAC，是由联合国粮农组织、世界卫生组织共同建立，以保障消费者的健康和确保食品贸易公平为宗旨的一个制定国际食品标准的政府间组织）定义履历跟踪管理制度，是指能够追溯食品在生产、加工和流通过程中任何指定阶段的能力。欧盟委员会通用食品（EC178/2002）把食品可追溯解释为在生产、加工及销售的各个环节中，对食品、饲料、食用性动物及有可能成为食品或饲料组成成分的所有物质的追溯或跟踪能力。欧盟委员会在EC178/2002 条例定义"可追溯性是指能够追溯并了解生产、加工和销售的全过程的能力，包括对食品、饵料、食品加工的动物或欲加入的物质，以及预计要混合到食品或饲料中的物质。"欧盟对于可追溯性（Traceability）所隐含的意义是："通过可以查询产品的履历、地点的掌握、信息的检索等达成以下目标：①物流路径的透明化；②可按既定目标回收产品；③给消费者及授权机关提供相关信息；④提供标识内容的佐证；⑤有助于定期收集对健康有影响的传染病相关数据，有助于风险管理技术的发展；⑥通过向消费者提供正确信息，有助于公平交易。"就农产品而言，可追溯制度就是在农产品生产、加工处理及流通、贩卖过程，由生产者及流通业者分别详细记录、保管各流程等相关履历信息并公开标示，使消费者能够透过追溯食品产销相关流程，了解各个环节的重要信息。即由食品流通链的可追溯系统，可以追溯到产品的生产者、生产地点、原料、加工制造及流通过程等，一旦产品发生问题，能够迅速、正确地追溯到源头，找出原因，让事故伤害降到最低程度。

日本农林水产省将食品追溯制度（Food Traceability System）称之为"生产、流通履历"制度，将其定义为："可追溯（从下游往上游追查）、跟踪（从上游往下游追查）食品在生产、加工处理、流通、贩卖等各阶段的信息。"

韩国定义可追溯性为"履历跟踪管理"。在《农水产品质量管理法》《关于家畜及畜产品履历管理法律》《食品卫生法》《健康功能食品法》中，分别对履历跟踪管理作出规定。《食品卫生法》定义：履历跟踪管理，是指从食品制作、加工到销售阶段，记录管理各阶段信息，在发生食品安全问题时跟踪管理该食品，查明原因后，可采取必要措施。《关于家畜及畜产品履历管理法律》定义：履历管理，是指通过登记记录从家畜的出生和进口等饲养和畜产品的生产和进口到销售各阶段信息，管理家畜和畜产品的移动路线。《健康功能食品法律》定义健康功能食品履历跟踪管理，是指从健康功能食品制造阶段到销售阶段，分阶段记录管理信息，在发生健康功能食品等问题时，跟踪管理该功能食品，查明原因后，可采取必要措施。《农水产品质量管理法》定义履历跟踪管理，是指在发生农水产品的安全等问题时，跟踪该农水产品，从农水产品的生产到销售，分阶段记录管理各种信息，可以查明原因，采取必要的措施。

从上述定义可以看出，韩国农畜水产品履历跟踪管理制度，与其他先进国家的食品追溯制度一样，是一项从农畜水产品生产到消费全过程，或者说从农场（养殖场）或渔场到餐桌所发生的所有信息，都能让消费者知道的制度。其目的是在发生农畜水产品卫生安全问题时，可以通过建立的履历跟踪体系，按其路径迅速查明原因，减少消费者的经济损失，确保消费者对农畜水产品安全的信任。

二、履历跟踪制度的产生与发展

20 世纪 80 年代后期，由于农产品生产过程的药物残留、食品中毒、不适当的保鲜与加工处理方式，以及国际间相继发生口蹄疫、禽流感、疯牛病等重大疫病，严重威胁、影响人类健康，使消费者对农畜产品生产过程、流通过程的卫生安全产生怀疑。特别是 1986 年 11 月在英国发现世界首例疯牛病（BSE）后，使欧洲人心惶惶，在牛肉进出口问题上经常发生国与国之间的摩擦，导致大规模的屠宰牛运动。1989 年美国禁止进口英国牛、羊。1990 年欧洲经济共同体（EC，欧共体）执行委员会全面禁止英国向欧洲地区出口牛肉。从 1994 年开始欧盟（EU）禁止疯牛病出现地区的排骨、肉类产品出口，6 年后才解除禁令。1996 年英国政府首次发表通报，指出疯牛病也能传染给人类。1997 年美国食品医药厅（FDA）禁止喂养牛、羊等反刍动物动物性饲料。

1998 年 2 月在世界保健机构（WHO）的支持下召开疯牛病对策大会，50 多名国际专家指出，如果不及时采取防治措施，在未来的 10～15 年间疯牛病将成为人类流行疾病。2000 年相继在丹麦、葡萄牙、西班牙、波兰、乌克兰等国家发现疯牛病，法国仅在 2000 年就发生 121 起疯牛病事例，从而导致牛排停止销售，牛、羊等动物性饲料也禁止销售。欧盟宣布投资 38 亿欧元（约合 33 亿美元）治理疯牛病。2001 年 2 月德国政府投资约 3.62 亿马克（约 1.66 亿美元）对疯牛病进行治理。同年 9 月在日本首次发现疯牛病。北美洲的加拿大 1993 年也发现疯牛病。世界上最大的畜产国、被称为"疯牛病安全地带"的美国也发现该病例（2003 年以美国为首的 25 个国家有约 19 万头牛发生疯牛病）。

面对这种严峻形势，食品的品质与安全倍受重视，许多先进国家均着手推动农产品产销可追溯制度，确保农产品质量安全。1990 年，英国政府成立"疯牛病研究调查专门委员会"，追溯调查研究引发疯牛病的原因，进而发展成牛的生产履历制度雏形。1996 年，第二次"疯牛病"危机之后，英国、爱尔兰、瑞士、丹麦、加拿大、葡萄牙及阿曼等国陆续发生疯牛病，欧盟鉴于无法确定疯牛病对人类感染的可能性，决定建立食品产销履历制度，作为应对疯牛病的对策，并在 1997 年制定最初的规则。法国于 1999 年制定农业指导法及消费法典，确立产销履历制度。2001 年，欧盟试办水产品追溯计划，2003 年通过将转基因（GMO）食品可追溯能力与标识捆绑在一起的相关规定，并于 2004 年 4 月 18 日开始实施，同年，建立蛋制品产销履历制度。从 2005 年开始，水产品建立以挪威制度为基础的渔业产品追溯（trace fish）。2005 年，食品资讯可追溯系统已成为欧盟《食品法》的规定之一，并从 1 月 1 日起实施，规范所有食品销售都必须具备可追溯生产者或加工者的信息，同时与 EAN 国际条形码结合，并提供质量标识，希望有助于促进食品安全与生物安全。进口食品若不遵守该办法，将不得进入欧盟市场。2005 年和 2006 年澳大利亚联邦政府分别对牛和羊实行义务履历制，通过国家家畜识别系统运行。后来陆续对猪等其他家畜实施履历管理。

"911 事件"之后，美国通过"生物恐怖活动案"（The Public Health Security and Bioterrorism Preparedness and Response Act 2002）规定，自 2003 年起输美的生鲜食品必须提供能够在 4 小时之内可回溯的履历信息，否则有权就地销毁。加拿大自 2001 年开始实施"开发暨实施食品回收计划"（Developing and Implementing Food Recall Program），与食品追溯制度大体相同。

日本食品主管部门原来建立以 HACCP 作为食品卫生管理与安全管理的依据，并以 ISO 9000 系列作为质量管理与确保食品安全的相关对策。继 1999 年 2 月二噁英问题（比利时养鸡户发现蛋鸡和肉鸡体内有毒化合物二噁英含量严重超标，中毒的原因是饲料污染）发生后，2000年3月日本又暴发口蹄疫，同年6月大阪关西地区发生雪印乳业加工牛奶金黄色葡萄球菌集体食物中毒事件（食物中毒原因是由于北海道广尾郡大树町的大树工场疏于清洁管理，导致在混合低脂奶粉及生乳的设备里滋生金黄色葡萄球菌，并使得大阪工场的管理制度缺失与窜改品质管理资料的问题浮出台面），2001年9月发现亚洲第一头疯牛病感染病牛，2002年5月起陆续从食品中发现未被认可的添加物及同年6月之后陆续从中国进口的蔬菜中检查出药物残留，日本国内又一连发生多起食品中毒事件，2002年雪印食品公司和日本食品等多家著名企业被发现伪造食品标识等案件，同年9月又发现蔬果使用未经许可农药等，致使消费者对于永无止境的食品安全丧失信心，对于食品生产、流通等各阶段的责任明确化的期待高涨，进而要求政府充实、强化各种食品在产销等各阶段的安全性对策。

日本政府为恢复消费者的信任及解决生产者的危机，除积极预防疯牛病蔓延之外，还设法确保产销通路的透明化，强化食品标识的可信赖性，从2001年3月开始推动食品可追溯制度。同时，日本农林水产省从2004年开始推动食品法典委员会（Codex）正式采纳的"确保生鲜农产品安全对策事业：GAP（良好农业规范）的引入与确立"，建立并推广日本良好农业规范（Japan Good Agricultural Practices 简称JGAP），即制定、推广JGAP，最低限度抑制生鲜蔬果病源微生物、化学物质、降低异物混入等风险，以实现建立综合性降低风险的目标。日本以2003年发生疯牛病为契机，开始推行牛肉履历跟踪制度，目前由中央政府义务实施大米（2010年）和牛肉履历跟踪制度，其他一般农产品分品种、分地区实行自律履历管理。与履历跟踪制度类似的生产履历制度，以农协为中心组织实施，对于各登记事项，用计算机提供信息，使消费者容易获得信息。

三、韩国农畜水产品履历管理制度动向

（一）农产品履历管理制度动向

长期以来，韩国农产品进口量不断增加，同时滥用食品添加剂和抗生素的现象也较为普遍，食品安全问题引起国民的高度关注。特别是疯牛病风波后，为确保农业食品安全，韩国政府自1993年起建立有机农业标识和质量记录制度。1997年12月制定《亲环境农业培育法》，确保可持续、亲环境农业发展。2001年6月参照日本政府2000年颁布的《循环型社会形成推进基本法》，对环境友好型农业产品实施义务认证制度。2004年3月制定推进农产品履历跟踪管理制度方案，同年9月颁布履历跟踪管理准则。2005年8月修订《农产品质量管理法》，正式建立履历跟踪管理制度。2003—2005年以农产品良好管

理（GAP）示范农户为对象实施履历跟踪管理示范，2006年开始正式实施，通过因特网公开从农场到餐桌的农产品信息。从农产品履历跟踪管理登记情况看，2006年农产品登记8 808户，2010年达到88 218户，增加约10倍。流通和销售业2008年有所增加，但2009年以后减少（表7-1）。2010年流通和销售业分别比2009年减少14.4%和22.0%。从作物分类看，2010年食用作物占65%、蔬菜类占17%、水果类占15%（表7-2）。

表7-1　2006—2010年履历跟踪管理登记情况

区分	生产组织	农户数	流通业	销售业
2006	945	8 808	231	550
2007	1 815	30 557	641	640
2008	2 722	48 214	866	675
2009	3 295	70 612	834	232
2010	3 878	88218	714	181

资料来源：国立农产品质量管理院。

表7-2　分作物履历跟踪管理登记情况（2010年）

区分	登记数量	农户数	比率（%）	面积（公顷）	生产计划量（吨）	比率（%）
食用作物	1 064	53 350	60	70 813	1 931 434	65
水果	1 375	19 345	22	23 245	434 931	15
蔬菜类	905	11 389	13	7 961	510 707	17
药用作物	358	3 015	3	1 808	27 326	1
特殊用作物	52	645	1	484	1 080	0
木耳类	124	474	1	267	58 687	2
合计	3 878	88 218	100	104 577	2 964 165	100

资料来源：国立农产品质量管理院。

（二）水产品履历管理制度动向

在实施农产品履历管理的同时，韩国于2004年进行水产品履历跟踪体系研究，探讨履历跟踪制度的可行性，并以该研究成果为基础制定基本计划，从2005年开始根据基本计划进行水产品履历跟踪示范。第一次示范（2005—2006年）期间，制定履历跟踪制度实施指南，对有关人员进行培训与宣传，以牡蛎、牙鲆和紫菜3个品种为对象进行现场应用和评价，参与者56家（养殖业41家、加工业10家、乐天超市店铺5家）。第二次示范（2006—2007

年）期间，选择 10 个示范品种，除牡蛎、牙鲆、紫菜外，又追加鳗丽、裙带菜、菲律宾蛤仔、黄花鱼、熏制鳟鱼、鲲鱼、黑鲷 7 个品种，共有 167 家企业（生产 135 家、加工 22 家、流通 10 家）参加，制定新品种指南，对所有品种实施现场应用与评价。同时着手水产品履历跟踪制度的法律依据准备，于 2007 年 8 月 3 日修订《水产品质量管理法》（法律第 8624 号）时，新设水产品履历跟踪管理制度。第三次示范（2007—2008 年）期间，略加调整示范品种，以牙鲆、紫菜、酱裙带菜、干裙带菜、干黄花鱼、干鱿鱼、菲律宾蛤仔、海带 8 个品种为对象，以消费和流通为重点进行示范，有 334 家企业（生产 72 家、加工 30 家、中介 11 家、流通 221 家）参加，制定新品种指南，实施现场应用与评价。自 2005 年 5 月开始水产品履历跟踪管理示范后，韩国已经进入制度化。从 2008 年 8 月开始，作为非强制性的义务规定，希望登记的企业，通过一定的审查，发放登记证，至此水产品履历跟踪管理正式推行。到 2008 年有 468 家企业参与，到 2009 年 4 月有 10 个品种 241 家企业登记，362 家商店参与销售，截至 2011 年 6 月 30 日有 1 300 家企业参加，规模扩大 2.8 倍。到 2012 年 7 月 31 日增加到 1 449 家约增加 3.1 倍。登记品种有牡蛎、紫菜、牙鲆、干裙带菜、酱裙带菜、海带、鲲鱼、菲律宾蛤仔、鲍鱼、干黄花鱼、黄鲷、鲇鱼、鱿鱼、真鲷、鳗丽、梭子蟹、对虾等 19 个，品种和营销点在不断增加。

（三）家畜及畜产品履历管理制度动向

自 2004 年 10 月起，韩国选择 9 家名牌企业对牛和牛肉实施履历管理示范，2005 年有 14 个经营业体参与并实施 DNA 检查。2006 年有 20 家企业和 3 个市、道、郡参加，2007 年 12 月 21 日制订并颁布牛及牛肉履历跟踪管理法律。2008 年 12 月 22 日起依照该法在饲养阶段对所有牛正式推行履历管理制度，指定市、郡委托机关 145 个（其中地区畜协 118 个，全国韩牛协会 3 个，韩国奶农肉牛协会 3 个，商业经营体 21 个），并成立履历跟踪制实务协议会等机构。2009 年 6 月 22 日在流通领域对刚出生的所有牛犊实行个体识别号码管理。同时对牛和牛肉从饲养到销售整个过程全部实施履历管理。2011 年 6 月在 19 万户中饲养 375 万头牛，每天接收 4 000 件出生申报和 3 400 件移动申报，挂戴耳标和输入个体识别号码的委托机关全国 137 个，从 80 个屠宰场和 333 个加工厂收集履历信息。从 2012 年 10 月起对猪和猪肉实施履历管理示范（当时选择 16 家企业），2013 年 5 月扩大到 46 家企业进行第二次示范，在此基础上于 2013 年 12 月将牛及牛肉履历跟踪管理法律修订为家畜及畜产品履历跟踪管理法律，将品种扩大到进口牛肉、猪和猪肉，试行一年后，从 2014 年 12 月 28 日起对猪和猪肉全面实行履历管理制度，至此韩国对牛和猪两个品种实行履历管理。这项制度实行后，全国所有农场从每月最后一天开始到下一个月的 5 号为止向履历跟踪管理系统报告饲养现状，把猪运送到其他农场或屠宰场时要标示农场识别号码。

第二节 农水产品履历管理

一、农水产品履历管理登记

按照《农水产品质量管理法》（第 24 条）规定，农水产品生产或流通、销售者中想要进行履历管理的，应向农林畜产食品部或海洋水产部提出登记申请（免收手续费）。申请履历管理的品种包括以食用为目的种植的所有农产品和国产及远洋生产的鲜活、冷藏、冷冻品及其水产加工品（烘干、酱制）。申请者可随时向国立农产品质量管理院或国立水产品质量管理院或事务所（登记机关）提出。申请时应向登记机关提交农水产品履历跟踪管理登记书、农水产品履历跟踪品管理计划书和异常品回收措施等后期管理计划书等有关材料。农水产品履历跟踪品管理计划书由农水产品生产、流通和销售者填写。主要内容包括：履历跟踪农水产品生产及上市计划；履历跟踪农水产品入库及出库计划；履历跟踪农水产品信息记录与管理计划；农水产品履历管理品的管理计划等。异常品回收措施等后期管理计划书主要内容包括协助履历跟踪农水产品调查，即申请人根据农水产品履历管理有关规定，在履历管理机关调查人员对生产、流通或销售全过程进行调查时积极协助的计划。协助异常品的履历跟踪调查，即经有关机关调查人员调查后被认定为异常品的，农水产品履历管理调查员按有关规定调查时，要求查阅有关台账和召回履历管理农水产品等积极协助的计划。对异常品的处理计划等，即申请人在履历管理品的生产、流通或销售过程中认为所经营的农水产品有安全性问题时，自行召回等可行性措施计划；履历管理机关要求协助时积极协助的计划。

登记机关接到农水产品履历管理申请后，要审查是否符合履历管理具体事项，包括履历管理登记证书是否合适，主要对管理品分阶段管理计划书及异常品召回等后期管理计划书进行审查；生产、流通、销售各阶段管理计划书是否合适，主要审查包装必须登记事项、确认各阶段信息管理内容可能性、区分管理程度（分生产、流通、销售等各阶段对管理品和非管理品的区分可能性与否进行审查），管理品生产、流通、销售能力的合适性（审查各阶段管理品的保存及储藏能力）；审查异常品召回等后期管理计划书合适性等。登记审查以个体为单位，如果申请人是生产集团或生产组织，分别对全体成员进行审查，也可以根据申请组织成员数抽样审查（表 7-3），但共同生产共同上市的生产团体和组织，将组织成员全体视为一个单位。登记审查时，登记机关由其所属审查负责人和市、道知事或市长、郡守等推荐的公务员或审查专家组成审查班实施登记审查。审查员登记审查结束后，立即填写登记审查结果报告书，报国立农产品质量管理院或国立水产品质量管理院。登记机关在审查员报告的审查结果报告书上审定是否符合登记事项和具体标准。经审查认为符合条件的，予以登记，并向申请人颁发农水产品履历跟踪管理登记证书。经审查认为不符合条件的，尽快通知申请人并说明具体理由。审查处理期限自受理之日起42个工作日（图7-1）。

表7-3　根据申请组织成员数抽样登记审查表

规模（户）	10以下	11～30	31～60	61～100	101以上
对象数	3户以上	6以上	9以上	12以上	10%（最少15户以上）

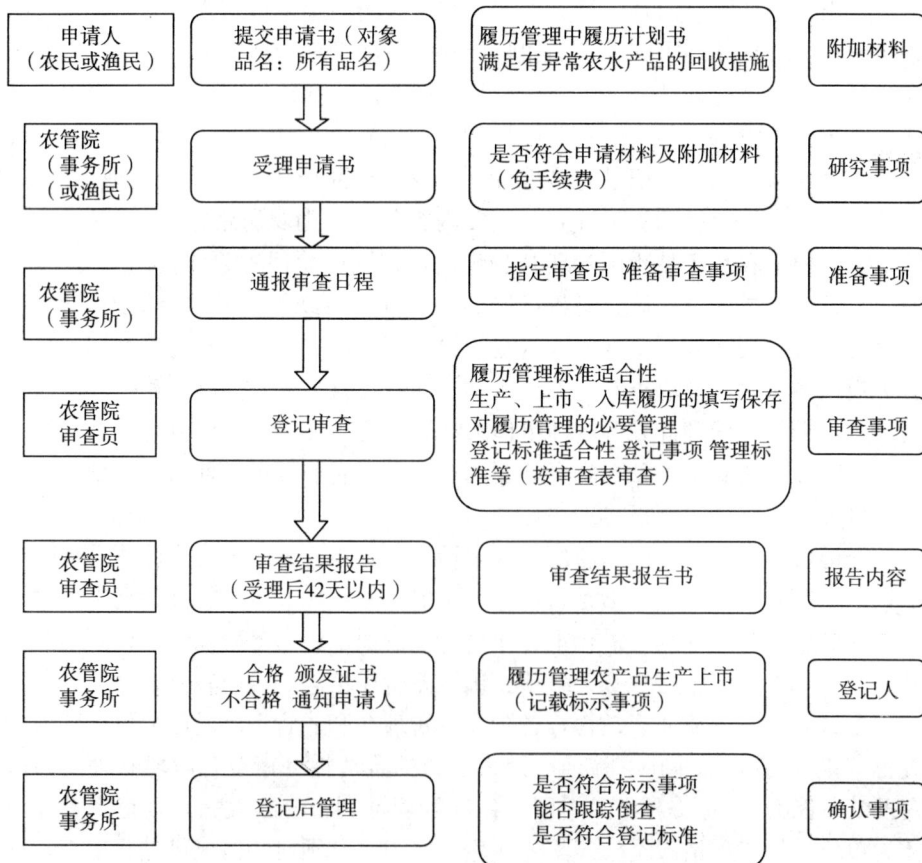

图7-1　农水产品履历管理登记程序图

二、农水产品履历管理登记标准

农水产品履历管理登记标准是生产、流通、销售履历管理品者应当遵守的义务。

首先，记录和管理生产、流通、销售阶段信息要遵守下列事项：一是能够记录管理谁将管理品供给谁（在生产、流通、销售阶段直接卖给消费者的除外）；二是包装销售农水产品要在包装上记载管理号码，是流通者包装的，生产者可以在包装上省略记载管理号码；三是使用农药等可能成为安全性危害物质的，要能记录管理其详细情况。

其次，因为分阶段（生产、流通、销售）提供信息，所以生产、流通、销售者可以用文件或电脑记录和管理履历管理品，履历管理机关要求提供跟踪管理信息时，应当能够及时提供。履历管理品要区分管理，生产、流通、销售时，不能把管理品与非管理品混合一起管理。

再次，建立生产、流通、销售阶段事后管理体系，分生产、流通、销售，对登记申请者提出的异常品的事后管理计划应当包括管理品发生安全问题时，能够满足召回、废弃、改变用途等内容。

农水产品履历跟踪管理登记标准分"共同适用事项"和"个别适用事项"。共同适用事项要求生产、流通、销售者共同遵守；个别适用事项是针对生产、流通、销售者分别提出的标准。其具体内容如表7-4所示。

表7-4　农水产品履历跟踪管理标准（概要）

共同适用事项
为确保履历跟踪的可能性，防止履历管理品与其他产品混同在一起；
用文件或电脑等管理或保存有关信息，便于管理机关随时查阅；
建立应对发生与履历管理品有关的安全事故召回管理体系；
可能成为安全性危害物质的，要详细记录，必要时可对该产品进行自律安全检查；
履历管理品上市后记录内容保存1年以上，延长有效期的，保存到延长期

个别适用事项
生产者信息包括生产者的生产信息和上市信息。生产者生产信息有生产者姓名或团体名称、住所（含电话号码）、品目、种植地及面积（水产养殖场位置、捕捞场所、养殖期）、农药等对农产品造成危害的物质使用情况（水产品抗生素及药物使用明细）等；生产者上市信息有日期、品目、数量、上市的流通企业名称（或收获后管理设施名称，捕捞后管理设施）、履历管理号码
流通者信息，包括入库信息和出库信息。入库信息有日期、品目、数量、生产者姓名（流通者姓名）、生产者（流通者）电话号码、履历跟踪号码；出库信息有日期、品目、数量、销售地名称、销售处电话号码、履历跟踪号码
销售者信息。其信息内容有入库日期、品目、数量、购买处名称、购买处电话号码、履历跟踪管理号码

三、农水产品履历管理登记有效期

农水产品履历管理登记有效期为 3 年（人参 5 年、药材 6 年、养殖水产品 5 年），需要延长的，经农林畜产食品部或海洋水产部批准，可在 10 年范围内延长有效期。获得农水产品履历管理者，如果在有效期内该品种不能全部上市，可以申请延长登记有效期。在登记有效期满前一个月向登记机关提出延长有效期申请。登记机关接到延长申请后，按登记申请的审查程序和方法进行审查，并采取现场确认的方法研究是否适合延长有效期。经审查，认为延长理由充分，确定农水产品上市所需要的期限，延长有效期，再发给登记证（号码与原来相同）。如果不符合延长有效期，将其理由通知申请人。延长期限不得超过履历跟踪登记有效期限。按照规定，申请登记的养殖水产品，在该品种通常的养殖时间追加一年流通时间；申请登记的沿近海捕捞水产品有效期可以延长一年。

履历管理登记有效期满后，若继续对该产品实行履历管理，或继续生产、流通、销售该产品者，在有效期满前一个月向登记机关提出登记更新申请。登记更新申请、审查程序及方法按履历管理登记程序执行。

四、农水产品履历管理标示

经登记机关批准后，履历管理登记者可以在相应的农水产品包装或容器的表面标示履历管理标识（见附录 3）。其标示方法：规格，可按包装大小加大或缩小标识，但标识形状和字的标记不能变；标记位置，一般位于包装的侧面，不能标在侧面的，也可以变更位置；标记和标示事项要印刷，让消费者容易看懂，或用不干胶粘贴，避免从包装上脱落下来；如果无包装或小包装，或单体销售的，可以只标履历管理标识和履历管理号码；出口产品可按该国的要求标示；在标示事项中按标准规格、地理标示等其他规定标示的事项，可以省略其标示。

履历管理标示内容包括：产地（市、郡、区）、品名、重量或个数（实际重量或个数）、等级、生产年度、生产者（生产者姓名或生产团体和组织名称、住所、电话号码）、履历管理号等内容。

五、农水产品履历登记后管理

为了确保履历管理的实效性，登记机关发放登记证后，依法组织调查人员对生产、流通、销售过程执行情况进行调查。每年调查一次以上，如果消费者团体和流通企业有要求或履历管理机关认为需要调查时，可随时调查。生产、流通过程重点调查是否遵守履历管理标准和农水产品登记标准。调查事项包括：各种标示事项是否与包装物一致，标示方法是否与记载内容相符；履历管理品是否与非履历管理品混在一起；是否虚假及类似标示；是否符合履历管理标准；认为需要安全调查或有人举报时进行安全性调查。

调查人员取证时，所有者拒绝或逃避在证据材料上签字的，可由2名以上调查人员联名签字或盖章，确认其事实。登记机关通过对生产、流通、销售过程的调查、取证后，将调查结果报国立农产品质量管理院或国立水产品质量管理院地区支院或事务所。地区支院或事务所接到调查报告后，对违反登记标准和管理标准者按照有关规定予以处罚。如果是其他地区支院或事务所登记的农水产品，连同证据材料等通报交付登记证的地区支院或事务所。获通报的地区支院或事务所确认是否违反规定后，予以行政处分，并将结果通报调查该农水产品的地区支院或事务所。

调查人员对履历管理品进行生产、流通和销售过程调查时，履历登记者或关系人应到场见证。调查中，如果发现违反法律有关规定，依法对履历管理登记者予以行政处分、罚款，直至追究法律责任。按照法律规定，以虚假或其他非法手段获得履历管理登记的，或违反履历管理标示禁止令的，取消登记（表7-5）。履历管理登记者拒绝、妨碍或逃避调查，或者未变更登记申请，或未进行履历跟踪管理标示，或不遵守履历管理标准的，按违反次数处300万韩元以下罚款（表7-6）；对在非履历管理农水产品标示履历管理农水产品标识或类似标志者，或者把标示履历管理标识的农水产品与未登记履历管理农水产品或农水产加工品混合销售，或以混合销售为目的保存或陈列的行为者，处3年以下徒刑或3 000万韩元以下罚金；对义务登记者不履行履历管理登记的，或不执行法律规定的责令纠正、禁止销售或停止标示处分者，处1年以下徒刑或1 000万韩元以下罚金。

表7-5　取消履历管理登记及禁止标示处分标准表

违反行为	分违反次数处分标准		
	第一次	第二次	第三次
①以虚假或其他非法手段获取登记的	取消登记	—	
②违反履历跟踪管理标示禁止命令继续标示的	取消登记	—	
③未依法申请变更履历跟踪管理登记的	警告	停止标示1个月	停止标示3个月
④违反法律规定的标示方法	停止标示1个月	停止标示3个月	取消登记
⑤不遵守履历跟踪管理标准	停止标示	停止标示3个月	停止标示6个月
⑥违反法律规定，无正当理由拒绝提供资料	停止标示1个月	停止标示3个月	停止标示6个月

表7-6 违反农水产品履历管理罚款标准表

违反行为	罚款金额（万元）		
	违反1次	2次	3次以上
农水产品履历管理登记者，违反法律有关规定，未按时变更申报的	100	200	300
农水产品履历管理登记者，违反法律有关规定，不进行履历管理标示的	100	200	300
农水产品履历管理登记者，违反法律有关规定，不遵守履历追踪管理标准的	100	200	300

第三节 家畜及畜产品履历管理

韩国家畜及畜产品履历管理，目前只适用牛和猪两个品种。这项制度是通过对牛和猪的饲养、屠宰、加工、流通全过程的信息进行登记管理，必要时可以追踪牛和猪的移动路径，迅速查明原因，使消费者放心。家畜履历管理分饲养、屠宰、进口和流通销售四个阶段。

一、饲养阶段的履历管理

（一）农场识别号码的标示与管理

在饲养阶段，为了识别履历管理家畜的养殖设施，农林畜产食品部赋予每个家畜养殖设施固有号码，即农场识别号码。履历管理家畜养殖场经营者要在养殖前5日内向韩国畜产品质量评价院申请农场识别号码。收到农场识别号码申请的机关确认申请内容后，5日内赋予申请者农场识别号码，并通过履历管理系统建立家畜及畜产品识别台账。识别台账包括：农场识别号码、个体识别号码、履历号码（即为了管理畜产品的履历，农林畜产食品部给予履历管理对象畜产品的号码）、出生或进口年月日、雌雄区分、进口家畜原产地（国名）、出口国、出口人姓名（法人名称）及进口人姓名和居民登记号等内容。

（二）出生、死亡等申报

农场经营者、家畜进出口者、家畜市场开办者在牛或种猪出生、死亡、转让（含屠宰上市）、接收或从养殖场运送到其他养殖场、进出口，以及在交易市场交易的，要向有关机关提出书面申报。牛出生向该地区的委托登记机关，种猪出生向种猪登记机关（种畜改良协会），其他猪死亡、转让、接收、运送向畜产品质量评价院提出申报。申报时间：自出生、死亡之日起5日内（种猪死亡14日内）；自转让、接收、运送之日起5日内；进出口通关之日。申报内容：①共同申报事项。包括农场经营者姓名（法人姓名或代理人姓名）、农场经营者居民登记号、农场经营者住所、电话号码、农场识别号码、养殖设施所在地、养殖时间等。②出生申报（限牛和种猪）内容。牛的申报包括出生年月；雌雄区分（雌、雄、去势等）；牛的种类（韩牛、奶牛、肉牛、进口牛、其他）；公牛个体识别号码；母牛个体识别号码。猪的申报包括出生年月日；血统登记或繁殖猪血统确认年月日及其确认证书号；雌雄区分（雌、雄）；种猪的种类等。③进出口申报内容。包括进出口年月日；个体识别号码或农场识别号码；雌雄区分（雌、雄、去势、其他）及头数；牛或猪的种类；原产地（国家名）等。④转让、接收、转运（运进、运出）申报内容。包括农场识别号码；个体识别号码；转让、接收、运送申报区分；转让者、接收者姓名；居民登记号码；转让或接收年月日；如果是不知道准确的转让人、接收人的家畜交易商，登记交易商的姓名、住所、电话号码；屠宰上市的，用屠宰者提供屠宰检查证书代替。⑤死亡及家畜市场交易申报。死亡申报包括个体识别号码；死亡时间；家畜种类（牛、种猪）、死因。家畜市场交易申报包括家畜市场信息（市场名称、所在地、经营者或法人登记号码）；交易年月日；个体识别号码（牛的种类、性别、出生年月日）；农场识别号码（养殖设施所在地）；转让、接收申报区分；转让者、接收者姓名；不知准确的转让人、接收人的家畜交易商的，家畜交易商的姓名。

（三）个体识别号码赋予及耳标佩戴

个体识别号码是为识别履历管理对象家畜的个体，由农林畜产食品部赋予每个家畜的固有号码。农林畜产食品部委托机关收到牛、种猪出生（5日内）或进口申报后，赋予个体识别号码并通知申请人。申报进口牛用进口国的个体识别号码，没有标示个体识别号码或者不能和个体识别号码互换的号码体系，标示韩国农林畜产食品部规定的个体识别号码。登记牛或种猪从其他养殖场所转入或转出的，要进行移动申报；养殖中发生死亡的，要进行死亡申报。委托机关收到牛、种猪出生或死亡申报后，要在家畜及畜产品识别台账上记录管理内容。

获个体识别号码者，要在规定期限内为牛或种猪佩戴标示个体识别号码的耳标。牛出生申报后30天（肉牛7天）内、种猪登记7天内、进口牛或种猪自通关之日起要佩戴耳标。无耳朵的畸形或作为农村观光、学术研究等饲养佩戴困难的，可用标示个体识别号码的线绳佩戴，并将其事实告知当地有关部门。委托机关要在履历管理系统输入养殖户名称、养殖地、养殖种类、性别、出生年月日等信息。未佩戴耳标或未在履历跟踪系统登记的牛或猪不能交易和屠宰。采用这种方法，养殖户或经销商在家畜交易或屠宰时，用手机查询个体识别号码便可知道该家畜是否登记，养殖地路径如何。

（四）猪农场识别号码标示与管理

猪饲养头数多、时间短，以农场为单位实施履历管理（种猪除外）。农场识别号码作为履历管理的重要号码与牛个体识别号码具有相同的作用。养殖户在猪屠宰上市或运送到其他养殖场前，要在猪的右臀部标示农场识别号码（使用农场识别号码标示器），挂农场识别号码耳标的猪，可以省略臀部农场识别号码标示。所有运送的猪都要标示农场识别号码，但同一辆车只运送农场识别号码相同养殖农场猪的，可以标示部分上市猪（60 头以下的，可以标示 10 头以上，61 头以上的，标示上市的 20%）。

（五）猪养殖现状申报

猪养殖场经营者在每月最后一天至下月的 5 日前要向农林畜产食品部质量评价院申报猪的饲养现状（种猪向种猪登记机关申报），申报分共同事项和饲养现状。共同事项包括：经营者姓名、居民登记号码、农场识别号码、经营者住所、电话号码或手机号码、饲养设施所在地、饲养开始时间。饲养现状包括：猪的种类（普通品种、老品种、野猪等）、猪饲养阶段详细情况、养殖总头数。猪饲养申报人等申报内容发生变化时要申报变更家畜及畜产品识别台账登记事项。质量评价院或种猪登记机关收到养殖现状申报后通过履历管理系统输入其内容。

二、屠宰履历管理

在屠宰阶段，屠宰场经营者要向农林畜产食品部质量评价院提出申报。猪屠宰，要事先向质量评价院申请履历号码。质量评价院收到猪履历号码签发申请后，立即通过履历管理系统（或电话）将履历号码通知申请人。屠宰时，要确认牛耳标个体识别号码和猪农场识别号码。未戴耳标的牛或未标示农场识别号码的猪，以及耳标或农场识别号码标识被损坏，个体识别或农场识别困难的家畜和未在识别台账上登记的牛、种猪或不在同一台账登记的家畜饲养设施中上市的猪禁止屠宰。

对屠宰处理的履历管理家畜及国产畜产品实施检查的检查员要发给申请人记载履历号码的屠宰检查证明书。屠宰经营者要将履历号码标示在履历管理对象家畜的畜产品上。具体标示方法：①屠宰牛时，屠宰经营者要将牛的个体识别号码统一用履历号码标示在牛的屠体上；②屠宰猪时，屠宰经营者要将包括农场识别号码的履历号码标示在猪的屠体上；③标示在屠体上的履历号码要避免因移动或环境变化造成损坏或脱落，使用的标示标签要无卫生危害；④猪的履历标签用农林畜产食品部认定的机械方式标示；⑤用机械方式标示履历号码的屠宰场应定期确认履历号码标示是否正确；⑥把屠体分割2半或4半的，被分割的每个屠体都要标示相同的履历号码；⑦屠宰者屠宰因自然灾害或交通事故造成耳标脱落或损坏，难以辨认个体识别号码或农场识别号码的家畜，要向所在市、道检查员申报，经检查人员确认，通过屠宰场个体识别号码和农场识别号码发给确认台账，把农林畜产食品部发给的包括个体识别号码和农场识别号码的履历号码标示在屠体上。

屠宰场与肉包装处理厂设施直接连接，屠宰后屠体直接运送包装车间的，代替运送时履历号码，可以标示任意的号码。在包装车间完成包装处理后，将屠体运到设施外时，要标示履历号码。标示在屠体上的履历号码被污染或损坏的，屠宰者要重新标示。屠宰者屠宰后要马上收回耳标，用焚烧或粉碎等方法处理，耳标不能再次使用。

屠宰场经营者在屠宰或拍卖结束之日，要通过履历管理系统将屠宰或拍卖结果报告农林畜产食品部。报告内容包括：检查申请人和屠宰委托人姓名、企业名称、居民登记号、住所（电话号码），屠宰目的，上市农场经营者姓名、居民登记号码、住所、农场识别号码，受理号、家畜种类（牛、猪）、牛的种类（韩牛、奶牛、肉牛、进口牛）、性别（仅限牛或种猪）、年龄（仅限牛）、体重、总数量、屠宰重量、个体识别号码（仅限牛、种猪）、履历号，进口家畜的出口国名、到达检查地时间，申请时间等屠宰处理结果（表7-7）。

表7-7 牛屠宰业务流程

业务流程	实施要领
受理屠宰申请	○ 受理屠宰申请书
确认个体识别号码	○ 用个体识别扫描仪确认牛个体识别号码
卫生检查及屠宰	○ 确认上市牛耳标和申请书上的个体识别号码一致后屠宰 ○ 屠宰检查员将卫生检查结果输入计算机
标签输出及粘贴	○ 确认个体识别号码和屠宰号码是否一致 ○ 输出个体识别号码标签，贴在胴体的肋骨内
采集DNA样品	○ 等级认定师从屠体提取样品后登记个体识别号码送等级认定所
等级认定	○ 确认个体识别号码后，输入和传送等级认定详细情况

三、进口履历管理

肉包装处理厂、畜产品进口商想要进口牛肉的，在进口申报前，要向质量评价院申请履历号码。质量评价院给申请履历号码的牛肉发放履历号码。收到履历号码通知的畜产品进口商及肉包装处理厂在进口申报前要将标示其履历号码的进口流通识别表贴在进口履历畜产品上。进口流通识别表是用文字和数字及条形码记载为进口产履历畜产品的流通履历管理而设的履历号码及进口履历畜产品有关信息，制作成贴在进口产履历畜产品的包装箱等包装上的表。畜产品进口企业及肉包装处理厂按照畜产品卫生管理法申报牛肉进口时，要标示赋予的申报履历号码。食品药品安全处向牛肉进口申报者交付畜产品进口申报证明时要记载交付申报履历号码。

四、流通、销售履历管理

在流通、销售阶段，交易或包装处理履历畜产品时，包装、销售或副产品专卖业者要向质量评价院提出申报，并按农林畜产食品部规定的履历号码和管理方法在履历畜产品包装及销售标示板上标示该畜产品履历管理号码。一个产品标示一个履历号码。畜产品进口、包装处理或肉销售者、副产品专卖者及畜产品流通专卖者之间销售履历管理畜产品，要在收据或交易明细表上记载履历号码（表7-8）。

表7-8 牛履历管理各阶段业务流程

阶段	业 务	阶段	业 务
饲养阶段	○出生（进出口）申报 〈登记内容〉 —牛出生时向委托机关申报，佩戴耳标 —佩戴耳标后向履历跟踪系统输入信息 ○转让、接收、死亡 —家畜转让、接收、死亡时向委托机关申报 —屠宰上市的，把上市农户人员情况及个体识别号码等信息记载在屠宰检查申请书上通报屠宰场 ○变更申报 —在已申报的事项中，想要变更个体识别台账内容，修正遗漏错误的	屠宰阶段	○受理屠宰申请 —受理屠宰检查申请书 ○确认个体识别号码 —确认屠宰申请书与耳标个体识别号码是否一致 —确认是否在履历跟踪系统登记 ○卫生检查及屠宰 —确认上市牛的耳标是否与申请书上个体识别号码一致后 —检查员把卫生检查结果输入电脑（合格/不合格） ○输出标签及附着 确认牛和标在屠体上的个体识别号码是否一致 —输出个体识别号码标签附着在屠体排骨内 ○提取DNA样品 —畜产品质量评价师从屠体提取试验样品后登记个体识别号码，邮寄到畜产品质量评价院本院 ○输入等级结果 —畜产品质量评价师确认个体识别号码后，输入等级认定明细及传送资料

（续）

阶段	业　务	阶段	业　务
包装处理阶段	○加工厂入库 —确认进入加工厂仓库屠体与交易明细书的个体识别号码是否一致 ○剔骨、整形 —确认进入加工厂仓库的屠体个体识别号码后，分部位剔骨、整形，避免个体混淆 ○分部位包装 —把分部位包装的分割肉上标示个体识别号码的标签加施在包装纸上 ○盒包装 —外包装加施与分部位包装的分割肉的个体识别号码一致的标签，每个小包装纸都标示个体识别号码 ○上市 —确认交易明细表和个体识别号码一致后出库上市	贩卖阶段	○贩卖场入库 —确认入库的部位分割肉与交易明细表的个体识别号码是否一致 —在交易明细表上登记管理个体识别号码等 ○部位肉小分割 —确认个体识别后小分割 —在小包装精肉包装纸上标示与牛肉个体识别号码统一的号码 ○个体识别号码公示后销售 —在牛肉或橱窗、肉标示板上公示个体识别号码销售 —小包装销售时，每个包装纸佩戴标示个体识别号码的标签后销售 ○履历信息公开 —通过手机、触摸屏、因特网等公开牛肉履历信息
DNA同一性检查	○保存样品采集 —在屠宰场采集保存 DNA 后运送到等级认定所 ○抽样保存 —把采集的 DNA 样品放到等级认定所保存 ○检查样品采集 —在加工厂、贩卖场采集检查用 DNA ○DNA 同一性检查 —DNA 提取，PCR 扩增，电泳分离，解读 DNA ○DNA 同一性确认 —确认在屠宰场采集的样品是否与加工厂和贩卖场收回的样品 DNA 同一性		

五、家畜及畜产品履历管理的监督与管理

为了认真履行《关于家畜及畜产品履历管理的法律》规定，农林畜产食品部或市道对无正当理由，不遵守法律有关规定的家畜所有者、农场经营者、履

历管理对象家畜进出口者、家畜市场开设者、屠宰业者、畜产品进出口者、食品包装处理者、畜产品流通专卖店等生产或经营者责令限期纠正；必要时，可以让其报告有关事项或派公务员（包括依法从事委托业务的公共机关）到家畜饲养设施、事务所、作业场所及其他场所现场检查，无偿采集检查所需要的最少量的试验样品。被检查者无正当理由不得拒绝、妨碍或逃避。在检查中发现有未申请发放农场识别号码者、未进行变更申报或虚假申报者、违反法律规定申报者、未佩戴标示个体识别号码的耳标标示等行为者处 500 万韩元以下罚款。对违反法律有关规定，泄露或无权限处理，或向他人提供个人或法人团体的经营商和营业商机密等作为不正当的目的使用者处 3 年以下徒刑或 3 000 万韩元以下罚金。对违反法律规定，虚假申请、虚假申报者或虚假标示农场识别号码等行为者处 500 万韩元以下罚款。对依法处以罚金，或连续 2 次被罚款者，要在农林畜产食品部及韩国消费者院等网站上公布其违反事实。

第八章 危害要素重点管理标准制度

第一节 概　述

一、危害要素重点管理标准制度（HACCP）概念与构成

韩国危害要素重点管理标准制度，又称安全管理认证制度（2014年1月31日更名为安全管理认证制度，本书仍使用原来名称）是国际通用的危害分析关键控制点（HACCP）管理制度。国际标准 CAC/RCP-1《食品卫生通则》（1997修订3版）把 HACCP 定义为：鉴别、评价和控制对食品安全至关重要的危害体系。

韩国《食品危害要素重点管理标准》（食品药品安全处公告2013—79号）定义：危害要素重点管理标准，是指在食品的原料管理、制作、加工、烹饪、流通等过程中为防止食品掺杂危害物质或食品污染，确认、评价各个过程的危害要素重点管理的标准。危害要素重点管理标准制度，是指在食品的原料生产、管理、制作、加工、包装、流通等全部阶段中把握各道工序可能发生危害要素的重要管理点，制定实施重点防止在其管理点中发生危害的管理标准的制度。该制度是为制定防止危害要素及管理方法而建立的预防制度。它不是广泛地管理全部阶段，而是通过事先集中管理可能发生的危害阶段，提高卫生管理系统的效率。

危害要素重点管理（HACCP）是危害分析（HA）和重要管理点（CCP）的合成用语，也就是说危害要素重点管理（HACCP）由危害分析（Hazard Analysis：HA）和重要管理点（Critical Control Point：CCP）两方面构成（图8-1）。危害分析是为鉴别可能给食品安全造成影响的危害要素和可能诱发危害要素的条件是否存在而收集和评价必要信息的一系列过程。或者说是对生产、加工、销售、原料利用或食品消费过程中各个过程的评价。它主要包括：①确定可能含有有害物质、病原菌或大量腐败微生物、有潜在危险的原料和食品，并且确定维持微生物生长的条件。②通过观察加工的每个步骤和操作过程，确定化学和微生物学污染的来源以及特定点。③确定在某加工中可能存在的微生物或有毒物质。④确定微生物增殖的可能性。

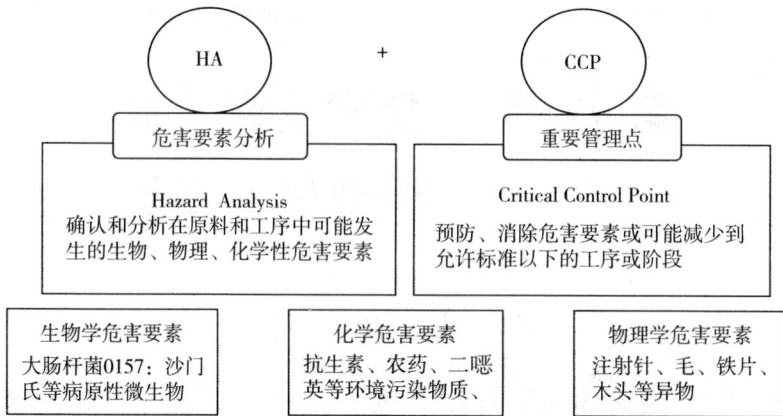

图 8-1　危害要素重点管理标准（HACCP）构成

　　重要管理点是应用危害要素重点管理标准，预防、消除食品的危害要素或使其减少到允许标准以下，能够确保该食品安全的重要阶段和过程或程序。例如，水产品重要管理点是指防止或消除水产品中可能发生的危害，或能减少到可允许的标准的阶段。这些重要阶段和过程或程序如果不进行适当控制，可能引起食源性病菌或腐败菌的污染、存活或生长，使产品不能食用或因产生、存在微生物代谢物而不能食用。

　　危害要素重点管理作为自主、系统、有效的管理，是为确保食品安全建立的科学卫生管理体系。食品行业用它来分析食品生产的各个环节，找出具体的安全卫生危害，通过采取有效的预防控制措施，对各个环节实施严格监控，从而实现对安全食品卫生质量的有效控制，是企业建立在良好操作规范（GMP）和卫生标准操作程序（SSOP）基础上的食品安全自我控制的最有效手段之一。实施危害要素重点管理（HACCP）的目的是对食品生产、加工进行最佳管理，为消费者提供更安全的食品，从而保护国民健康。

二、危害要素重点管理（HACCP）原理与步骤

　　韩国危害要素重点管理体系是按照国际食品法典委员会（CODEX）规定的世界通用的 7 大原理和 12 个步骤组织实施的。为了加深韩国危害要素重点管理体系的了解，这里对世界各国应用的 HACCP 基本原理与步骤作简单介绍。

　　HACCP 7 大原理是指在制定 HACCP 管理计划中分阶段应用的主要原理。HACCP 12 个步骤由 5 个前期准备阶段和 HACCP 7 大原理组成。HACCP 系统的 12 个步骤中前 5 项是前期准备阶段，后 7 项为 HACCP 体系基本原理（图 8-2）。HACCP 制度的基本概念主要是按照基本原理实施的，其中危害分析（HA）

和重要管理点（CCP）是核心，也就是说 HACCP 制度是以危害分析（HA）和重要管理点（CCP）为主体的确保食品安全的制度（图 8-2）。

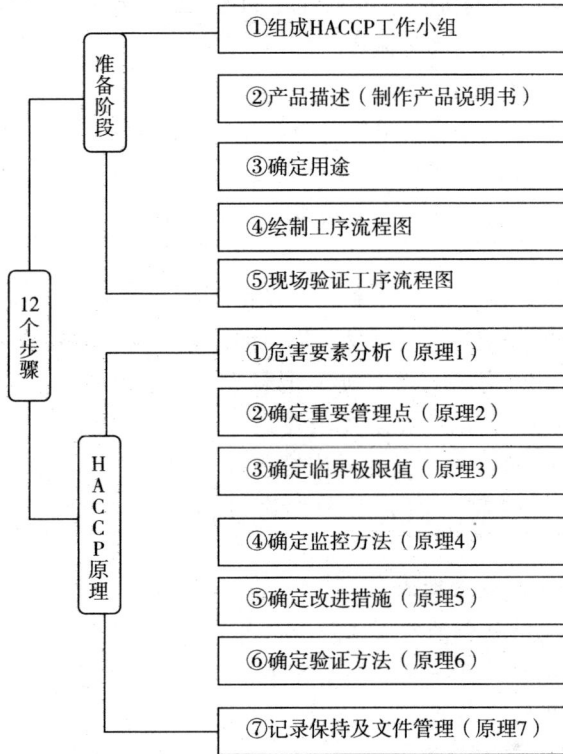

图 8-2　危害要素重点管理（HACCP）12 个步骤

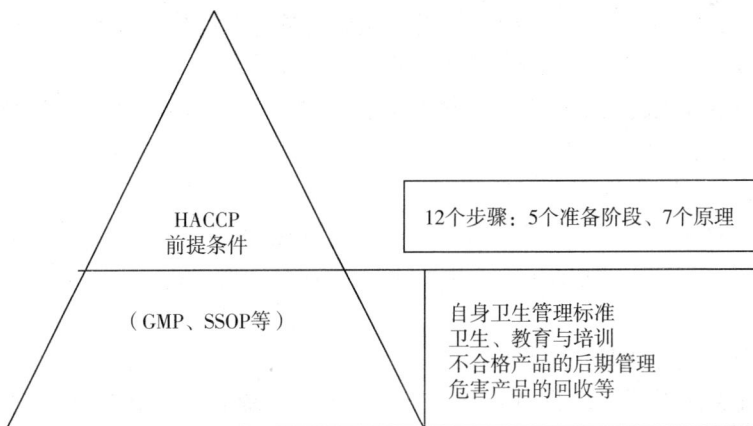

图 8-3　HACCP 结构与应用体系图

GMP：建筑物的位置、设施及设备结构材质等标准。
SSOP：营业场所及从业人员卫生管理、用水管理、贮藏及运输管理、检查管理、回收管理等运营程序。

（一）危害要素重点管理 5 个前期准备阶段

HACCP 5 个前期准备阶段包括组成 HACCP 小组、产品描述、确定预期用途、绘制流程图和现场确认流程图。

1. 组成 HACCP 小组

组成 HACCP 小组是进行危害分析、制定 HACCP 计划的重要步骤。该小组由生产、技术、设计、研究/开发、质量认证（QA）/质量控制（QC）部门的代表和微生物专家等组成。专家可以是企业内部的，也可以是企业外部的。

2. 产品描述

HACCP 小组成立后，首先要制定产品说明，对特定产品进行描述，包括有关安全方面的信息等，如：品目、加工流水线、食品成分、加工方法、包装形式、销售和贮存方式等，充分记载 HACCP 产品的信息或流通条件等内容。在韩国 HACCP 水产养殖场填写的《HACCP 管理标准书》中的《鱼类说明书》即为产品描述。其主要内容包括"产品名称、用途、填写人及填写时间、养殖鱼类规格、购买者和上市地点及上市搬运人、其他必要事项"等。

3. 确定预期用途和消费者

首先考虑产品的预期消费群体及消费者（如一般公众、老年人、婴儿等），确定食品的预期用途，即产品的使用方法，将会出现哪些错误使用方法，会对健康带来哪些后果等。

4. 绘制产品工序流程图

流程图是对加工过程的每一个步骤用简单的符号或语言进行表述，对加工过程的全面说明。HACCP 小组通过对从业人员的实际作业观察后，从原料的运输到最终产品上市，绘制一系列制造或加工工序的流程图、了解加工工序的作业内容以及设施内的平面、立体配置的制造工序一览表、标准作业程序书、设施图等。流程图表要力求简单扼要、清晰易懂、一目了然，覆盖加工的所有步骤和环节，给 HACCP 小组和验证检查人员提供重要的视觉工具。例如，韩国 HACCP 水产养殖场生产工序流程图包括生产流程图、养殖场平面图（养殖设施、养殖管理设施、出入者通道、消毒设施等）、用水及排水处理系统等。

5. 现场确认工序流程图

为确保流程图的精确性，HACPP 小组应对流程中列出的制造工序一览表、标准作业程序书、设施图等一系列流程图表进行现场确认，使流程图表与生产实际相一致。通过深入调查，让 HACCP 小组成员对产品的加工过程有全面的了解。

（二）危害要素重点管理（HACCP）7原理

1. 危害分析

危害分析是建立 HACCP 体系的基础，也是食品安全管理体系的核心。在制定 HACCP 计划的过程中，最重要的是确定所有涉及食品安全的显著危害，并采取相应的措施加以控制。危害分析分三个阶段：第一，按原料和工序全面掌握生物、化学、物理的危害因素和发生原因，并目录化；第二，评价被掌握的潜在危害要素的危害，可以利用危害评价标准进行；第三，用安全的水平预防被掌握的潜在危害要素的发生原因和各危害要素，或者确认是否有能减少到完全消除或可能允许的水平的预防措施，用哪一种预防措施能控制各种危害要素。危害分析由 HACCP 工作小组实施。

2. 确定重要管理点

重要管理点，也称关键控制点（CCP），是能进行有效控制危害的加工点、步骤或程序，通过有效控制，防止发生、消除危害，使之降低到可接受水平。不同行业、不同生产厂家以及不同的产品和不同的生产工艺的重要管理点不同，同一步骤中不同危害的重要管理点也不同。确定重点管理点要结合实际生产情况，因地制宜。

3. 确定临界极限值

临界极限值，或称关键限值，是指为在各个重要管理点上把物理、化学、生物学的危害控制在预防、消除或允许的范围内而管理的标准的最大或最小值。或者说，在确定重点管理点后，还要设定发生在各个重要管理点的危害的可接受的最低水平，即建立临界极限值。临界极限是确保食品安全的底线，每个重要管理点必须有一个或多个临界极限值。在这些标准上被利用最多的是温度、时间、湿度、水分活性、pH 值、酸度、盐分浓度等。临界极限标准要根据制造标准科学的数据确定，并且要合理、适宜、可操作性强、符合实际和实用。临界极限值既不能过严，也不能过松。

4. 确立监控程序

所谓监控，是指为了确认重要管理点在临界极限的范围内管理进行的观察、测定或检查。监控多采用物理或化学的方法，一般常用的设备有温度计、钟表、pH 计、盐度计等。在各个重要管理点上指定监控人很重要。被指定的监控人要接受必要的培训，使其能正确地记录所有结果。应用监控结果来调整和保持生产处于受控状态。企业要制定并执行监控程序，以确定产品的性质或加工过程是否符合临界限值。

5. 确立改进措施

确立改进措施，是指监控表明偏离临界极限或不符合临界极限时采取的程序或行动，即通过监控显示原有控制措施未达到控制标准时需立即采用的替代措施。一旦出现偏离临界极限值的现象，就应该立即采取纠正措施。即，纠正或消除产生偏离临界极限的原因，重新加工控制，将重点管理点（CCP）返到受控状态之下；确定在偏离期间生产的，应决定如何处理。采取纠正措施包括产品的处理情况时应加以记录。

6. 确立验证程序

建立证明危害要素重点管理体系有效运行的验证程序，验证危害要素重点管理体系是否按照危害要素重点管理（HACCP）计划运转，或者是否需要修改计划，以及再确认生效使用的方法、程序、检测及审核手段。确认危害要素重点管理体系是否正常运行，可由质检人员和卫生管理机构的人员共同参加。

7. 确定有效记录的保持程序

保持记录并保持书面的计划和计划运行记录，建立有效的记录程序系统要按照危害要素重点管理（HACCP）计划规定，有效记录卫生管理的方法、责任人、方式等，并按其执行。在实施危害要素重点管理（HACCP）计划期间，如果不保持连续、可信的记录，危害要素重点管理（HACCP）制度就不能建立。另外，这些记录在修正危害要素重点管理（HACCP）计划时要能够使用。危害要素重点管理（HACCP）制度的优点是通过实施工序管理，让经营者及行政责任人都能获得客观、合适的记录。

三、危害要素重点管理前提要件

危害要素重点管理是建立在良好操作规范（GMP）和卫生标准操作规程（SSOP）等良好运行基础之上的。或者说危害要素重点管理前提要件是危害要素重点管理计划的基础。要使危害要素重点管理体系发挥作用，首先要建立实施良好操作规范（GMP）和卫生标准操作规程（SSOP）等必备程序。危害要素重点管理（HACCP）计划要在确保安全、卫生的食品生产所需要的环境和作业活动的先行要件的基础上制定。

良好操作规范（GMP）是世界卫生组织（WHO）对所有制药企业质量管理体系的具体要求。国际卫生组织规定，从 1992 年起出口药品必须按照良好操作规范（GMP）规定生产，药品出口必须出具良好操作规范（GMP）证明文件。良好操作规范（GMP）在世界范围内已经被多数国家的政府、制药企业和医药专家一致公认为制药企业和医院制剂室进行质量管理的优良、必备制度。

良好操作规范（GMP）最早较多地用于制药工业，因其具有专业特性的品质保证，所以许多国家将其用于食品工业。良好操作规范用于食品工业强调的是食品企业最常识的生产卫生要求，其内容包括硬件和软件两个方面。所谓硬件是指人员要求、厂房与设施、设备等规定；软件是指组织、规程、操作、卫生、记录、标准等管理规定。

食品标准操作程序（SSOP）是食品生产企业为了使其加工的食品符合卫生要求制定的指导食品加工过程中如何具体实施清洗、消毒和卫生保持的作业指导文件，以食品标准操作程序（SSOP）文件的形式出现。它强调的是生产环境与个人卫生的控制，主要包括：①与食品接触或与食品接触物表面接触的水（冰）的安全；②与食品接触的表面（包括设备、手套、工作服）的清洁度；③防止发生交叉污染；④手的清洗与消毒，厕所设施的维护与卫生保持；⑤防止食品被污染物污染；⑥有毒化学物质的标记、储存和使用；⑦雇员的健康与卫生控制；⑧虫害的防治等。

危害要素重点管理（HACCP）前提要件根据企业或农场生产品种及经营状态各有不同，但一般是指从原料购买开始，在贮藏、加工、包装、产品出库等生产过程中为确保食品安全支持危害要素重点管理（HACCP）体系的管理方法。例如，家畜养殖场危害要素重点管理（HACCP）的先行要件主要包括畜产品作业场所管理的卫生管理体系和符合饲养不同家畜的卫生管理程序，畜产品危害要素重点管理标准等相关规定要求条件的隔离防疫管理、农场设施管理、农场卫生管理、饲料和动物用药、饮水及疾病管理、运输、上市管理等。要按照这些必备程序规定作业负责人、作业内容、实施频率、实施状况检查及记录方法，编制具体的标准书让农民严格遵守，并完整地保存记录。食品加工厂、健康功能食品加工厂、集体食堂、集体食堂销售场所前提要件包括：营业场所管理；卫生管理；制作、加工、烹调设施、设备管理；冷藏、冷冻设施、设备管理；用水管理；保存、运输管理；检查管理；召回计划管理（表8-1）。其他食品销售店包括：入库管理；保存管理；作业管理；包装管理；陈列、销售管理；退货和回收管理等。

表8-1 HACCP 应用企业（食品加工企业标准）先行要件遵守事项概要

管理项目	具体事项
营业场所管理	⊙作业场所：独立建筑物，与食品管理以外设施分离 ⊙地面、墙壁、天棚：使用防水和隔热材质，保持干燥状态 ⊙热水及管道：排水通畅，防止逆流 ⊙进出口：分区域公布着装方法，具备清洗、干燥、消毒设备 ⊙通道：标示移动路线，路线内无障碍物，禁止改变其他用途 ⊙窗户：玻璃破损时，及时清理玻璃碎片 ⊙采光及照明：保持肉眼能看清的照明度（540LX） ⊙卫生间、更衣室：具备通风设施，外套及卫生服分类保管，防止交叉感染

（续）

管理项目	具体事项
卫生管理	⊙作业环境：防止工序之间污染，温度和湿度、通风设施、防虫、防暑管理 ⊙个人卫生管理：穿戴卫生服、卫生帽、卫生靴 ⊙废弃物管理：废弃物设施设在与作业场所隔离处 ⊙清洗或消毒：设定标准，确保设施和装备
制作、加工、烹调设施及设备管理	⊙合理安装，防止工序之间、设施之间污染 ⊙定期检修，保存检修结果
冷藏、冷冻设施及设备管理	⊙冷藏设施内温度保持在10℃以下，冷冻设施保持在－18℃以下
用水管理	⊙使用符合自来水或饮水水质标准的地下水
保存和运输管理	⊙购入及入库：只购买符合入库标准及规格的原料 ⊙运输：冷藏车保持在10℃以下，冷冻设施保持在－18℃以下 ⊙保存：认真记录管理入库和出库状况
召回程序管理	⊙制定并运营不合格或退货产品召回程序

参考资料：韩国食品危害要素重点管理标准（第2011-24号）表1。

从而看出，如果良好操作规范（GMP）、食品标准操作程序（SSOP）等设计不合理，危害要素重点管理（HACCP）体系就不能正常运行。因为危害要素重点管理（HACCP）体系是在基本卫生管理制度——先行要件程序的基础上形成的，是根据危害要素重点管理（HACCP）计划事先重点管理和消除在先行要件中不能管理的危害要素体系。

第二节　危害要素重点管理（HACCP）的历史发展

一、世界发达国家的 HACCP 历史

危害要素重点管理（HACCP）制度是目前为止开发的最科学、系统的卫生管理制度，在许多先进国家为了确保食品的安全性，通过农畜水产品生产和管理，已经建立这项制度。该制度于20世纪60年代初开始在食品应用。当时为了生产100％的航天安全食品，美国的皮尔斯伯里（Pillsbury）公司与宇航局（NASN）和美国陆军Natick研究所共同开发。1971年在美国国家食品保护委员会上首次提出HACCP概念，当时HACCP原理由"危害分析及危害评价"、"重点管理决定"及"重点管理监视"三大原理构成。1973年美国食品药物管理局（FDA）决定在低酸罐头食品的良好生产规范（GMP）中采用。

1977 年美国水产界的专家 LEE 首次将 HACCP 概念运用于水产品。1985 年美国科学院（NAS）食品保护委员会就食品法规中 HACCP 有效性发表了评价结果。1986 年，美国国会要求美国海洋渔业服务处（National Marine Fisheries Service，NMFS）研究制定一套以 HACCP 为基础的水产品强制稽查制度。1988 年美国国际食品微生物标准委员会（International Commission of Microbiological Specializations on Food ICMSF）在原来 HACCP 三大原理的基础上追加四大原理，形成现在的 HACCP 七大原理。随后由美国农业部食品安全检验署（FSIS）、美国陆军 Natick 研究所、食品药物管理局（FDA）、美国海洋渔业局（NMFS）四家政府机关及大学和民间机构的专家组成的美国食品微生物学基准咨询委员会（NACMCF）于 1992 年采纳了食品生产的 HACCP 七原理基本框架。1993 年 FAO/WHO 食品法典委员会批准了《HACCP 体系及其应用准则》。后来世界各国为确保食品安全，开始采用或准备采用 HACCP 体系。美国食品药物管理局（FDA）在 1995 年 12 月颁布了强制性水产品 HACCP 法规，又宣布自 1997 年 12 月 18 日起所有对美出口的水产品企业都必须建立 HACCP 体系，否则其产品不得进入美国市场。从 1998 年 1 月开始，在美国 500 名以上的大型屠宰场实施 HACCP 体系，同时美国食品药物管理局（FDA）鼓励并最终要求所有食品工厂都实行 HACCP 体系，从 2001 年开始美国肉食加工厂全部实行 HACCP 管理。1997 年食品法典委员会颁布新版《HACCP 体系及其应用准则》，并被多个国家采用。

欧盟从 1995 年开始，出口会员国的所有食品均义务实施 HACCP 管理，2006 年欧盟会员国所有食品制造加工业全部义务应用 HACCP 原理。日本于 1995 年 7 月开始根据食品卫生法，对出口欧盟水产食品、1996 年 12 月对屠宰场卫生管理、1998 年对乳制品实行 HACCP 管理。澳大利亚 1997 年 1 月在屠宰场实行 HACCP 管理。目前加拿大、澳大利亚、英国、日本等许多发达国家都在推广和采纳 HACCP 管理体系，并分别颁发了相应的法律法规，针对不同种类的食品分别提出了 HACCP 管理模式。

二、韩国 HACCP 的历史发展

（一）食品加工业 HACCP 的发展历程

为了确保食品安全，不断提高食品产业的国际竞争力，韩国从 1992 年开始在食品产业进行 HACCP 管理体系研究，1994 年进行火腿、香肠的危害要素分析，制定加工及卫生管理标准。1995 年 10 月在 4 个大型企业实施 HACCP 管理示范，同年 12 月修订《食品卫生法》，新设食品危害要素重点管理标准（HACCP），从而构筑了 HACCP 管理体系法律框架。1996 年 6 月对

HACCP 示范企业进行综合评价，同年 12 月保健福祉部制定并公布食品危害要素重点管理标准（HACCP），确定肉食加工中的火腿、香肠类为适用对象，引导希望实施 HACCP 管理的企业自律管理。1997—2002 年政府制定海鲜加工品、冷冻水产品、冷冻食品、冰果类、便当类、集体配给类、食品营业场所、烹饪食品、冷饮、蒸煮食品等 HACCP 应用标准（1998 年 8 月制定畜产品危害要素重点管理标准）。2002 年 8 月修订《食品卫生法》，确立了 HACCP 义务应用的法律依据（食品卫生法第 32 条之 2），2003 年 8 月修订该法实施规则，将 HACCP 自律适用体系转为自律与义务适用并行体系，指定义务适用企业。从 2006 年 12 月开始先后对鱼肉加工品中鱼糕类、冷冻食品类（比萨、饺子、面类）、冷冻水产食品（鱼类、软体类、调味加工品），冰果类、冷饮、蒸煮食品、辣白菜等 7 类食品制作、加工企业，按销售额或从业人员数分四个阶段（每 2 年为一个阶段）义务实施 HACCP 管理（表 8－2）。2014 年 1 月开始将义务适用对象扩大到儿童食品等 8 个品种，计划到 2020 年完成，其中年销售额 100 亿韩元以上食品加工企业计划到 2017 年全部义务适用。

表 8－2　鱼肉加工中鱼糕等 7 个品种分阶段按销售额及从业人员义务适用推进情况表

义务适用品种	计划推进时间（2006—2012）	年度销售额及从业人员数
鱼肉加工品（鱼糕类）、冷冻水产食品（鱼类、软体类、调味品）、冷冻食品（比萨、饺子、面类）、冰果类、冷饮、蒸煮食品	2006 年 12 月	年销售额 20 亿韩元以上，从业人员 51 人以上
	2008 年 12 月	年销售额 5 亿韩元以上，从业人员 21 人以上
	2010 年 12 月	年销售额 1 亿韩元以上，从业人员 6 人以上
	2012 年 12 月	年销售额 1 亿韩元以下或从业人员 5 人以下
⑦白菜泡菜（6 个品种）	2008 年 12 月	年销售额 20 亿韩元以上，从业人员 51 人以上
	2010 年 12 月	年销售额 5 亿韩元以上，从业人员 21 人以上
	2012 年 12 月	年销售额 1 亿韩元以上，从业人员 6 人以上
	2014 年 12 月	年销售额 1 亿韩元以下或从业人员 5 人以下

根据韩国食品卫生法实施规则（2014 年 5 月 9 日施行）规定，从 2014 年 12 月 1 日起到 2020 年 12 月 1 日止，将 HACCP 义务应用范围扩大到儿童食品，即饼干、糖果、面包和糕点、巧克力、鱼肉香肠、饮料、即食食品、面条、方便面及特殊用途食品等 8 个品目，计划指定企业 7 055 个、品目 10 289 个（表 8－3）。

表 8 - 3 儿童食品及定点生产制造企业分阶段义务应用计划表（2014—2020 年）

儿童食品等 8 个品种	对象企业 （对象品目）	1 阶段 （2014 年 12 月 1 日开始）	2 阶段 （2016 年 12 月 1 日开始）	3 阶段 （2018 年 12 月 1 日开始）	4 阶段 （2020 年 12 月 1 日开始）
全部	7 055 （10 289）	527 （1 731）	725 （1 352）	1 483 （2 191）	4 320 （5 015）
HACCP 指定	300 （569）	169 （390）	55 （88）	43 （56）	33 （35）
HACCP 未指定	6 755 （9 720）	358 （1 341）	670 （1 264）	1 440 （2 135）	4 287 （4 980）

对上述 8 种儿童食品分不同食品类型按 2013 年销售额和从业人数分四个阶段实施：第一阶段：从 2014 年 12 月 1 日开始年销售额 20 亿韩元以上，从业人员 51 人以上企业；第二阶段：从 2016 年 12 月 1 日开始年销售额 5 亿韩元以上，从业人员 21 人以上的企业；第三阶段：从 2018 年 12 月 1 日开始年销售额 1 亿韩元以上，从业人员 6 人以上；第四阶段：2020 年 12 月 1 日开始年销售额 1 亿韩元以下，从业人员 5 人以下企业。另外，从 2017 年开始在销售额 100 亿韩元以上食品加工企业义务实施。

（二）家畜和畜产品 HACCP 的发展历程

从 1994 年开始到 1996 年，当时农林部为有效建立家畜和畜产品 HACCP 管理体系，开展肉食处理场（屠宰场及宰鸡场）及流通过程中的畜产品卫生安全管理措施的综合调查研究。在 1996 年 12 月公布食品危害要素重点管理标准后，从 1997 年到 1998 年通过对危害要素重点管理标准的适用研究，开发了韩国畜产品作业场 HACCP 模型。1997 年 12 月农林部修订《畜产品加工处理法》，开始在屠宰场及畜产品加工厂（含肉食包装处理业）建立义务适用 HACCP 管理制度。1998 年 6 月把畜产品加工卫生业务从当时的保健福祉家族部移交给农林水产食品部，同年 8 月制定畜产品危害要素重点管理标准，畜产品从生产到销售全过程实施 HACCP 管理。2000 年 7 月至 2003 年 6 月在屠宰场逐步义务实施 HACCP 管理，2001 年在肉食包装处理业、2004 年 1 月在流通阶段的集乳业（原乳收集、过滤、冷却、储藏业）、畜产品运输业、畜产品销售业自律适用。2005 年 1 月开始实行饲料加工厂的 HACCP 认证。2006 年 3 月确立家畜饲养阶段 HACCP 管理的法律依据，当年在养猪场、2007 年在养牛场、2008 年在养鸡场、2009 年在养鸭场等分阶段推进（表 8 - 4）。2001 年

3 月修订《饲料管理法》，为饲料 HACCP 管理准备法律依据。2005 年 1 月首先对配合饲料加工厂实施 HACCP 管理。

表 8 - 4　畜产品 HACCP 适用时间一览表

业种别	适用时间	具体内容
畜产品加工厂	1998 年 8 月	肉制品、乳制品，乳加工品，希望企业自律适用（2015.1.1—2018.1.1 按规模义务适用）
屠宰场	2000 年 7 月	2002.7.1—2003.7.1 按规模分年度义务适用
肉食包装处理业	2001 年 9 月	肉包装，希望企业自律适用
饲料加工厂	2005 年 1 月	配合饲料加工厂，希望企业自律适用
肉食销售场	2005 年 11 月	肉食商店，希望企业自律适用
养猪场	2006 年 12 月	养猪场，希望农场自律适用
养牛场	2007 年 11 月	养牛场，希望农场自律适用
集乳场	2007 年 11 月	集乳业，希望企业自律适用（2014 年 7 月 1 日—2016 年 1 月 1 日按规模分阶段义务适用）
畜产品储藏业	2007 年 11 月	畜产品储藏业，希望企业自律适用
畜产品运输业	2007 年 11 月	畜产品运输业，希望企业自律适用
养鸡场	2008 年 8 月	养鸡场，希望企业自律适用
养鸭场	2009 年 7 月	养鸭场，希望企业自律适用
蛋类收购售业适用	2011 年 4 月	蛋类收购销售企业自律适用
鹌鹑养殖场	2011 年 6 月	作为非公布品种鹌鹑养殖场希望企业自适用

（三）出口水产品及国内生产和上市前水产品 HACCP 的发展历程

1998 年 2 月 12 日韩国保健福祉部修改 HACCP 管理标准时，追加冷冻水产食品中的鱼类、软体类、贝类、甲壳类、调味加工品等为 HACCP 管理对象。海洋水产部于 2003 年 2 月和 5 月分别对出口水产品、水产加工品和国内生产养殖水产品实施 HACCP 管理。国内生产和上市前水产品危害要素重点管理标准适用对象主要包括陆上海水和淡水养殖渔业，管理品种重点为牙鲆、鳟鱼、鲤鱼和鳗鱼。

第三节　韩国危害要素重点管理制度应用现状

韩国食品危害要素重点管理（HACCP）分别由食品药品安全处、农林畜产食品部和海洋水产部按照不同法律实施管理。食品药品安全处依照《食品卫生法》，分不同品种制定危害要素重点管理标准，并对食品加工实施 HACCP 管理；农林畜产食品部依照《畜产品卫生管理法》对家畜养殖到上市销售前阶段实施 HACCP 管理；海洋水产部依据《农水产品质量管理法》对出口水产品、水产加工品和国内水产生产、上市前阶段实施危害要素重点管理。

一、食品加工危害要素重点管理（HACCP）情况

韩国自 1995 年推行危害要素重点管理（HACCP）体系以后，认证企业和指定品种数量不断增加。据不完全统计，从 2007 年到 2014 年 4 月 30 日，有 2 644 家企业（品种 4 471 件）分阶段实施危害要素重点管理（HACCP），其中义务实施 HACCP 管理企业 1 505 个（品种 2 028 件），占义务适用对象企业 （1 752 个）85.90%，自律适用企业 1 538 个（表 8 - 5）。

表 8 - 5 危害要素重点管理（HACCP）指定企业现状

区分	对象企业	指定企业数（品种件数）							
		2007	2008	2009	2010	2011	2012	2013.	2014 年 4 月 30 日
全部	23 502 （40 911）	337 （306）	442 （475）	563 （726）	797 （1 153）	1 163 （1 837）	1 809 （3 029）	2 408 （4 074）	2 644 （4 471）
义务适用	1 752 （2 142）	180 （172）	263 （272）	320 （341）	462 （534）	703 （845）	1 130 （1 448）	1 417 （1 887）	1 505 （2 028）
自律适用	21 750 （38 769）	157 （147）	193 （203）	299 （385）	429 （619）	618 （992）	1 008 （1 581）	1 397 （2 187）	1 538 （2 443）

注：据韩国海洋水产开发院朱闻培、李玄栋《强化国际竞争力的水产食品政府认证制度改善方案》（2011 年 12 月）记载，截至 2011 年 4 月末，食品药品安全厅（现食品药品安全处）HACCP 管理企业 1 342 家，其中水产食品制作企业 402 家，占全部登记的 30%。按地区分，釜山 103 家，占 25.6%；仁川和京畿 100 家，占 24.9%；蔚山和庆尚南道 53 家，占 13.2%。按品种分，冷冻水产食品制作企业 285 家，占 70.9%；鱼糕类 65 家，占 16.2%；水产加工品 34 家，占 8.5%。

二、家畜和畜产品危害要素重点管理（HACCP）情况

韩国从家畜养殖场到饲料加工、屠宰、包装处理、畜产品加工、畜产品储藏、运输、销售等所有领域全面推行危害要素重点管理（HACCP）（表8 - 6）。除屠宰场最早义务适用外，从 2014 年 7 月 1 日和 2015 年 1 月 1 日开始，又分别在集乳场和乳制品厂义务实施。

表 8-6　家畜和畜产品 HACCP 适用情况一览表

区　　分		适用品种
家畜饲养业		养牛场，养猪场，养鸡场，鹌鹑养殖场，养鸭场
屠宰业		牛、猪、鸡、鸭
集乳业		集乳场
畜产品加工业	乳制品业（12）	牛奶类、低脂肪牛奶类、加工乳类、发酵乳类、浓缩乳类、乳糕类、奶油类、天然奶酪、加工奶酪、调制乳类、冰淇淋类、奶粉类
	肉制品业（8）	火腿、香肠类、咸猪肉、调料肉类、粉碎加工肉制品、烘干储藏肉类、排骨加工品、肉提取加工品
	蛋制品业（5）	全蛋液、蛋黄液、蛋白液、蛋加热成型制品，盐渍蛋
包装处理业		包装肉（牛奶、猪肉、鸡肉等）
畜产品储藏业		畜产品储藏仓库
畜产品运输业		肉运输业
畜产品销售业		肉销售业，蛋类收购销售业
饲料制造业		配合饲料工厂

据韩国农村经济研究院在《危害要素事先管理体系（GAP、HACCP）义务化方案研究》（2012 年 6 月）中记载，从 1998 年建立畜产品危害要素重点管理（HACCP）制度后，加工厂、销售店、农场等自律适用范围逐渐扩大。2003 年开始在屠宰场义务实施，到 2012 年 7 月，农林畜产食品部指定畜产品义务适用企业 4 464 个（包括屠宰场），占应指定企业 5.9%；饲料加工厂 98 个，指定 87 个，占 89%。认定农场虽然呈上升趋势，但所占比重不大，在 19 080 个企业中有 2 553 个获得 HACCP 认证，占 13.4%。虽然在所有屠宰场义务适用危害要素重点管理（HACCP），但在设施和运用能力方面还达不到消费者的要求。畜产品加工企业 4 708 个，认证 1 282 个，占 27.3%，占产量的 76.5%。虽然流通比其他阶段进展缓慢，但以大型流通网为中心发展空间较大。肉销售企业认证 303 个，占 0.6%（表 8-7）。

表 8-7　畜产品 HACCP 应用现状（2011 年 7 月）

区　　分		对象企业数	指定企业数		生产比重（%）	备考
			个	%		
饲料	配合饲料	98	87	88.8	99.2	

（续）

区 分			对象企业数	指定企业数		生产比重（％）	备考
				个	％		
农场	牛	韩牛	9 806	1038	10.6	8.9	
		奶牛	4 278	336	7.9	5.1	
	猪		2 943	595	20.2	18.3	
	鸡	肉鸡	874	232	26.5	22.6	
		蛋鸡	578	313	54.2	32.8	
	鸭		601	39	6.5	12.4	
	小计		19 080	2 553	13.4	25.4	
屠宰	牛、猪		101	101	100	100	义务应用
	鸡		45	45	100	100	义务应用
	鸭		12	12	100	100	义务应用
集乳业			61	26	42.6	40.0	
加工	肉包装处理业		2 757	901	32.7	47.7	
	肉加工业		1 618	285	17.6	54.4	
	乳加工业		205	70	34.1	96.3	
	蛋加工业		128	27	21.1	60.0	
	小计		4 708	1 282	27.3	76.5	
流通销售	贮藏业		264	7	2.7		
	运输业		1 844	21	1.1		
	肉销售业		48 525	303	0.6		
	肉蛋销售业		—	8			
	小计		74 738	4 446	5.9		包括屠宰场

资料来源：韩国农村经济研究院《危害要素事先管理体系（GAP、HACCP）义务化方案研究》（2012年6月）引自《促进畜产品发展对策》农林水产食品部（2011）。

三、水产品危害要素重点管理（HACCP）情况

根据《强化国际竞争力的水产食品政府认证制度改善方案》（朱闻培、李玄栋，2011年12月）记载，到2011年6月底农林水产食品部根据《水产品质量管理法》实施HACCP设施登记的水产加工和出口企业69家、养殖场14家。加工和出口企业分布在庆尚南道和釜山地区较多，养殖场分布在济州4家（牙鲆）、忠清北道4家（鳟鱼）、江原道3家（鳟鱼）、全罗南道2家（牙鲆、鳗鱼）、庆尚北道1家（鳟鱼），如表8-8所示。

表 8-8　农林水产食品部 HACCP 登记设施现状（2011 年 6 月末）

单位：个

区　分	加工出口业	占有率（%）	养殖场	占有率（%）	合计	占有率（%）
畿京（仁川）	6	8.7	—	0.0	6	7.2
忠清南道	3	4.3	—	0.0	3	3.6
忠清北道（大田）	2	2.9	4	28.6	6	7.2
全罗南道	2	2.9	2	14.3	4	4.8
釜山	20	29.0	—	0.0	20	24.1
庆尚南道（蔚山）	24	34.8	—	—	24	28.9
庆尚北道	8	11.6	1	7.1	9	10.8
江原道	3	4.3	3	21.4	6	7.2
济州道	1	1.4	4	28.6	5	6.0
合计（占有率）	69	100.0	14	100.0	83	100.0

资料来源：《强化国际竞争力的水产食品政府认证制度改善方案》（2011 年 12 月）。

四、危害要素重点管理（HACCP）相关政策措施

为确保危害要素重点管理（HACCP）制度的有效建立，韩国政府在政策和资金方面采取了一系列措施：一是加大政府资金投入，改善企业卫生设施（表 8-9）。为确保危害要素重点管理（HACCP）体系认证的顺利进行，韩国政府从 2010—2013 年为 820 家企业投入卫生设施改善资金 82 亿韩元，平均每个企业 1 000 万韩元（2000 万×50%）。二是建立危害要素重点管理（HAC-CP）畜产品供给体系，培育畜产品名牌产品。组织开发并普及在农场及中小企业容易应用的标准化危害要素重点管理（HACCP）模型。以名牌畜产品为中心，构筑从农场到餐桌确保畜产品安全卫生全过程的危害要素重点管理（HACCP）供给网。为此，到 2015 年投资 106 亿韩元为全国 120 个市、郡的名牌畜产品提供专家咨询，培育危害要素重点管理（HACCP）畜产品生产基地。从农场到销售全过程实施"HACCP 统一管理指定制"示范，建立全过程畜产品危害要素重点管理（HACCP）应用差别化标示制度。三是修订相关规定，更改管理标准名称与标识。为了加强畜产品卫生管理，提高畜产品卫生质量，使生产者和消费者更容易了解危害要素重点管理（HACCP）制度，从 2014 年 1 月 31 日开始农林畜产食品部将畜产品"危害要素重点管理标准"改为"安全管理认证标准"，并将标识更改为"安全管理优质畜产品"；将"畜产品危害要素重点管理标准院"更名为"畜产品安全管理院"。该院除对现行安全管理认证作业场等认证、对是否遵守安全管理认证标准进行调查和评价外，

又增加了受地方自治团体委托的业务及依据其他法律被指定为认证机关履行的业务。

表 8 - 9 2010 年—2013 年政府投资情况

单位：亿韩元

区 分	合计	2010 年	2011 年	2012 年	2013 年
执行预算/编制预算	82/82	7/7	15/15	35/35	25/25
投资结束企业/对象企业	82/82	70/70	150/150	350/350	250/250

资料来源：韩国食品药品安全处《HACCP 政策方向》（2014 年 5 月）。

第三编

认证制度

第❾章　亲环境农水产品认证制度

第一节　概念及发展历程

一、概念

韩国亲环境农水产品是指通过亲环境农渔业获得的有机农水产品或无农药农产品、无抗生素畜产品、无抗生素水产品及未使用活性处理剂水产品等（表9-1）。韩国亲环境农渔业是指未使用或少使用合成农药、化学肥料及抗生素、抗菌素等化学材料，通过农（畜）水产业和林业（简称农渔业）副产品的再利用，维持和保护生态与环境，生产安全的农（畜）水产品和人参产品（简称农水产品）的产业。亲环境农水产品认证制度是韩国政府为培育亲环境农水产品产业，为消费者提供更安全的亲环境农水产品，确保其认证安全性，由指定的认证机关按照严格的标准对有机食品和无农药农水产品认证的制度。

表9-1　有机农水产品和无农药农水产品概念

区　　分		有机农水产品和无农药农水产品概念
有机农水产品	有机农产品（包括林产品）	完全不使用化肥和有机合成农药，遵守一定认证标准栽培的农产品
	有机畜产品	100%使用非食用有机加工品（有机饲料），遵守一定认证标准饲养的畜产品
	有机水产品	投喂用有机方法生产或作为食用采捕的水产品的副产品或用可食用的水产品构成的饲料，遵守一定认证标准养殖的水产品
无农药农水产品	无农药农产品	不使用有机合成农药，化肥使用推荐施肥量1/3以下，遵守一定认证标准栽培的农产品
	无抗菌素畜产品	投喂不添加抗生素、合成抗菌素、生长促进剂、荷尔蒙剂等饲料，遵守一定认证标准饲养的畜产品
	无抗菌素水产品	投喂不添加抗生素、合成抗菌素、生长促进剂、荷尔蒙剂等饲料，遵守一定认证标准养殖的水产品
	未使用活性处理剂水产品	未使用有机酸等化学物质或活性处理剂，遵守一定认证标准生产的养殖水产品（海藻类）

有机食品是指人直接食用或饮用的农水产品和以农水产品为原料的所有饮食食品中用有机方法生产的有机农水产品和有机加工食品。简而言之，有机食品是用有机方法生产的有机农水产品和有机加工食品。这里所说的"有机"是指遵守法律规定的认证标准，最小限度使用允许物质（指在有机食品、无农药农水产品或有机农渔业材料生产、制作、加工或经营过程中可以使用的物质）生产、制作、加工或经营有机食品及非食用有机加工食品的一系列活动和过程。有机加工食品是以有机农水产品为原料或材料制作、加工、流通的食品。或者说，有机加工食品是用有机的方法加工认证的有机原料的食品。所谓有机方法是最小限度使用化学合成添加剂，无辐射，通过区分管理，防止有机食品与非有机食品或污染物接触，在加工过程中未破坏有机原料的纯洁性。例如用"有机大豆"制作的豆腐、大酱，用"有机蔬菜"制作的绿色菜汁，用"有机牛奶"制作的奶酪、酸奶等加工品均为有机加工食品。有机加工食品认证制度是由公认的认证机关审查加工食品使用的原料和制作工序，保证其管理体系符合法律标准的产品可以使用认证标识的制度。非食用有机加工食品是为了使用或消费，以有机农水产品为原料或材料，用有机方法生产、制作、加工或处理的加工品。有机认证具有产品认证的性质，但本质上是体系认证。

二、发展历程

长期以来，韩国农业一直推行以增产为主的高投入农业政策，结果导致农业环境恶化，严重威胁可持续的农业生产；过分使用农药，使生态系统遭到破坏，水质污染和农产品农药残留等问题时有发生；同时，国际上逐渐强化农业环境贸易的相关讨论，食品法典委员会（Codex）通过制定有机农产品标准等相关国际规范，对韩国农业产生重大影响，国民对环境保护和食品安全也越来越关心。在国际和国内大背景下，韩国政府开始重视发展有机农业，1992 年 8月确定有机农业概念，并对有机农产品质量认证进行讨论。为提高有机食品的质量，保护消费者，培育国内有机农水产业，鼓励生产者能够提供优质的有机食品，自 1997 年 12 月制订《亲环境农业培育法》以后，农林部亲环境农业组负责组织实施有机栽培及饲养、低农药和无农药栽培、无抗生素饲养等。2000年食品药品安全处依照《食品卫生法》对使用有机原料的企业实施"有机"标识。并从 2001 年开始实施"第一次亲环境农业培育 5 年计划"（2001—2004年），使亲环境农产品生产比重明显增加，从 2001 年的 0.3％增加到 2005 年的 4.5％。2008 年 6 月 28 日制定《食品产业振兴法》，明确由农林部组织实施有机加工食品认证。在此期间，韩国有机农畜水产品认证依照不同的法律，由多部门分头认证。有机农产品依照《亲环境农业培育法》由国立农产品质量管理院和 70 多个民间认证机关负责认证；有机加工食品依照《食品产业振兴法》

由韩国食品研究院等 10 个民间认证机关负责认证；亲环境水产品依照《水产品质量管理法》由农林水产检疫检查本部负责认证。2012 年 6 月将《亲环境农业培育法》修订为《关于亲环境农渔业培育及有机食品管理支援的法律》，依据同一部法律由农林畜产食品部国立农产品质量管理院、海洋水产部国立水产品质管理院及其指定的认证机关负责认证。2014 年 1 月 1 日起，建立有机加工食品"相互同等性认证"制度，同时废止食品药品安全处负责的"有机"标示制度。

第二节 有机食品及无农药农水产品认证与管理

一、认证对象及认证程序

（一）认证对象

根据《关于亲环境农渔业培育及有机食品管理支援的法律》规定，农林畜产食品部、海洋水产部负责有机食品和无农药农水产品的认证与管理。有机食品认证对象包括：有机农产品（含有机畜产品）和有机水产品（限水产养殖，主要含紫菜、牡蛎、裙带菜、海带等）生产者；有机加工食品制作、加工者；非食用有机加工品（有机饲料）制作、加工者；上述产品的储藏、包装、运输、进口或销售者等。

无农药农水产品认证对象包括：无农药农产品生产者；无抗生素畜产品生产者；无抗菌素水产品生产者（除藻类养殖水产品生产者外）；未使用活性处理剂水产品生产者（藻类养殖生产的，不使用食品添加剂或其他原料，单纯切割或晒干、盐渍、加热等经过纯加工过程的）；有机加工食品（以有机加工农水产品为原料或材料制作、加工流通的食品）制作、加工者；非食用有机加工食品制作、加工者；上述产品的储藏、包装、运输、销售者等。

（二）认证申请及审查

有机食品及无农药农水产品生产、经营者，如果想要获得有机食品或无农药农水产品的认证，应当向国立农产品质量管理院（农畜产品）、国立水产品质量管理院（水产品）及其指定的认证机关提交申请书，并附具认证品计划书；认证品制作、加工及经营管理计划书；生产经营场所地图；记载有关生产、制作、加工及经营管理场所的制图等。

但是，为了防止有机食品的非法流通，提高消费者的信任，自被取消认证之日起不超过一年的；或被依法清除、停止认证标示或接到禁止认证品销售令正在处分之中的；或宣布依法处罚金以上，自确认之日起不满一年的，不能申请认证。

认证机关接到认证申请（包括认证更新申请，或有效期延长审批等）后，应当在10日内制定认证审查计划，将认证审查日程和认证审查员名单告知申请人，按计划认证审查。认证审查分材料审查和现场审查两个方面。材料审查，主要审查申请人提供的相关资料是否符合有机食品认证标准。审查不合格的，认证机关直接通知申请人修改完善。现场审查，由认证机关派审查员（2名）直接到申请人现场审查生产、制作、加工及经营场所（包括设施）是否符合有机食品认证标准。认证审查时，审查员要与申请人无利害关系，根据客观事实评价现场的有机经营体系是否符合法律规定标准，并提出审查报告书。审查报告书是认证机关认定是否予以认证的基础资料，但不是决定认证的唯一材料。在材料审查和现场审查的基础上进行综合评价，认证机关确定是否予以认证（图9-1）。

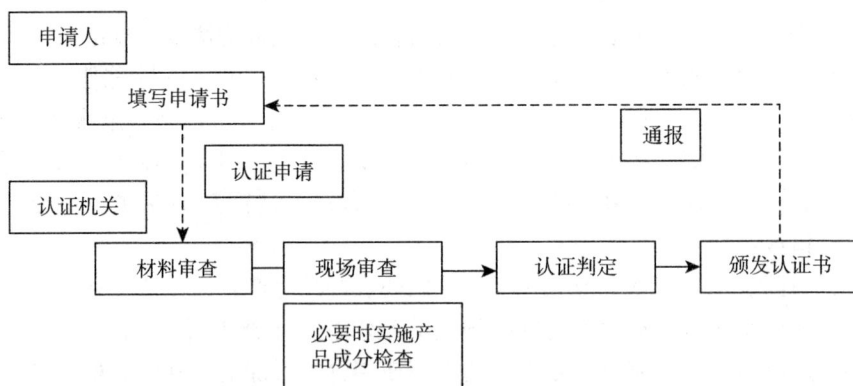

图9-1　认证申请程序图

认证审查后，认证审查机关将审查结果通知申请人。对符合认证标准的，予以认证；对认证审查结果有异议的，申请人可以向认证机关申请再审查。申请认证再审查者自接到不合格通知之日起7日内向认证审查机关提出再认证审查申请书（农畜产品再认证申请书、水产品再认证申请书），并附具能证明再审查申请理由的资料。对再审查结果不能再次申请再审查。再审查程序和方法与认证审查相同。但再审查只审查再审查申请事项，认证审查过程没有问题或生产、制作、加工、经营过程无变更的事项等不必要追加的审查可由最初认证审查的资料认定再审查结果。

认证机关实施认证审查、再审查、认证更新审查或认证有效期延长审查的结果符合认证标准的，要向申请人颁发农畜产品制作、加工或经营管理认证书或水产品制作、加工或经营管理认证书。

认证书丢失或损坏时，可以向发证机关说明理由，再申请颁发证书。如果证书损坏不能使用的，再次申请颁发证书时，将被损坏证书上缴发证机关。

经认证审查机关认证后的有机食品或无农药农水产品，被认证者可以在认证品上或认证品包装、容器、交货单、交易明细表、保证书上标示"有机加工食品"标识或"无农药"标识（见附录3）。如果无包装或单体销售，可以将有机标识标在标示板或标示桩上，让消费者容易看到生产方法和使用材料的信息。

（三）认证有效期及更新

有机食品和无农药农水产品认证有效期限自认证之日起一年。有效期满后，如果想要继续保持认证品，应在有效期满前向认证机关提出更新申请，更新其认证。如果因认证机关停业、停止认证或其他原因不能更新认证，可向其他认证机关提出更新申请。如果认证者不想认证更新，在认证有效期内还有未上市的认证品，经认证机关同意，可以对未上市的认证品延长一年有效期。但在认证有效期满前上市的认证品到该产品的流通期满为止可以保持其认证标识。

想要依法认证更新和延长认证品有效期的，应在有效期满2个月前向国立农产品质量管理院、国立水产品质量管理院或被指定的认证机关提出申请书及认证品生产计划书或认证品制作、加工及经营管理计划书和经营管理资料等相关材料。

（四）认证变更和取消

有机食品和无农药农水产品认证者要变更认证内容时，须经农林畜产品食品部、海洋水产部或认证机关批准。认证变更审批对象包括：认证品种、认证场所规模（想缩小规模的）、认证者住所或认证附加条件。申请变更时，认证变更者要向认证机关提出申请书，并附具认证书原件、记载变更认证内容的理由文件等。

按照有关法律规定，有下列情形之一的，认证机关可以取消认证或责令清除、停止认证标示：

（1）以虚假或其他非法手段获取认证的。

（2）不符合法律规定认证标准的。

（3）无正当理由拒不执行法律有关规定的。

（4）因转业、停业等事由难以生产认证品的。

认证机关依法取消认证时，要马上将其事实通知被认证人，并报农林畜产食品部或海洋水产部。

（五）同等性认证制度

同等性认证制度，是指外国实行的有机食品认证制度适用韩国同一标准的原则和标准，经审定认为与依法进行的认证同等或实行同等以上的认证制度，两国政府适用相互主义原则，公开认定相对国的有机加工食品认证与本国同等的制度。即，把同等性认证协定缔约国双方生产的有机加工食品看作与本国认证的相同，无另外追加认证程序，可以作为有机加工食品标示进口。这项制度，韩国自 2014 年 1 月 1 日起实行。

外国政府对本国实行的有机食品认证想要依法获得韩国同等认证，首先，要向国立农产品质量管理院或国立水产品质量管理院提出申请，并附具证明本国认证制度与韩国《关于亲环境农渔业培育及有机食品管理支援的法律》规定的同等性认证所需要的标准同等或以上的文件；其次，国立农产品质量管理院或国立水产品质量管理院验证认定提出申请的国家认证制度是否与韩国有关法律规定的同等性认证所需要的标准同等或以上，并将认定结果报农林畜产食品部或海洋水产部；最后，如果验证结果认定同等性，农林畜产食品部或海洋水产部按照与该国政府相互主义的原则，可以签订同等认证协议。

同等性认证品范围包括有机农畜产品、有机加工食品及非食用加工食品，其具体范围由农林畜产食品部与申请同等性认证国家的政府协商确定；有机水产加工食品的具体范围由海洋水产部与申请同等性认证国家的政府协商确定。

获同等性认证国家的政府要加强管理，确保出口到韩国的有机加工食品（同等性认证品）符合同等性认证标准。国立农产品质量管理院和国立水产品质量管理院，可以按照各自分工调查获得同等认证在韩国国内流通的同等性认证食品是否符合有机加工食品认证标准。如果调查结果不符合有机加工食品认证标准，国立农产品质量管理院、国立水产品质量管理院按照同等性认证协定规定，可以依法对该产品处以去除、停止、变更其认证标识、禁止认证品销售或变更详细标识事项处罚，或者要求采取其他纠正措施，并请农林畜产食品部、海洋水产部采取与同等性认证有关的必要措施。

农林畜产食品部、海洋水产部在依法签订同等性认证时，要将同等性认证国名、认证范围（地区、品目及认证机关范围等）、同等性认证有效期、同等性认证的限制条件等协定全文有关事项分别在因特网上公布。同等性认证品有机标识按照韩国国内有机食品认证标识执行。

（六）进口有机食品（非食用有机加工食品）的申报

以销售或商业为目的进口有机标示认证品或同等性认证的有机加工食品和非食用有机加工品者，在该产品通关结束前，应按照有关规定向农林畜产食品部或海洋水产部提出申报，并附具有机食品（或非食用有机加工品）认证书（复印件）及认证机关颁发的交易证书、签订同等性认证协定的国家认证机关颁发的认证书（复印件）。在这种情况下，可以自进口有机食品到达预定日前5天事先申报。在事先申报的内容中，到达港、到达预定日等主要事项变更的，要将其内容用文件（包括电子文件）作出报告。

农林畜产食品部或海洋水产部收到有机食品（或非食用有机加工品）进口申报后，根据进口产品情况，在通关结束前派有关公务员依照法律规定的调查方法，对申报有机食品认证及标示标准的正确性进行调查。如果提供依法实施同等性认证国政府或认证机关颁发认证书的，可以不必检查或部分检查。经调查认定合格的，发给进口申报人进口申报证明。认定不合格的，不受理申报，并立即将其事实通知进口申报人。待进口申报人完善有机食品（或非食用有机加工品）标示事项后，可以再次申报。

二、有机食品认证标准

韩国有机食品认证标准分农畜产品认证标准和水产品认证标准。农畜产品认证标准包括有机农产品及有机人参、有机畜产品、有机加工食品、非食用有机加工品（有机饲料）、经营者（储藏、包装、运输、进口或贩卖）和交易等认证标准。有机水产品认证标准包括有机水产品生产者、有机加工食品制作、加工者、有机水产品或有机加工品经营者（包括储藏、包装、运输、进口或销售）认证标准等。现将有关内容概要分述如下。

（一）有机农畜产品认证标准

1. 有机农产品及有机人参认证标准

①经营管理及团体管理。要记录保存法律规定的有关经营资料，供认证机关随时查阅，并指定1名以上具有农产品质量管理院规定资格的生产管理者，保存好相关证明材料。②种植区和用水及种子。种植区域土壤不能超过土壤环境保护法实施规则规定的一类区土壤污染担心标准，农药残留不得检出。定期检测种植区域土壤，保持和改善土壤，防止盐碱过度堆积。用水要符合环境政策基本法施行令和地下水水质保护规则规定的农业用水标准，农产品清洗用水和生豆芽等直接食用的农产品栽培用水要符合《饮用水水质标准及检查规则》规定的饮用水水质标准。使用符合有机农产品认证标准的有机种子。禁止使用转基因农产品种子。种植区周围有污染源的，要设缓冲区或保护设施，在种植区域入口或与邻近种植区分界线处要设有机农产品、有机人参种植地的标示牌。③种植方法。禁止使用化肥和有机合成农药。按长期轮作计划种植豆科作物、绿肥作物或深根作物。投入土壤中的有机物要按有机农产品认证标准生

产。使用有机农畜产品和无抗生素认证农场提供的肥料，但不能过多使用，防止流失造成环境污染，如果不是有机畜产品、无抗生素畜产品认证农场及耕畜循环农业技术养殖农场提供的土肥，在处理过程中粪堆的温度保持在55～75℃的时间要达到15天以上，在此期间翻土5次以上，不含抗生物质，有害物质含量不能超过肥料管理法规定的土肥规格的1/2。④产品质量管理。要保持储藏场所和运输手段的清洁，防止外部污染。要使用机械、物理及生物学的方法防治病虫害，不能用机械、物理及生物学方法防治病虫害的，可以使用法律规定的物质，但不能直接接触有机农产品、有机人参。对储藏区或运输容器的病虫害管理可以使用物理墙、声、超声波、光、紫外线、捕兽器、温度调节、大气调节（指二氧化碳、氧、氮的调节）及硅藻土等方法。有机农产品和有机人参不得与非有机农产品和有机人参混在一起。未包装的有机农产品和有机人参与普通农产品一起储藏或运输的，要采取设置隔断等措施，防止与其他农产品混合或污染。不能用放射线防治病害、保存食品、消除病原或卫生。有机农产品、有机人参产品包装要符合食品卫生法有关规定，尽量使用生物分解性、再生原料制品或可再生的材料制作的包装。⑤其他。黄、绿豆芽等直接食用的农产品和人参原料应是有机农产品和有机人参。直接食用的农产品和人参要具有生产所需要的设施及装备、车间等。无土栽培农产品和人参，禁止使用除供水以外的任何物质。可以使用猕猴桃、香蕉或柿子催熟用乙烯。

2. 有机畜产品认证标准

①一般原则及团体管理。要记录保存法律规定的有关经营资料，便于认证机关随时查阅。草食动物要能接近牧场，其他动物应在气候和土壤允许的露天处自由放养。家畜饲养数量视农户确保有机饲料能力、家畜健康、营养均衡及环境影响而定。传统养殖场距离牧场较远的，可以使用有机饲料养殖家畜。要实施疾病预防、确保健康的家畜管理。在兽医师处方和监督下，可以使用治疗用动物药品。②养殖场及养殖条件。养殖场和饲料种植地不得超过土壤环境保护法施行规则规定的一类区土壤污染担心标准。畜舍条件，要满足家畜的生物性及行动要求（畜舍条件：饲料和饮水方便；空气循环、温度、湿度、二氧化碳浓度保持在对家畜无害水平内；建筑物，要具备隔热、通风设备，自然通风良好，阳光充足）。畜舍密度，要保持农产品质量管理院规定的饲养数量（考虑家畜的品种、血统及年龄，能提供舒适的福祉；考虑畜群规格及性别的家畜行动要求；确保自如起卧和充分的行动空间）。畜舍、机械及器具等，应保持清洁。畜舍地面软而不滑，清洁干燥，有一定的休息空间，休息空间要铺干稻草。母猪除妊娠晚期或哺乳期外要群养，猪仔及育成猪不能在笼子里饲养。确保适合家禽规格和数量的鸡架规格及高睡眠空间，要设产蛋箱。应在开放条件下饲养家禽类，能接近气候允许的野外牧场，不能关在笼子里饲养。鸭类要根

据气候条件能接近小溪、池塘或湖水。③自给饲料基地。草食家畜应确保农产品质量管理院规定的牧场或饲料作物种植地。农产品质量管理院或认证机关可以分畜种考虑家畜的生理状况、地区气象条件的特殊性及土壤状况等购买喂养有机栽培和生产的粗饲料。牧场及饲料作物种植地要按有机农产品种植和生产标准生产。为了紧急防治病虫害，可以暂时使用有机合成农药，但须经农产品质量管理院或认证机关事先批准或事后报告。使用农家肥要完全发酵，防止因过多使用或流失等造成环境污染。满足非食用有机加工品（有机饲料）标准的，可以作为有机饲料作物认证。④家畜选择、繁殖方法等。应考虑有机畜产品农户的条件及其他事项（如符合山地、平原及沿海地区的地域条件；未被主要家畜传染病传染；保持品种特征，耐病性强的品种），选择适合饲养的品种和血统。鼓励使用种猪自然交配，允许人工授精。不允许使用受精卵移植法或繁殖荷尔蒙处理、遗传工程学的繁殖技术。⑤转换期。普通农户转换为有机畜产或把非有机家畜放到有机农场饲养繁殖，要按照有机畜产品认证标准，饲养到法律规定的转换期以上，例如猪和山羊从饲养到上市最少要5个月。具备牧场、露天及运动场等饲养条件，能100％供给有机饲料的，国立农产品质量管理院或认证机关可以缩短所规定的转换期10％以下。在同一农场，家畜、牧场及饲料作物种植地同时转换的，在给饲养的家畜投喂自己农场生产的饲料条件下，牧场及饲料作物栽培地的转换期为一年。这种情况下，在牧场及饲料作物栽培地生产的饲料要在规定转换期喂养。⑥饲料及营养管理。100％投喂非食用有机加工品（有机饲料）。在有机畜产品生产过程中因严重天灾、恶劣气候条件不能喂有机饲料的，经认证机关允许，可以在一定期限内投喂一定比例的非有机饲料。不能给反刍家畜喂青贮饲料，鼓励喂粗饲料。不得投喂转基因或含转基因的农产品。不得把促进家畜代谢功能的合成化学物添加到饲料，不能给反刍家畜喂哺乳动物饲料（牛奶及奶制品除外），不得添加抗生素、合成抗生素、生长促进剂、驱虫剂、荷尔蒙剂、其他人工合成及通过基因操作制作及变异的物质。可以经常使用符合地下水水质保护规则规定的生活用水水质标准的新鲜水。⑦动物福祉及疾病管理。家畜疾病要采取相应的预防措施（例如：选择合适的家畜品种和血统；防止疾病发生和扩散的养殖场卫生管理；投喂维生素及无机物增进免疫机能；选择对地区性疾病或寄生虫有抵抗力的品种等），无疾病不得投放动物药品。可以使用驱虫剂和防止家畜传染病发生或蔓延的预防疫苗预防家畜寄生虫感染。担心法定传染病发生或需要采取紧急预防措施的，可以首先采取必要的疾病预防措施。采取上述疾病预防措施仍然发生疾病的，可以按兽医师处方治疗疾病。在这种情况下，使用动物药物的家畜超过该药品休药期的2倍时间才能认定为有机畜产品。可以利用草药和天然物质治疗。不得使用生产促进剂及荷尔蒙剂，如果使用荷尔蒙按照兽医师处方只能作为治疗使用。对家畜一般不要有割尾、割齿、割嘴或割角之类的行为。为了提高产品质量和保持传统的生产方法，可以物理去势（即直接阉割）。按照兽医师处方治疗疾病或使用荷尔蒙的，要依照有关规定备有法定处方。⑧运输、屠宰、加工和品质。要减少牲畜运输受伤或痛苦，不得使用电刺激或安定剂对症疗法。减少屠宰压力和痛苦，要在符合《畜产品卫生法》规定的危害要素重点管理标准（HACCP）的屠宰场屠宰。屠体及原乳等畜产品，要在符合《畜产品卫生法》规定的危害要素重点管理标准（在农户直接加工的除外）的畜产品加工厂加工。牲畜储藏、运输要保持清洁卫生，防止外来污染。有机畜产品上市不得有动物药残留。不能随意添加防止流通时可能发生的腐烂变质的合成物质。有机畜产品包装要符合食品卫生法有关规定，尽可能使用生物分解性、再生品或可再生的材料制作。⑨家畜粪便处理。家畜粪便要完全腐烂发酵。加强家畜运动场管理，保持清洁卫生，防止家畜粪便外流。遵守家畜粪便管理和利用法律的有关规定，设粪便排出和处理设施。使用家畜粪便要防止地表水污染，严禁雨季使用。

3. 有机加工食品认证标准

①一般要件。有机加工食品经营者在有机食品经营过程中，要制定有机管理计划，使大气、水、土壤污染达到最小程度。在有机食品加工及流通过程中，不要破坏原料有机纯洁性。不要把有机产品和非有机产品混在一起，要分开管理，避免相互接触。采取措施防止有机产品污染。②加工原料。制作有机加工食品要使用95％以上（水和盐之外）的有机食品（有机农畜水产品、有机加工食品）、从与同等性认证协定国进口的有机加工食品以及农林畜产食品部公布的海外生产的有机加工食品。不得使用转基因生物体及源自转基因生物体的原料。使用的水和盐要符合饮用水管理法的有关规定。③加工方法。利用机械、物理、生物学方法，保持所有原料和最终产品的有机纯粹性。不得使用使食品起化学反应的添加剂、辅助剂及其他物质。在有机食品加工及处理过程中不能使用电离辐射（指波长短、频率高、能量高的射线。电离辐射可以从原子、分子或其他束缚状态放出一个或几个电子的过程）。不能使用可能对食品及环境造成不良影响的物质或技术过滤。为了储藏，可以调节空气、温度、湿度等环境，可以干燥储藏。④害虫及病原菌管理。不得用法律规定的物质之外的化学和辐射方法管理害虫及病原菌。首先要采用预防方法、机械、物理、生物学方法驱除害虫或病原菌，在不得已的情况下，可以使用法律规定的物质。采取隔离等充分预防措施保护有机食品。⑤清洗及消毒。有机加工食品不应含有用于设施或设备及原料的清洗、杀菌、消毒的物质。可以将法律允许的食品添加剂或加工辅助剂作为食品表面或与食品直接接触的表面清洗剂及消毒剂使用，设施及装备使用清涤剂、消毒剂的，要采取措施防止破坏有机加工食品的

有机纯洁性。⑥包装。选择既充分保护有机加工食品，又使环境不良影响最小化的包装材料及包装方法。不得使用含有合成杀菌剂、保存剂、熏蒸剂的包装、容器及仓库。不得使用可能与破坏有机纯洁性物质接触的再生包装或其他容器。⑦有机原料及加工食品的运输及搬运。选择原料或加工食品的运输方法，要避免对环境造成不良影响，在运输过程中应采取必要措施，防止破坏有机食品的纯洁性。清洗和消毒运输装备及搬运容器不得使用不允许的物质。在运输或搬运过程中有机加工食品要切实区分管理，不能与非有机加工食品或不允许的物质接触或混合。⑧登记、文书化等。要登记保存法律规定的经营管理资料，便于认证机关等部门查阅。经营者在制作、加工、经营过程中，为了建立能保持有机纯洁性的管理体系，要制定必要的书面计划，经认证机关批准。记录保存购买、入库、出库、使用有机食品制作、加工及经营所需要的有机原料、食品添加剂、加工辅助剂、清洗剂、其他使用物质。编制制作、加工、包装、保存、储藏、搬运、运输、销售及其他处理的有机管理指南。

4. 非食用有机加工食品认证标准

①一般要件。与有机加工食品认证标准一般要件相同。②加工原料。用于有机饲料加工的原料和辅助饲料应是依照相关法律认证的有机食品。不能使用转基因生物体及转基因原料。不得在饲料中添加促进家畜代谢功能的合成化合物、抗生素、合成抗菌素、生长剂、驱虫剂、荷尔蒙或人工合成物质。③加工方法。要用机械、物理、生物学方法保持所有原料和最终产品的有机纯洁性，不能使用化学速成或起化学反应的添加剂、辅助剂及其他物质。在有机饲料加工及处理过程中不能使用电离辐射，不能将电离辐射物质作为原料使用，可以采用水、酒精、植物及动物性油、醋、二氧化碳、氮提取，不能采用石棉等对产品及环境造成不良影响的物质或技术过滤。④加工设施标准。加工设施要符合法律规定的设施标准。有机饲料原料不能与普通饲料（非有机饲料）原料混合，要另外准备储藏设施，分开管理。有机饲料生产线要与普通饲料生产线分开，但普通饲料生产后生产线经过清洗的，可以用和普通饲料相同的生产线生产有机饲料。⑤害虫及病原菌管理。不能使用法律法规规定物质之外的化学方法或辐射方法管理害虫及病原菌。应首先使用预防的方法、机械、物理和生物的方法，消灭害虫及病原菌，在不得已的情况下可以使用法律规定的物质。⑥清洗与消毒。有机饲料不能含有用于设施及设备或原料清洗、杀菌、消毒的物质。要采取必要的预防措施，防止被未允许的物质或害虫、病原菌及其他异物污染，确保有机饲料能够在制作、加工和经营中使用。普通饲料生产车间，在和同一设施一起制作、加工或经营有机饲料，生产有机饲料前要彻底清扫设备，检查和记录清扫状况。使用洗涤剂、消毒剂清洗或消毒设施及设备的，要采取措施防止破坏有机饲料的纯洁性。⑦包装。要选择既充分保护有机饲料，

又减少对环境造成不良影响的包装材料和包装方法。包装材料应当是不污染有机饲料的材料。不能使用含合成杀菌剂、保鲜剂、熏蒸剂的包装材料、容器及仓库。不能使用和可能接触破坏有机饲料有机纯洁性物质的再生包装材料及其他容器。⑧有机原料及加工饲料的运输和搬运。经营者选择原料或饲料的运输方法要减少对环境的不良影响,在运输过程中要采取措施,防止破坏有机饲料的纯洁性。不能使用未经允许的物质清洗或消毒运输装备及运输容器。在运输或搬运过程中要切实区分管理,防止有机饲料与不同的物质或未经允许的物质接触或混在一起。散货搬运时,要使用有机饲料专用车,但搬运车辆在普通饲料搬运后清洗管理的,可以使用同一车辆。⑨记录、文书化等。记录保存法律规定的经营资料,便于认证机关查阅。生产者为了在制作、加工、包装、保存、储藏、搬运、运输、销售等全过程建立能够保持有机饲料纯洁性的管理体系,要制定必要的计划,经认证机关批准。生产者要填写并保存有机饲料制作、加工及处理的必要原料、辅助饲料、加工辅助剂、洗涤剂、其他材料的购买、入库、出库、使用的记录。生产者要编制制作、加工、包装、保存、储藏、搬运、运输、销售、其他经营的有机管理指南。为了认证审查及事后管理,在必要的情况下,要无条件保障从有机饲料制作、加工到管理全过程的记录。

5. 经营者(储藏、包装、运输、进口或销售)**认证标准**

①经营管理。要记录保存法律规定的经营管理资料,便于认证机关查阅。②经营场所设施标准。要符合食品卫生法实施规则规定的设施标准,但畜产品经营场所适用《畜产品卫生管理法》规定的危害要素重点管理标准(HAC-CP),畜产品销售适用畜产品卫生管理法实施规则规定的设施标准。③原料管理。不得把非有机食品(包括被取消认证或停止使用认证标识的认证品)作为认证品的原材料使用。原材料入库时要确认有机食品的标识事项,并保存供应商依法提供的送货单、交易明细表或保证书。④经营方法。经营非有机食品的,在储藏、包装、运输、进货等经营过程中要区分管理,不要在有机食品中混入非有机食品。经营非有机食品的,在经营有机食品前应彻底清洗作业场所。将部分储藏、包装、运输、进货等处理过程委托其他经营者的,委托处理过程应符合经营者认证标准。在经营过程中,不能为防止害虫、保存食品、清除病原或卫生而使用放射线。清洗农畜产品用水要符合饮用水水质标准及检查规则规定的饮水水质标准。作业车间要准备管理农畜产品及加工食品入库及上市的记录簿,便于跟踪管理。要采取清除病虫害栖息地等预防措施管理及防治病虫害,预防措施无效,使用机械、物理及生物学的方法,使用上述方法均不能彻底防治,可以使用法律规定的物质。⑤储藏、包装、运输等。产品储藏运输时,要保持储藏场所和运输手段的清洁,防止外部污染。可以采用物理墙、

声和超声波、光和紫外线、温度调节、大气调节（指碳酸气体、氧气、氮的调节）方法管理储藏场所或容器的病虫害。储藏场所和容器要防止农药等其他潜在的污染。无包装产品和普通农畜产品一起储藏或运输的，要采取设隔断等防止与其他农畜产品混为一体或污染的措施。包装材料要符合《食品卫生法》的规定，尽量使用生物分解性、再生品或可再生材料制作的包装。⑥产品质量管理等。有机农产品和有机人参农药残留允许标准应该在食品药品安全处依照《食品卫生法》公布的农产品和人参药残留允许标准的1/20以下。有机畜产品的有害残留物质标准符合法律规定标准。要在认证品上标示认证管理号。

6. 交易认证标准

①经营管理。经营者要提供想要交易认证品的生产、制作、加工、管理的地址、日期、数量、购买者的企业名称和住址及交易契约书等详细材料。提供上述材料要与法律规定的经营资料记录内容及认证申请时提出的认证品生产计划书、认证品制造、加工和经营计划书相一致。②数量管理。认证品出库量不能超过认证品的生产量。要与认证品生产、制作、加工或经营报告书的内容一致。

（二）有机水产食品认证标准

1. 有机水产品生产者认证标准

①经营管理。其认证标准与农畜产品有机食品认证的经营管理及团体管理认证标准大体相同。②养殖场环境。陆地养殖场用水（海水）或海上网箱养殖海域水质应符合环境政策基本法施行令的有关规定，水质试验方法依照海洋环境工程实验标准执行。淡水养殖，使用河流或湖泊水养殖的，水质应达到环境政策基本法施行令规定的水质以上，试验方法依照环境污染工程实验标准执行。③种苗选择及饲养繁殖方法。购入种苗的所有病历和饲养，或自然采捕履历要清楚，附具《水产品生物疾病管理法》指定的水产生物病情鉴定实施机关或国立水产品质量管理院出具的病情鉴定结果通知书，记录管理种苗购买地区（日期、品名、购买处、购入量等）。要使用符合有关规定生产管理的种苗（有机种苗），不得使用《农水产品质量管理法》规定的转基因种苗。水产品饲养繁殖方法要尊重生物的物理、行动特征，少做人工介入繁殖。不得使用受精移植技术、繁殖荷尔蒙处理及利用遗传工程学进行的繁殖技术。④养殖密度及设施。养殖密度要切实考虑该养殖场养殖水产品的健康、营养均衡及环境影响而定。养殖场区域界线、渔场间距、设施方法及设施标准等，按照渔业许可管理规则和渔业许可申报管理规则管理，确保水产品可持续生产。⑤养殖管理。为了保持从种苗购买到水产品上市所有养殖过程的明确记录，要对养殖场的养殖设施进行识别号码管理，能识别有机水产品和确认养殖履历。生产有机水产品

的养殖场不能饲养繁殖未建立养殖履历及病情鉴定的种苗或传统养殖场养殖（指未按认证标准，采用一般和传统的方法养殖水产品的养殖场）的水产品。要采用既卫生又使认证品损伤最小的方法捕捞及经营认证品。捕捞、运输认证品前后，不得使用水产用动物药品或化学药品。要用物理或机械的方法清扫养殖设备或设施。不能使用上述方法的，也可使用法律规定的物质清扫。要使用干燥或高压水等非化学物质的方法驱除养殖设备或设施的附着生物。在海藻养殖过程中，不得使用有机酸等化学物质清除杂草和防治病害。⑥动物福祉及疾病管理。采取选择养殖品种和血统、防止疾病发生和扩散的养殖场卫生管理、改善养殖环境和调节养殖密度、投喂维生素或无机物等增进免疫机能等措施预防养殖生物的疾病。养殖生物无疾病不得投放水产用动物药品，但可以使用防止传染病发生或传播的预防疫苗。担心水产生物传染病发生或需要采取紧急预防措施的，可先采取必要的疾病预防措施。要利用野草及天然物质等天然治疗方法治疗患病的养殖生物。如果采取上述措施对养殖生物疾病发生或治疗无效果，为保持水产生物的健康和福祉，按照水产疾病管理师或兽医师的处方及监督，可以使用水产动物药品，但应按照动物用药经营规则规定的安全使用标准，详细记录使用情况（即使用者、药品名、使用量、使用时间、使用方法等），与水产疾病管理师或兽医师处方单一起保存管理，要遵守本标准所规定的上市限制时间。使用水产动物用药的，要超过药品规定的休药期的2倍（不需要休药期的药品最少一周），方可销售上市。在网箱养殖场，如果部分网箱使用水产药物，其休药时间或上述规定的上市限制期限适用全部网箱。为了安全使用水产动物药品，应当在加锁的保险箱内保管。不得使用生长促进剂和荷尔蒙促进养殖生物生产，但荷尔蒙剂的使用，在水产疾病管理师或兽医师的处方及监督下可以用于治疗。⑦生产器材卫生管理。饲料加工机械、捕捞网具等有机水产品生产使用的器材，在使用前后要进行清洗等卫生管理，防止被有害物质污染。⑧饲料及营养管理。有机水产品生产使用的饲料，要用有机方法生产，或由作为食用捕捞的水产品的副产品或能食用的产品构成。在有机水产品生产过程中，因严重的自然灾害、极端气候条件等原因，投喂上述规定的饲料有困难的，按国立水产品质量管理院或认证机关规定，在一定期限内允许按一定比例投喂上述规定以外的饲料。有机水产品生产用饲料不应含有法律规定的转基因农水产品或来自转基因的水产品。在有机水产品生产饲料中不得掺入促进代谢功能的合成物质、合成氮或非蛋白氮化合物、抗生素、合成抗菌素、荷尔蒙剂等及其他通过人工合成或基因工程制作变异的物质。滤食性水产动物，除在孵化场和养殖场培育的生物外，应当在自然中摄取所有需要的营养。⑨产品标准。有机水产品上市不得有药物残留。捕捞作业全过程要卫生操作，参与捕捞作业者要特别注意个人卫生管理，防止产品污染。被害虫损坏或外观破损的水产品在捕捞过程中要挑选剔除，避免作为认证品上市。捕捞产品不得置于野外，防止有害动物造成的污染或混入异物。认证品上市时，要记录管理上市明细（日期、品名、销售处、销售量等）。海藻类要采用不能对养殖场及周边生态系统造成不良效果的方法可持续养殖和采捕。⑩运输管理。认证品的运输车辆用水要满足有机水产品养殖场的环境标准，运输用冰要使用卫生制冰，长距离运输的，要制定溶解氧供给等管理办法正确运输，可减轻水产品的压力。要切实加强认证品运输器材及从业人员卫生管理，防止有机水产品的生物学、化学、物理学的危害发生，不得以远距离为由使用药品等。⑪其他。认证品从种苗购入到认证销售，均要按该标准执行。

2. 有机加工食品制作、加工者认证标准

①一般要件。制作、加工者要制定书面有机经营计划，在有机食品制作、加工过程中，减少大气、水、土壤的污染。在有机食品加工及流通过程中，要防止破坏原料的有机纯洁性。有机产品不要与非有机产品混合，应分开经营，防止有机产品与非有机产品接触。要采取措施，防止有机产品污染。②加工原料。有机加工食品原料、食品添加剂、加工辅助剂等应是依法认证的有机食品。不能使用遗传基因生物体或来自遗传基因生物体的原料。水和盐可以作为有机加工食品原料使用，所占比例从最终有机加工食品的有机成分比例计算中扣除，水和盐要分别符合饮用水管理法和食品卫生标准。在不得已情况下，可以使用法律允许的食品添加剂或加工辅助剂，但要少量使用。③加工方法。使用机械、物理、生物学方法制作、加工有机加工食品，要保持所有原料和最终产品的有机纯洁性，一律不能使用起食品化学反应的添加剂、辅助剂、其他物质。在有机加工食品制作、加工及经营过程中，不能使用电离辐射。在有机加工食品制作、加工中，不能使用石棉等会给食品及环境带来不良影响的物质或技术过滤。为了储藏有机加工食品，可以调节空气、温度、湿度等环境，可以干燥储藏有机加工食品。④害虫及病原菌管理。不能使用法律规定物质以外的化学方法或辐射方法管理害虫及病原菌。清除害虫或病原菌首先应使用预防、机械、物理、生物的方法，在不得已的情况下，可以使用农林畜产食品部依法规定的物质。⑤清洗及消毒。有机加工食品不应含设施、设备或原料清洗、杀菌、消毒所使用的物质。符合《饮用水管理法》规定的标准饮用水和法律规定的食品添加剂及加工辅助剂可以作为有机加工食品表面或与有机加工食品直接接触的表面洗涤剂或消毒剂使用。使用洗涤剂或消毒剂清洗或消毒设施、装备的，要采取措施防止破坏有机加工食品的有机纯洁性。⑥包装。有机加工食品包装要选择既充分保护有机加工食品，又能减少对环境造成不良影响的材料和方法。包装材料应是不污染有机加工食品的材料。不能使用含合成杀菌剂、辅助剂、熏蒸剂的包装材料。有机加工食品包装不能使用损坏有机加工食品有机

纯洁性的物质。⑦有机原料及有机加工食品的运输与搬运。要选择有机原料或有机加工食品的运送方法，防止对环境造成不良影响。在运送过程中要采取必要措施，防止损坏有机原料或有机加工食品的纯洁性。不能使用本标准不允许的物质清洗、消毒有机原料或有机加工食品的运送装备及搬运容器。在运输或搬运过程中要明确区分管理有机加工食品与非有机加工食品，避免有机加工食品与非有机加工食品物质或本标准不允许的物质接触或混淆。⑧记录和文书化等。记录保存法律规定的管理资料，便于认证机关随时查阅。有机加工食品制作、加工者要制定必要的书面计划，能在有机加工食品制作、加工及管理全过程保持有机食品的纯洁性，书面计划要经认证机关批准。要记录并保存有机加工食品制作、加工及管理所需要的所有有机原料、食品添加剂、加工辅助剂、洗涤剂、其他使用物质的购买、入库、出库、使用的记录。要制定实行有机加工食品制作、加工、包装、保存、储藏、搬运、销售、其他管理的有机管理指南。为了对有机加工食品制作、加工、管理全过程的记录及现场认证审查和事后管理，要无条件保障具有正当的权利者能够接近。

3. 有机水产品或有机加工食品经营者认证标准

①经营管理。记录保存法律规定的有关经营资料，以便认证机关查阅。②作业场所设施标准。作业场所要符合《食品卫生法施行规则》规定的相关设施标准。法律未规定设施标准的，要符合国立水产品质量管理院规定的设施标准。③原料管理。不得将非有机食品（包括取消认证或停止使用认证标示的认证品）作为认证品原材料使用。原材料入库时，要确认有机食品的标识事项。妥善保存供给者提供的供货单、交易明细表或保证书。④经营方法。有机食品经营者经营非有机食品，在储藏、包装、运输、进口等过程中要区分管理，防止非有机食品混入有机食品，有机食品或非有机食品的经营时间或经营区域要分开。有机食品经营者经营非有机食品的，在经营前要彻底清洗作业场所。经营者把有机食品储藏、包装、运输、进口等部分经营过程委托其他经营者的，受委托人实施的有机食品经营过程要符合法律规定的有机食品经营者的认证标准。为了产品生产，必要时有机水产品可以与无抗生素水产品混合，但被混合的有机水产品视为无抗生素水产品，最终产品要标示无抗生素水产品。在经营过程中不能使用放射线防治害虫、保存食品、消除病原或保持卫生。水产品清洗用水要符合饮用水水质标准及检查规则规定的水质标准。要在作业场所准备经营的有机食品及有机加工品的入库及上市纪录簿，记录管理入库及上市事项等履历跟踪管理。病虫害管理和防治首先要采取清除病虫害栖息地等预防措施，如无效果，要使用机械和物理及生物学的病害防止方法，还不能防治，可以使用有关法律规定的病虫害管理使用的物质，但物质不能直接接触有机水产品。⑤储藏、包装、运输。有机食品储藏和运输时，要保持储藏场所和运输手

段的清洁卫生，防止外来污染。为了加强储藏区或运输集装箱的病害虫管理，可使用物理墙、声和超声波、光、紫外线、陷阱（指荷尔蒙及诱惑）、温度调节、大气调节（指碳酸气体、氧气、氮调查）等。储藏场所及运输集装箱要防止不符合病虫害管理使用的物质和农药，或因使用其他的方法造成的潜在污染。未包装的有机水产品或有机加工食品和普通水产品一起储藏或运输的，要采取必要措施，设置隔断分开，防止有机水产品或有机加工食品和普通水产品混合或污染。包装要符合食品卫生法有关规定，尽量使用生物分解性、再生品或可再生材料制作的材料。⑥产品质量管理。有机水产品的有害残留物质标准要符合法律规定的标准。经营的认证品要标示认证品管理号码、标准条星码或挂电子标签。

三、无农药农水产品的认证标准

无农药农水产品认证标准包括无农药农产品、无抗生素畜产品、无抗生素水产品及未使用活性处理剂水产品。其认证标准的审查事项与有机农产品、有机畜产品和有机水产品认证标准基本相同，应具备的要件大体一致。但从适用的标准看，有机农畜水产品比无农药农畜水产品的标准更为严格。有机农产品（包括人参）在种子的使用、种植方法、包装方法等认证标准与无农药农畜产品有很大差异。有机农产品认证标准（栽培方法）规定完全不使用化学肥料和有机合成农药，但无农药农产品标准（栽培方法）规定不使用有机合成农药，化学肥料要使用农村振兴厅、农业技术院等有关部门推荐施肥量的 1/3以下。有机畜产品认证标准规定要 100％使用非食用有机加工品（有机饲料），无农药畜产品认证标准规定使用不添加抗生素、合成抗菌素、生长促进剂、荷尔蒙剂等饲料。有机水产品认证标准规定投喂用有机方法生产或作为食用采捕的水产品副产物或用可食用水产品构成的饲料，无农药水产品要求投喂未添加抗生素、合成抗菌素、生长促进剂、荷尔蒙剂等饲料，不使用有机酸等化学物质或活性处理剂（海藻类）。有机食品可以视为无农药农畜水产品。

四、有机食品认证机关

（一）认证机关指定

有机食品认证机关是由农林畜产食品部或海洋水产部依法指定的与有机食品认证有关、具有符合法律规定的认证审查员等必要的人力和设施的机关或团体依法实施有机食品认证的机关。国立农产品质量管理院和国立水产品质量管理院为法定认证指定机关。

想要指定为有机食品认证机关的机关或团体，要在规定时间内向国立农产品质量管理院或国立水产品质量管理院提出认证申请书，并附具记载认证业务范围的工作计划书和证明具备认证机关指定标准的文件。认证指定机关接到认证指定申请后，要制定审查计划书，通知申请人，按计划书实施审查。如果审查结果符合指定标准，指定为认证机关，颁发认证机关指定书，并在因特网上公布。指定国外认证机关时，其认证业务除法律规定的事项外，其他必要事项可以与外国认证机关约定。

认证机关指定的有效期自批准之日起 5 年。有效期满后，如果继续履行有机食品认证业务，被指定的认证机关要在有效期满 3 个月前提出更新申请书。经认证指定机关审查是否符合指定标准后，决定是否更新。为了认证机关指定业务和指定更新业务的有效运营，也可以将认证机关及更新有关评价业务委任或委托法律规定的机关或团体。

（二）认证机关审查标准。

1. 组织和人力标准

要符合国际标准化机构（ISO）和国际电工委员会（IEC）制定的实施产品认证制度的机构的基本要求（ISO/IEC Guide 170 65）。具有履行认证业务的专门常设机构，确保认证机关运营所需要的经费来源。具有 5 名以上认证审查员，并经过 30 小时以上的培训。

2. 设施标准

认证机关直接从事认证品检验及分析的，要设置按照公认实验研究机关指定标准规定的检验室，并经公认实验研究机关指定。委托外部检验及分析业务的，可不具备检验室，但为确保检验结果的可信性和准确性，要准备受委托机关经该领域公认实验研究机关指定的相关证明资料，并向受委托机关通报其应当遵守的有关事项。如果受委托机关不认真履行职责或伪造、编造检查记录或未经检查颁发检查证书的，要立即通知农产品质量管理院，中止对该委托机关的委托。

（三）认证业务规定

认证业务规定内容包括：①认证实施方法；②认证后的管理方法；③认证手续费；④认证审查员的遵守事项及自身管理；⑤认证审查员培训计划；⑥保证认证质量管理的指南和实施程序、内部监督指南；⑦对认证业务提出的投诉及纠纷处理程序和措施方法；⑧能够独立履行认证审查、认证决定、认证活动等认证业务的管理体系事项；⑨国立农产品质量管理院认为对履行认证业务必要的事项。

(四) 有机食品认证审查员

按照《关于亲环境农渔业培育及有机食品管理支援的法律》规定，由农林畜产食品部或海洋水产部赋予履行认证审查业务的审查员资格。想要获得有机食品认证审查员资格的，应当具备如下资格或经历：①要获得《国家技术资格法》规定的农业、林业、畜产业、水产业、食品领域技师以上资格者；②要获得《国家技术资格法》规定的农业、林业、畜产业、水产业、食品领域产业技师以上资格者，有在亲环境认证审查或亲环境农产品相关领域工作 2 年以上（有机水产品审查员 3 年以上）经历者；③有在签订法律规定的同等性认证协定的国家认证机关承担认证审查业务的经历者。

获认证审查员资格者，应当接受 30 小时的认证审查员培训。培训内容包括：认证审查员的职责与职业态度、亲环境农水产品及认证有关法律和审查标准、认证审查业务及评价方法。培训后，向国立农产品质量管理院或国立水产品质量管理院提出申请，并附具证明具备认证审查员资格标准的文件和证明依法培训文件及照片，经审查合格后颁发认证审查员证书。

认证审查员有下列情形之一者，农林畜产食品部或海洋水产部取消或停止 6 个月内认证审查员资格：①以虚假或非法手段取得认证审查员资格的；②以虚假或其他非法手段履行认证审查业务的；③因故意或重大过失，认证不符合法律规定认证标准的有机食品的；④不符合法律规定的认证审查员资格标准的；⑤与认证审查业务有关，让其他人使用自己的姓名，或将审查员证借给他人的。

(五) 认证机关应遵守事项

按照法律规定，农林畜产食品部（国立农产品质量管理院）和海洋水产部（国立水产质量管理院）或被指定的认证机关应遵守下列事项：

（1）未经认证申请人书面同意，不得公开或提供认证过程中获得的信息和资料。

（2）农林畜产食品部或海洋水产部提出要求时，认证机关要允许接近认证机关事务所及设施，或提供必要的资料。

（3）要按照农林畜产食品部或海洋水产部的规定保存认证申请、认证审查及认证者的资料。

（4）认证机关要按照农林畜产食品部或海洋水产部的规定，将认证结果和后期管理结果通过登录认证管理信息系统向农林畜产食品部、海洋水产部报告。

（5）为了让认证者遵守认证标准，要按照农林畜产食品部和海洋水产部的规定，对认证者定期审查，并登记管理其结果。

五、认证非法行为的禁止

《关于亲环境农渔业培育及有机食品管理支援法律》（第 30 条）规定：任何人不得有下列行为：

（1）以虚假或非法手段获取有机食品认证或被指定为认证机关的行为；以虚假或非法手段获得认证审查员资格的行为。

（2）对未获得认证的产品标示有机标识或类似标识的行为。

（3）对认证品标示与认证内容不同标示的行为。

（4）虚假发给申请认证所需要的文件的行为。

（5）将未认证产品掺入认证品中销售，或为混合销售而保存、运输或陈列的行为。

（6）明知是被取消的产品，却作为认证品销售的行为。

（7）将未认证产品作为认证品广告，或做与认证品内容不同广告的行为等。

第三节　有机农渔业材料公示及质量认证制度

一、概述

（一）概念

有机农渔业材料是指在有机农畜水产品生产、制作、加工和经营过程中，把可以使用的允许物质作为原料或材料生产的产品。所谓允许物质是指能在有机食品、无农药农水产品或有机农渔业材料生产、制作、加工或经营过程中使用，由农林畜产食品部或海洋水产部规定的物质。有机农渔业材料公示或质量认证制度是为确认有机农渔业材料是否使用允许物质生产的材料，由农林畜产食品部或海洋水产部公示其材料的名称、主要成分、含量及使用方法等信息的制度，也是为促进有机农渔业材料开发，提高质量，对效能优良的有机农渔业材料进行质量认证的制度。评价有机农渔业材料使用原料及质量等可分为公示和质量认证两个环节。有机农渔业材料公示是审查有机农水产品生产原材料能否使用的制度。质量认证是在公示进行阶段更进一步保证产品效能的制度。按照有机农水产品认证标准规定，生产有机农水产品不能使用或只能少量使用农药和化肥及饲料添加剂等化学合成材料，所以无论是农作物营养供给，还是杂草清除及病虫害防治，都要使用能代替农药和肥料的有机农渔业材料。有机农渔业材料在有机农水产品生产中起着十分重要的作用，它直接关系到农民和渔户的生产和质量，是有机农水产品管理的重要组成部分。该项制度从 2011 年

9 月 10 日开始实行，当时称亲环境有机农渔业材料公示及质量认证制度，2012 年 6 月 1 日根据亲环境农渔业培育及有机食品管理支援法律施行规则（2013 年 6 月 2 日执行），改为有机农业材料公示及质量认证制度（本文使用有机农渔业材料公示及质量认证制度）。

（二）公示或质量认证审查程序

1. 公示或质量认证申请

生产或进口销售有机农渔业材料者，要向认证机关提出有机农渔业材料公示（质量认证）申请书，并附具有机农渔业材料公示（质量认证）生产计划书、指定的试验研究机关颁发的试验成绩书及其他有关文件，如原料特性资料、物理化学（微生物检测）检查成绩书、植物试验成绩书、试验样品 500 克，如果是病虫害管理取 100 克（毫升）。

2. 公示或质量认证审查程序与方法

公示或质量认证审查分现场审查、产品审查、文件审查和综合审查。现场审查，即公示或质量认证机关接到申请后 10 日内制定现场审查计划，通知申请人，按照农林振兴厅有关规定赴现场审查。现场审查时，认证审查员要出示证件。认证审查员现场审查采集样品时，要在申请人或代理人在场时进行。产品审查，即公示或质量认证机关对申请人申请时提供的样品和按上述方法现场采集的样品是否一致进行的外观检查，必要时可以分析其有效成分（代表物质的定性和定量分析、有害成分，包括有害微生物）、农药成分、抗生物质等。文件审查，即公示或质量认证机关按照有关规定审查公示申请（更新）提出的有关文件是否符合有机农渔业材料公示标准。在提出的文件中，毒性试验成绩书须经国立农业科学院审查。无特殊理由，公示或质量认证机关应当采用国立农业科学院的毒性试验成绩审查结果，如有异议，由国立农业科学院再审查。综合审查，即公示或质量认证机关在上述审查基础上，编写审查结果报告书。审查结果合格时，经公示委员会审议。

3. 颁发证书和再审查

公示或质量认证机关审查合格后，立即通知申请人，并向申请人颁发公示书（质量认证书），同时在网上公布有机农渔业材料公示或质量认证公告事项。对审查结果有异议的，可以向公示或质量认证机关提出再审查。再审查程序与初次审查相同。

4. 公示或质量认证标示

公示或质量认证的有机农渔业材料经公示或质量认证机关审查合格后，被公示或质量认证者可以在包装上标示有机农渔业材料公示或质量认证图形或文字（见附录3），并标示有机农渔业材料的名称及使用方法等相关信息。

（三）公示或质量认证的变更、有效期和更新

有机农渔业材料公示或质量认证申请者需要变更公示或质量认证内容时，要经认证机关依法变更审批。变更审批程序和方法与公示或质量认证相同。

公示或质量认证有效期自公布之日起 3 年。有效期满后，要继续保持公示或质量认证的，在有效期满 3 个月前向公示或质量认证机关提出更新申请，更新其公示或质量认证。

（四）公示或质量认证等非法行为的禁止

《关于亲环境农渔业培育及有机食品管理支援法律》（第 48 条）规定，任何人不得违反下列行为：

（1）以虚假或其他非法手段获得公示或质量认证，或指定公示或质量认证机关的行为。

（2）在没有公示或质量认证的材料上出现有机农渔业材料公示的标示或类似标示的行为。

（3）在公示或质量认证的农渔业材料上标示与公示或质量认证内容不同的行为。

（4）虚假发给公示或质量认证申请所需要的材料的行为。

（5）明知是按照第 2 或第 3 项的行为标示材料，仍然进行销售的行为或者为销售而保存、搬运或陈列的行为。

（6）明知是被取消的公示或质量认证材料，还仍然作为公示或质量认证的材料进行销售的行为。

（7）把未公示或质量认证的材料作为公示或质量认证的有机农渔业材料广告，或者使公示或质量认证的有机农渔业材料广告能造成错误认识的行为，或者广告公示或质量认证的农渔业材料与公示或质量认证的有机农渔业材料的内容不同的行为。

（8）将未允许物质或法律规定的公示或质量认证标准中未允许的物质掺入有机农渔业材料的行为。

二、有机农渔业材料公示或质量认证标准

有机农渔业材料公示或质量认证对象根据使用用途可分土壤改良材料、作物生长材料、土壤改良及作物生长材料、病害管理材料、虫害管理材料、病害虫管理材料等。其标准分公示标准和质量认证标准。

（一）公示标准

为了有机农渔业材料公示，按照《关于亲环境农渔业培育及有机食品等管理支援法律》规定，应当遵守 7 条认证标准：现场标准、原料特性的资料、物理化学（微生物检测）检查成绩书、植物试验成绩书、毒性试验成绩书、制造工序或质量管理资料、包装标示事项资料等。

1. 现场标准

有机农渔业材料公示审查事项包括经营管理、作业场所、制造设备、工序及质量管理、记录及履历管理、其他等事项。

（1）经营管理。要保存好想要公示材料的有关经营资料，公示机关要求出示时可以随时提供。

（2）作业场所。防止想要公示材料的污染，具备通风设施，尽量保持清洁。

（3）制造设备。要具备适合公示材料生产的制造设施，确保产品及原料的保存设施。

（4）工序及质量管理。要准备生产、制造或加工想要公示材料所需要的作业标准程序，制定和保存质量管理计划。

（5）记录及履历管理。要记录管理想要公示材料的原料及产品进出库事项。

（6）其他事项。

2. 关于原料特性的资料

主要审查原料、原料特性及来源、制造组成比等事项。

（1）原料。用于公示材料的原料只限于使用法律规定的允许物质。辅助剂原则上使用天然物质原料。含有可能对人体、植物、动物有害的病原性微生物、病原菌或被污染的原料，以及含转基因物质（包括提取物）或被污染的原料、含食品药品安全处依据食品卫生法公布的有机合成农药或被污染的原料、食物防疫法规定的病虫害或被病虫害污染的原料、畜产品卫生法实施规则规定的禁止屠宰家畜及家畜屠体和畜产品及副产品、含石棉或被污染的原料等不得混入有机农渔业材料。

（2）原料特性及来源。记载用于公示材料的原料特性；明确用于公示材料的原料出处。

（3）制造组成比。正确记载用于公示材料的原料名称、有效成分种类及含量、投入比例等。

3. 物理化学（微生物检测）检查成绩书

主要审查有效成分检查和有害成分检查事项。

（1）有效成分检查。有机农渔业材料有效成分的检查结果要符合对土壤改良和作物生长产生效果的成分、对疾病和害虫产生活性的成分或代表成分。微生物材料要与申请人提出的微生物名称、保证菌数、检查方法等一致。天敌材料要与申请人提出的天敌名称、保证数、判定生物种属一致。以氨基酸为原料的公示材料要符合农村振兴厅制定的标准。

（2）有害成分检查。有害重金属的检查标准：属于肥料管理法规定的肥料种类的，不得超过同一法律规定的有害成分的最大量，但属于畜肥的，不得超过相同法律规定的有害成分的1/2。其他想要公示材料不超过农村振兴厅制定的标准。病原性微生物和抗生物质不得检出。

4. 植物试验成绩书

主要审查肥料对植物的危害。要对5种以上作物试验合格。农药和肥料的危害程度要在标准量0以下或一倍以下。

5. 毒性试验成绩书

主要审查共同条件和毒性。

（1）共同条件。毒性试验要以农村振兴厅规定物质的有机农渔业材料为对象，但在使用物质或有机农渔业材料的特性上，没有必要评价部分毒性的，可以免除部分毒性试验成绩书。除上述规定的有机农渔业材料外，国内外担心对人或动物或环境造成危害的，可以作为试验对象。以活性微生物为对象。

（2）毒性审查。人畜毒性要确保急性口服毒性试验成绩书、急性皮肤毒性试验成绩书、眼刺激性试验成绩书（眼刺激性试验，指眼球表面接触受试样品后产生的可逆性炎性变化）及皮肤刺激性试验成绩书评价结果安全性。

6. 制造工序和质量管理资料

主要审查制造工序和质量管理。

（1）制造工序。未经过化学工序，符合公示材料生产；不能混入或被化学合成物质或其他原料污染。

（2）质量管理。明确记载想要公示材料的质量管理事项；使想要公示材料符合质量规格。包装标示事项资料要审查包装标记方法，包装纸标示要符合有机农业材料标准。

（二）质量认证标准

质量认证标准分共同标准、原料特性资料、植物试验成绩书、毒性试验成绩书、物理化学（微生物检测）检查成绩书等。

1. 共同标准

主要审查质量认证对象条件和共同条件。

（1）质量认证对象条件。想要质量认证的，公示材料中农林产业在有效期内使用的结果对人体或植物无害等副作用，要制定质量认证品瑕疵处理自身标准。

（2）共同条件。要符合上述公示标准。

2. 原料特性资料

对法律规定的有机肥料质量认证应当是无抗生素或来自有机畜产业的允许物质。

3. 物理化学（微生物）检查成绩书

主要审查有效成分，重点检查有效保证成分、保证量和分析方法等。

4. 植物试验成绩书

主要审查肥料效果和肥料危害结果、药效和药物危害结果。

三、公示或质量认证机关

（一）公示或质量认证机关指定

有机农渔业材料公示或质量认证机关是指为了有机农渔业材料产品的公示或质量认证，由农林畜产食品部或海洋水产部依法指定的机关。想要指定为公示或质量认证机关者，要向农林畜产食品部或海洋水产部提出指定申请。申请时要向指定机关提供组织、人力和设施及装备等有关资料，主要包括：履行有机农渔业材料公示或质量认证业务的常设机关及运营计划；确保公示或质量认证机关运营所需要的资金来源及使用计划；履行农渔业材料公示业务以外的事项；证明具有能圆满完成有机农渔业材料公示或质量认证审查业务资格标准的材料（毕业证书、技师或技术师资格证、经历证书等）；该领域认证业务培训结业证书；有机农渔业材料公示或质量认证所需要的规模和设施及装备资料；与保存室设置及管理有关的资料；其他安全装备有关资料；审查所需要的业务规定等。

指定机关接到申请后，要认证审查申请者是否符合公示或质量认证机关指定标准，审查合格后，确认指定申请者为公示或质量认证机关，并颁发有机农渔业材料公示及质量认证机关指定书，向社会公布。

公示或质量认证机关指定有效期自被指定之日起 5 年。有效期满后，继续从事有机农渔业材料公示或质量认证者，可以在有效期满前更新指定。公示或质量认证机关变更指定内容时，应报农林畜产食品部或海洋水产部批准。

公示或质量认证机关应遵守下列事项：①未经申请人书面同意不得公开提供认证期间获取的信息和资料；②允许农林畜产食品部或海洋水产部接近公示或质量认证机关的事务所及设施或提供必要的信息；③按照农林畜产食品部或海洋水产部的规定保存公示或质量认证的申请和审查及有机农渔业材料交易的资料；④要向农林畜产食品部或海洋水产食品部报告公示或质量认证及管理结

果；⑤为了加强管理，确保公示或质量认证者遵守认证标准，要按照农林畜产食品部或海洋水产部的规定，对公示或质量认证者进行随机性（突然性）审查，记录管理其审查结果。

（二）公示或质量认证机关指定标准

1. 组织标准

作为法人，要具有履行公示或质量认证所需要的组织，公正履行业务。认证机关和认证审查员要独立履行业务。具有履行该认证业务的常设专门机构。确保公示和质量认证运营所需要的资金来源。履行公示或质量认证以外业务的，不因从事其他业务而影响公正履行公示或质量认证业务。

2. 人力标准

要让受过农村振兴厅培训的审查员履行公示或质量认证业务；公示或质量审查员每个专业各一名以上，要达到 6 名以上，但被指定为公示或质量认证机关后，要根据业务量追加人数，确保农村振兴厅规定的公示或质量认证审查；公示或质量认证审查员在近一年内不得有违反《关于亲环境农渔业培育及有机食品管理支援法律》的行为，或生产、进口销售有机农业材料的行为以及其他不公正履行公示或质量认证业务的行为。

3. 设施及装备标准

公示或质量认证机关要具备一定规格和结构的设施和装备，满足履行公示或质量认证业务必要的事项；公示或质量认证机关直接履行公示所需要的有机农渔业材料的试验分析时，应得到该试验研究机关的指定；要具备申请资料和样品保存的保管室，加强保管室管理，防止保存物在保存期间受损、丢失或被盗。

4. 公示或质量认证业务规定

其内容包含下列事项：①公示或质量认证业务的实施方法；②公示或质量认证的管理方法；③公示或质量认证的手续费；④公示或质量认证审查员遵守事项及自身管理和监督办法；⑤公示或质量认证审查员的培养计划；⑥能够保证公示或认证质量的管理指针及其实施程序和内部监督指南；⑦对因公示或质量认证业务引起的投诉和纠纷的处理程序和措施方法等事项；⑧能够独立履行公示或质量认证的审查、决定、活动等公示或质量认证业务的管理体系等事项；⑨所有申请者都能利用公示或质量认证服务，对公示或质量认证的批准、保持、扩大、取消等决定，不受任何商业或财政的压力影响的事项；⑩其他农村振兴厅认为对履行公示业务有必要所规定的事项。

公示或质量认证机关变更公示业务规定时，应对公示或质量认证审查员进行培训，并记录培训事项。

第四节　认证后管理及法律责任

一、有机食品、被认证者、认证机关管理

有机食品认证后，国立农产品质量管理院或国立水产品质量管理院要根据有关法律法规规定，对认证品和被认证者进行调查。认证后调查分定期调查、随时调查和特定调查。定期调查是对认证品卖场或被认证者中部分作业场所实施的调查；随时调查是对接到特定企业违反事实的举报实施的调查；特别调查是国立农产品质量管理院或水产品质量管理院认定必要时实施的调查。上述调查的事项包括：为确认认证品是否符合认证标准进行的物质残留审定调查、对认证品的生产、制作、加工或经营过程是否符合认证标准进行的文件调查和现场调查。调查时要将调查时间、目的、对象事先通知关系人，可以要求被调查人无偿提供试验样品或有关文件。在紧急的情况下，或者认为事先通知达不到预期目的的，也可以不事先通知。依法调查或要求提供资料时，被调查人无正当理由不得拒绝、妨碍或逃避。调查结果判定违反法律规定的认证标准或有机食品标示事项时，可以责令被认证人或认证品流通者采取清除、停止、变更该认证品标示，禁止认证品销售，变更具体标示事项或其他必要措施。

认证机关（包括公示机关）指定后，农林畜产食品部或海洋水产部可以派所属公务员依法对其有关情况进行调查。调查内容包括：是否切实履行认证业务；是否符合法律规定的指定标准；是否遵守法律规定的认证机关的遵守事项。调查结果发现有违反上述调查内容之一者，农林畜产食品部或海洋水产部责令采取改正措施，或责令在 6 个月内全部或部分停止其认证业务，并在网站公布。

二、有机农渔业材料公示或质量认证管理

为确保有机农渔业材料公示或质量认证的真实性和可靠性，农村振兴厅或国立农产品质量管理院强化公示或质量认证后管理，认为必要时，依法派出有关人员对公示或质量认证的有机农渔业材料实施销售品调查，或在公示（质量认证）者的作业场所确认有机农渔业材料的生产、流通过程，调查是否符合法律规定的认证标准。在这种情况下，可以要求被调查者无偿提供检查样品或有关资料。依法调查时，要事先将调查时间、目的、对象通知被调查人。在紧急的情况下，如果认为事先通知达不到目的，也可以不事先通知。需要依法调查或要求提供有关资料时，被调查人无正当理由不得拒绝、妨碍或逃避。调查结果判定违反法律规定的公示（质量认证标准）或标示事项时，可以责令被公示（质量认证）者或有机农渔业材料流通者采取禁止有机农渔业材料销售，清除、停止、变更或停止使用公示（或质量认证）标示及其他必要措施。

三、法律责任

为强化有机食品、无农药农水产品等认证品及有机农渔业材料公示或质量认证的管理，在《关于亲环境农渔业培育及有机食品管理支援法律》中规定，对违反有关规定者，可处 3 年以下徒刑或 3000 万韩元以下罚金（表 9-2）。

表 9-2　违反法律行为的处罚规定（摘要）

根据《关于亲环境农渔业培育及有机食品管理支援法律》规定，有下列情形之一的，处 3 年以下徒刑或 3000 韩元以下罚金：

①违反法律规定，未经认证机关或公示机关的指定，从事认证或公示业务的；

②违反法律规定，超过认证或公示指定机关指定的有效期（5 年），继续从事认证或公示等业务的；

③违反法律规定，被认证机关或公示机关取消认证或公示，继续从事认证或公示业务的；

④违反法律规定，以虚假或不正当手段获取有机食品认证或被指定为有机食品认证机关，或获取农渔业材料公示或被指定为公示机关的；

⑤违反法律规定，以虚假或不正当手段帮助想要获取有机食品认证者进行认证审查或认证，或能够获得认证者；

⑥违反法律规定，以虚假或其他不正当手段被赋予认证审查员资格者；

⑦违反法律规定，在未获得认证的制品上进行认证标示或类似标示，或担心作为认证品错误认识的标示，及与此有关的外国语或外来语标示者；

⑧违反法律规定，在未获得公示的材料上进行公示标示或类似标示，或担心作为被公示的有机农渔业材料错误认识的标示，及与此有关的外国语或外来语标示者；

⑨违反法律规定，在获得认证品或公示的有机农渔业材料标示与认证或公示内容不符者；

⑩违反法律规定，虚假发给获取认证或公示所需要文件者

注：根据《关于亲环境农渔业培育及有机食品管理支援法律》，此表只列举法律规定中部分处罚行为

该法律还规定，有下列情形之一者，处 1 年以下拘役或 1000 万韩元罚金：①违反法律规定，申报进口制品未申报，就销售或在营业中使用者；②违反法律规定，认证或公示机关被依法责令停止认证或公示业务期间从事认证或公示业务的；③违反法律规定，对有关部门下达清除、停止、变更、停止使用、停止销售、禁止销售、回收、废弃认证品或被公示的有机农渔业材料的标示，同时，还对违反有关违反行为做出罚款的规定。例如，违反法律规定，未经认证机关或公示机关批准，变更被认证或公示的内容者，将被处 500 万韩元以下罚款。又如，未将认证品或被公示的有机农渔业材料的生产、制作、加工、或经营情况报告农林畜产食品部或海洋水产部、认证机关或公示机关者，也将受到相同的罚款处分。通过上述刑罚和罚款等处分，让违法者承担相应的法律责任，确保亲环境农渔业的可持续发展，从而实现保护消费者利益的目的。

第十章　水产品质量认证制度

第一节　概　　述

一、概念及其发展过程

韩国水产品质量认证制度是为了提高水产品和水产特产品质量，保护消费者利益，由海洋水产部依据《农水产品质量管理法》组织实施的质量认证制度。被认证的产品通过标示"质量认证"标识，与一般生产、制作、加工的产品相区别，可以在购买现场为消费者提供优质、卫生的水产品信息。这里所说的水产品是指除移植用水产品以外的水产动、植物。水产特产品是在水产加工品中以特定地区生产或生产具有特征的水产品为原料，制作、加工具有特点的产品。

为了满足国民的需求，确保生产者和消费者的共同利益，韩国继 1992 年 7 月开始对农产品实施质量认证后，原农林水产部于 1993 年 2 月 15 日公布《水产品规格化及质量认证证明运营纲要》，标志水产品质量认证制度开始。同年 3 月 28 日国立水产品检查所将干制品、酱制品、调味加工品、海藻类等作为认证品种，分别由市、道及市、郡指定认证标示使用批准号码。1993 年 4 月 1 日制定《水产品质量认证暂定规格》。为了培育国产原料加工产业，同年 6 月 11 日原农林水产部颁布《农水产品加工产业培育及质量管理法律》。1994 年 3 月 9 日农林水产部根据该法制定新的《水产特产品质量认证纲要》，原纲要同时废止。为了应对世贸组织（WTO）的建立，1999 年 1 月 21 日将《农水产品加工产业培育及质量管理法》分为《农水产品质量管理法》和《农水产品加工产业培育法》。水产品质量认证依照《农水产品质量管理法》，水产特产品和传统食品适用《农水产品加工产业培育法》。但考虑水产品的特殊性，2001 年 1 月 29 日又颁布《水产品质量管理法》（法律第 6 399 号，2001 年 9 月 1 日实施），把分散在《农水产品质量管理法》和《农水产品加工产业培育法》及《水产品检查法》、《水产业法》等多部法律的水产品质量管理统一起来，实行独立的法律体系。2011 年 7 月 21 日又把《水产品质量管理法》与《农产品质量管理法》合并修改为《农水产品质量管理法》（2012 年 7 月 22 日执行），使水产品和农产品质量管理法律一体化。同时水产传统食品质量认证在《食品产业振兴法》（第 22 条）中做出规定，由农林水产检疫检查本部（现国立水产品质量管理院）组织认证。

二、水产品质量认证对象品种

水产品质量认证以食用为目的生产的水产品及水产特产品为对象。认证品种在认证过程中逐步扩大。截至2011年水产品质量认证品种78种，其中包括干制品15种、盐渍品3种、海藻类9种、脍料用水产品23种、冷冻水产28种；水产特产品11种（其中调味加工品9种、海藻加工品2种）。2011年7月21日颁布《农水产品质量管理法》（2012年7月22日实施），将水产品、水产特产品质量认证对象扩大到所有水产品。截至2014年3月，水产品质量认证品种427个，其中水产品323个（干制品、盐渍品、海藻类、脍料用水产品、水产品、冷冻水产品）、水产特产品6个（调味加工品、海藻类加工品）。

三、水产品质量认证程序

（一）质量认证申请

拟申请水产品和水产特产品质量认证者，应向国立水产品质量管理院或其事务所提出申请。申请人生产多个品种的，每个品种提出1份申请。申请时，应提交《质量认证品生产计划书》（包括认证申请品种名称、生产设施面积、计划生产量、生产过程、产品销售计划等内容）和《申请品种制造流程概要书》及《阶段说明书》等。

（二）质量认证审查

国立水产品质量管理院或事务所收到水产品、水产特产品质量认证申请后，要确定审查日程，及时通知申请人，并明确审查公务员，按照质量认证具体标准进行认证审查。必要时，可由管辖企业所在地的市长、郡守、区长推荐的公务员组成审查班进行审查。质量认证审查分工厂审查和质量检验审查。工厂审查按工厂审查标准执行。质量检验审查按水产品和水产特产品质量共同标准和个别标准进行。

（三）质量认证审查结果的认定、通知及标示

质量认证审查后，认定符合水产品、水产特产品质量标准的，可由国立水产品质量管理院向申请人颁发《水产品（水产特产品）质量认证书》。获得质量认证者，依照法律规定在质量认证品的包装、容器上标示质量认证品标识。质量认证审查不符合标准的，要书面通知申请人，并说明理由。认定不合格事项能在10日内做补充的，可以规定补充期限，让申请人补充后认证。质量认

证书颁发后，政府要进行公告。公告包括认证号码、认证品种及规格、被认证人姓名（法人名称和法人代表）等内容。

第二节　质量认证标准

一、水产品、水产特产品质量认证标准

韩国水产品、水产特产品质量认证标准，包括质量标准（或称"个别品种检查标准"）和工厂审查标准。

（一）质量标准（或称个别品种检查标准）

1. 水产品质量标准

水产品质量标准分适用共同产品类型的"共同标准"和适用个别品种的"个别标准"。从质量标准看，韩国水产品有干制品、腌制品、海藻类、胘料用水产品（鲜品、冷藏品、冷冻品）、冷冻水产品等五种类型标准；水产特产品有调味加工品和海藻加工品及熏制品三种类型标准。因每项标准规定较细，篇幅过长，这里仅举例简要介绍水产品（干制品）标准。

（1）共同标准。水产品（干制品）共同标准。水产品（干制品）共同标准包括原料、形态、色泽、挑选、味道、处理、挟杂物及重金属、食物中毒菌、二氧化硫、麻痹性贝毒、腹泻性贝毒、细菌数、大肠菌群、染料等15个项目。水产品（干制品）原料认证标准要求国产化；形态完好无损，处理形状好，肥满度好；色泽新鲜，无变质、变色，无霉变；挑选规格均匀，无残次品；味道具有原味，无异味；重金属汞含量要在0.5毫克/千克以下、铅含量2.0毫克/千克以下、镉含量2.0毫克/千克以下；肠炎弧菌、沙门氏菌、黄色葡萄球菌等食物中毒菌要呈阴性；细菌数1克在100 000以下、大肠杆菌1克在10以下（表10-1）。

表10-1　韩国水产品（干制品）质量认证共同标准表

区分	质量标准
原料	应为国产水产品
形态	无损坏或变形，处理形状好，肥满度好
色泽	色泽新鲜，无变质、变色，无霉变
挑选	规格均匀，无残次品混入
味道	具有原味，无异味
处理	去头、脊骨、内脏和皮，肉上不粘血，真空包装
杂物	无泥沙及杂物

（续）

区分	质量标准
重金属（生物标准）	—汞：0.5毫克/千克以下（限鱼类、贝类、软体类） —铅：0.5毫克/千克以下（限鱼类） 2.0毫克/千克以下（限贝类、软体类） —镉：2.0毫克/千克（限贝类、软体类） ※适用于干制品、脍料用水产品、冷冻水产品、调味加工品
食物中毒菌	肠炎弧菌
二氧化硫	低于0.030克/千克
麻痹性贝毒	0.8毫克/千克以下（限双壳贝类）
腹泻性贝毒	0.16毫克/千克以下（限双壳贝类）
细菌数	1克10 000以下（限干秋刀鱼片）
大肠菌群	1克10以下（限干秋刀鱼片）
染料	不得检出（仅限干黄花鱼）

（2）个别质量标准。韩国水产品（干制品）个别标准包括品种、重量（规格）、水分、混入率等项目。对每个品种的要求各有不同。例如干墨斗每尾重量要达到60克以上，水分占20.0%以下；半干墨斗每尾重量要达到80克以上，水分占50.0%以下；干海米水分占20.0%以下、次品规格不同的混入率占5%以下；黄明太鱼干每尾达到70克以上，水分含量20.0%以下（表10-2）。

表10-2 韩国水产品（干制品）个别标准

品种	重量（规格）	水分	混入率
干墨斗	60克以上/尾	23.0%以下	
半干墨斗	80克以上/尾	50.0%以下	
干方头鱼	25厘米以上/尾	—	
干鳀鱼	大鳀鱼77毫米以上/尾	25.0%以下	无头或规格不同的混入率5%以下
	中鳀鱼51毫米以上/尾	（细鳀鱼：30.0%）	
	小鳀鱼31毫米以上/尾		
	稚鳀鱼16毫米以上/尾		
	细鳀鱼16毫米以上/尾		
干尖头乌贼	40克以上	35.0%以下	
干海米	—	20.0%以下	包括次品规格不同的混入率5%以下

（续）

品种	重量（规格）	水分	混入率
黄明太鱼干	70 克以上/尾 35 厘米以下/尾	20.0％以下	
黄明太鱼脯	50 克以上/尾	20.0％以下	
黄明太鱼丝	—	23.0％以下	
干黄花鱼	20 厘米以上/尾	68.0％以下	
干秋刀鱼片	20 厘米以上/片 折断：7 厘米以上	50.0％以下	
干牡蛎	3 克以上/尾	20.0％以下	
干贻贝	3 克以上/尾	20.0％以下	
干银鱼脯	15 克以上/张 长 265 毫米×宽 190 毫米	20.0％以下	
半干尖头乌贼	60 克以上	50.0％以下	

注：表中"共同标准"是为说明方便的一般标准，分水产品的类型，具体标准各有不同。

资料来源：农林水产食品本部公告（2012 年 9 月）第 2012 - 142 号（水产品和水产特产品质量认证具体标准）。

2. 水产特产品质量标准

韩国水产特产品质量标准与水产品质量标准相同，分"共同标准"和"个别标准"。但水产特产品质量认证与水产品质量认证相比有一定的差异。在加工程度上，水产品质量认证经过初级或低档次比较简单的加工阶段，而水产特产品是加工程度比水产品高的认证品种。韩国水产特产品主要有调味加工品、海藻类加工品及熏制品三种类型。这里仅举例简要介绍水产特产品调味加工品标准。

（1）共同标准。水产特产品调味加工品的共同标准包括原料、挑选、味道、处理、调味料、重金属、二氧化硫、麻痹性贝毒、腹泻性贝毒、大肠杆菌等 10 个项目，除原料、重金属、二氧化硫、麻痹性贝毒、腹泻性贝毒与水产品的干制品标准相同外，还要符合其他项目的有关标准，才能通过质量认证（表 10 - 3）。

（2）个别标准。水产特产品调味加工品个别标准除具备上述共同标准外，在品种的形态、色泽、水分含量等方面均有具体标准。例如调味墨斗鱼胴体形态要直，损伤少；拉长度均匀，损伤少；撕裂度均匀，损伤少。色泽大体均匀，无霉变或白粉。水分含量在 30％以下（表 10 - 4）。

表 10 - 3　韩国水产特产品调味加工品共同标准表

原料：应为国产水产品

挑选：无泥沙、次品及挟杂物混入

味道：具有原味，无其他味或异味

处理：去血干净，不带皮、骨

调味料：符合食品卫生法规定的添加剂标准及规格，调味液在肉质浸入均匀

重金属（生物标准）：—汞：0.5 毫克/千克以下（限鱼类、贝类、软体类）

　　　　　　　　　　—铅：0.5 毫克/千克以下（限鱼类）

　　　　　　　　　　　2.0 毫克/千克以下（限贝类、软体类）

　　　　　　　　　　—镉：2.0 毫克/千克（限贝类、软体类）

二氧化硫：低于 0.030 克/千克

麻痹性贝毒：0.8 毫克/千克以下（限双壳贝类）

腹泻性贝毒：0.16 毫克/千克以下（限双壳贝类）

大肠杆菌：阴性

　　资料来源：农林水产食品本部公告（2012 年 9 月）第 2012—142 号（水产品和水产特产品质量认证具体标准）。

表 10 - 4　韩国水产特产品调味加工品个别标准表

形态

　—调味墨斗鱼类

　　①胴体形态要直，损伤少；②拉长度均匀，损伤少；撕裂度均匀，损伤少

　—调味鱼脯：形态要直，规格均匀，无损伤品及次品混入

色泽

　—调味墨斗鱼类：①色泽大体均匀，几乎无霉变和白粉；②焙烧的斑点不重

　—调味鱼脯类：具有固有颜色，光泽好，无霉变和白粉

水分

　—调味墨斗鱼类：30% 以下（胴体、熏制除外）、42% 以下（胴体或熏制）

　—调味马面鱼脯类：25% 以下

　—调味鱼脯类（包括冻）

二、水产品、水产特产品工厂审查标准

　　水产品、水产特产品工厂审查是对工厂的卫生状况和生产及上市的审查。审查的主要项目包括原料、生产设施及材料、作业场所环境及从业人员卫生管理、生产者素质及质量管理状况、自身质量管理水平、质量管理热情度、上市条件及销售处、对外信用度等 8 项评价标准。对审查评价合适与否的打分标准分 "A、B、C、D" 四个等次。评价结果在所有项目中被评为 "A" 等次的项目要达到五个以上；被评为 "C" 等次的项目要在两个以下；无被评为 "D" 等次的项目（表 10 - 5）。

表 10 - 5　工厂审查标准表

区　分	审查标准	评价
确保原材料	确保原材料充足，不影响产品生产	A
生产设施及材料	是否充分具备确保水产品质量标准的生产技术和设施及材料	
作业环境及从业人员卫生管理	无来自周围环境及废弃物污染，生产设施及从业人员的卫生管理是否优秀	B
生产者素质及质量管理状况	具有 5 年以上生产经历；生产者或生产团体，高质量制品生产意志坚定，生产产品质量管理是否优秀	C
自身质量管理水平	在水产品生产、发货过程中，自身管理体制和流通中对商品的事后管理休制是否优秀	D
质量管理热情度	有参与质量管理培训的实际情况，对优质产品生产及发货的热情是否高	
发货条件及销售处	具有充足的销售地，可以持续供给质量认证品，对生产计划量发货无障碍	
对外信用度	开发自己商标，使用 3 年以上；对外信誉度很高；在流通过程中有无异议	

资料来源：农林水产食品部公告第 2009 - 142 号（关于水产品、水产特产品及水产传统食品的质量认证对象品种和质量认证具体标准）。

第三节　质量认证机关

一、质量认证机关指定程序

韩国水产品质量认证机关是由海洋水产部指定的以审查和认证水产品生产条件、质量及安全为业务的法人或团体。《农水产品质量管理法》规定，海洋水产部可以让其指定的认证机关依法代行质量认证业务。

申请作为水产品或水产特产品质量的认证机关，应当向国立水产品质量管理院提出质量认证机关指定申请书（包括电子版申请书），并附具记载质量认证业务范围的工作计划书、证明具备质量认证机关的指定标准的有关材料等。国立水产品质量管理院收到指定申请书后，责成有关公务员确认法人登记事项证明书。如果认为申请符合质量认证机关指定标准时，向申请人颁发质量认证机关指定书。颁发认证机关指定书时，要明确通知质量认证机关履行的业务范围，并公布其内容。被指定为质量认证机关后，要变更海洋水产部规定的重要事项的，应提出变更申请。但质量认证机关指定被取消后，2 年内不得提出申请。

二、质量认证机关指定标准

(一)组织与人力标准

1. 组织标准

为圆满履行质量认证业务,质量认证机关应当是具备质量认证管理的法人或团体。

2. 人力标准

要具有质量认证审查业务及质量认证后管理的质量认证审查员2名以上、能圆满履行质量认证业务的人才;审查员要具备2年制专科毕业或有同等以上学历者,能完成质量审查业务,或具有水产或食品加工领域的产业技师以上资格者;有在水产品、水产加工品或食品相关企业、研究所、机关及团体担任水产品及水产加工品的质量管理业务5年以上经历者。

(二)设施及装备标准

为保证质量认证品的计量和分析,以市、道为单位设10平方米以上的检查认定室。检查认定室的具体数量和面积也可根据质量认定范围,与水产品质量管理院协商调整。

检查认定室要具有秤、蒸馏水制造机、粉碎机、干燥机(Dry Oven)、加热器(Hot Plat)、搅拌机、排风罩、紫外线、水分测量仪、二氧化硫分析用设备等。设备可根据质量认证的业务范围,与质量认证管理机关协商作部分调整。如果水产品质量管理院根据质量认证的业务范围,认为需要其他装备,按其规定执行,确保质量认证正常运行。

(三)质量认证业务规定

质量认证业务规定包括下列事项:①质量认证程序及方法;②质量认证后的管理方法;③质量认证的手续费及收缴方法;④审查员遵守事项及审查员自身管理、监督办法;⑤国立水产品质量管理院认为履行质量认证业务所需要的事项。

三、质量认证机关的取消

根据《农水产品质量管理法》规定,质量认证机关有下列情形之一的,海洋水产部可以取消其认证机关的指定,或责令停止6个月以内全部或部分质量认证业务(视违反情节和次数可责令停止1个月、3个月或6个月质量认证业务):

（1）以虚假或非法手段指定为质量认证机关的。

（2）在业务停止期间进行质量认证业务的。

（3）最近3年内被2次以上停止业务处罚的。

（4）因质量认证机关停业，或解散、倒闭不能进行质量认证业务的。

（5）未依法变更申请，继续履行质量认证业务的。

（6）因未达到指定标准责令改正，自收到责令改正之日起一个月内未履行的。

（7）超过业务范围进行质量认证业务的。

（8）让其他人使用自己姓名或商号进行质量认证或借给质量认证机关指定书的。

（9）因不诚实履行质量认证业务，给公众造成危害或编造质量认证调查结果的。

（10）无正当理由1年以上没有质量认证成果的。

如果违反上述第一项至第四项和第六项规定中任何一项的，取消质量认证机关的指定。

第四节 质量认证后管理

一、质量认证后调查与管理

在依法对水产品、水产特产品质量认证的同时，韩国强化质量认证企业及认证品流通企业的调查和管理。质量认证指定机关按有关规定制定符合自身情况的具体计划，对质量认证企业和认证品流通企业实施定期调查和培训。按照规定，每月进行一次以上市场销售调查；分企业半年进行一次以上质量认证企业调查；对质量认证企业实施相关法律法规、履行认证标准、认证后管理业务指南等培训。水产品、水产特产品质量认证的市场销售品调查内容包括：标示事项与内装物品是否一致；产地、品目、生产年度、重量、生产条件、等级、住址、姓名、电话号码记载是否正确；质量认证标识的制作方法及文字的颜色等是否正确。质量认证企业的调查包括：最初认证时是否履行审查标准；是否履行认证品的各种标示事项；标示事项与内装物品是否一致；质量认证标示是否正确等。市场销售品调查时，除调查上述内容外，作为共同事项，调查是否把非质量认证品作为质量认证品虚假标示或类似标示。

二、法律责任

为了加强水产品质量认证品的管理，依照法律规定，对违反有关规定者视不同情况依法处罚，重者追究刑事责任。对将非质量认证品的水产品或水产加工品混合到依法标示质量认证品的水产品或水产特产品销售，或为混合销售而保存或陈列的行为者，依照《农水产品质量管理法》规定处 3 年以下徒刑或 3 000 万韩元以下罚金。

为了确保质量认证，海洋水产部长认为有必要，可以让质量认证机关或者质量认证者报告相关业务事项，或提供有关资料；可以让相关公务员到事务所检查设施和设备，调查有关账目或材料。对拒绝、妨碍或逃避调查、查阅相关资料者，处以 1 000 万韩元以下罚款。

第十一章 传统食品质量认证制度

第一节 传统食品质量认证对象指定及标准规格

一、概念及认证对象指定

韩国传统食品是以国产农畜水产品为主要原材料，按照历史传承的原理制作、加工、烹调，具有韩国固有的色、香、味的食品。传统食品质量认证制度是政府制定的保证对以国产农畜水产品为主要原材料制作、加工的传统食品质量的制度。该制度是引导生产者生产高质量产品，为消费者提供优质安全的食品培育传统产业的核心制度。这项制度从 1993 年开始依据《农产品加工产业培育法》组织实施。农林畜产食品部或海洋水产部为了扶持和培育传统食品产业，开发、继承和发展以国产农畜水产品为主要原料制作、加工，历史传承下来的具有韩国固有的色、香、味的传统食品，把有必要的品种直接指定为传统食品或经特别市、广域市、道推荐指定公布传统食品。

按照《食品产业振兴法》及其施行规则规定，传统食品质量认证品种由农林畜产食品部或海洋水产部通过该领域专家组成的食品振兴审议会决定。指定传统食品质量认证对象品种的基本原则：一是在国内制作、加工或正在消费的各种食品中，综合考虑食品的传统性和大众性；二是商品化时能够确保市场竞争力；三是需要保护、继承和发展的传统食品。按照上述原则指定的对象品种制定并公布传统食品标准规格。目前农林畜产食品部确定的质量认证对象品种包括辣白菜、辣椒酱、豆腐、香油、药酒、清酒、人参茶、绿茶、枸杞子茶、大枣茶、打糕、粥类、杂烩汤、辣椒面、大酱咸菜、辣椒酱咸菜、红参加工品、水果醋、香肠等近 80 个品种；海洋水产部确定的水产传统食品 47 个品种，其中海味酱类 30 种、粥类 6 种、蟹酱类 3 种、其他 6 种。

二、标准规格制定

为促进传统食品的商品化，有效推进质量认证，由农林畜产食品部或海洋水产部组织，经食品振兴审议会制定、修订或废止所管质量认证对象品种的标准规格。按照有关法律规定，韩国食品研究院、韩国农村经济研究院及公共机关运营法律规定的公共机关负责制定标准规格具体事项。制定、修订或废止标准规格时要进行公告。

传统食品标准规格分质量认证对象品种，由适用范围、用语定义、种类、产品质量及试验方法（质量标准、试验方法）、制作和加工标准（工厂选址、作业场所、保存设施、制造设备、材料标准、主要工序标准）、包装（包装材料、单位包装、容量）、标示（标示事项、标示方法、标示禁止事项）、检查（产品检查、抽样）、合格认证标准等构成。

三、标准规格制定程序

韩国食品研究院、农村经济研究院及公共机关运营法律规定的公共机关在制定、修订或废止标准规格时，要在充分调查研究（包括资料调查、生产现场实际状况调查及听取意见、流通产品现状调查及分析）的基础上，提出标准规格（草案），并征求利害关系人意见，经专家协商、食品振兴审议会分科委员会表决后，由审议会审议决定后向社会公布（图 11-1）。

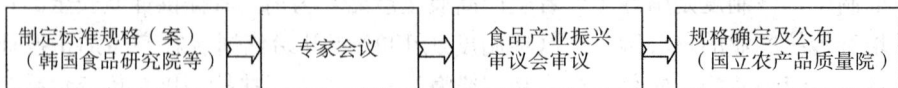

制定标准规格（案）（韩国食品研究院等） → 专家会议 → 食品产业振兴审议会审议 → 规格确定及公布（国立农产品质量院）

图 11-1　韩国传统食品标准规格制定程序

第二节　传统食品质量认证程序及方法

一、传统食品质量认证申请

拟申请传统食品质量认证者，按照食品产业振兴法施行令规定，农产品传统食品向国立农产品质量管理院或被指定的优质食品认证机关，水产传统食品向国立水产品质量管理院提交《传统食品质量认证申请书》、近 6 个月该产品生产及销售实际情况、使用国内主原料生产的农水产品证明材料、食品制作报告书等。产品审查需要试验样品的，申请传统食品认证者要向认证机关提供试验所需要最小量的样品。

二、审查方法及标准

农水产品质量认证机关收到传统食品质量认证申请后，要组织实施工厂审查和产品审查。

（一）工厂审查

工厂审查包括工厂选址、作业场所、制造设备、原料采购与管理、工序与质量管理、工程与质量管理、个人卫生、环境卫生、流通管理、包装与标示等 10 个审查项目（表 11 - 1）、30 个具体评价事项（表 11 - 1）。每个具体评价项目分 A、B、C 三个分项。评价结果满分为 100 分，超过 70 分以上，被评为 "C" 项，5 个以下，用水管理项目评价结果没有 "C" 项，为合格（表 11 - 2）。

表 11 - 1 传统食品工厂审查项目及评定标准

审查项目	审查项目数	分数分配
1. 工厂选址	2	6
2. 作业场所	7	21
3. 制造设备	1	9
4. 原料采购与管理	3	9
5. 工序与质量管理	4	15
6. 工程与质量管理	2	7
7. 个人卫生	2	7
8. 环境卫生	3	10
9. 流通管理	3	9
10. 包装及标示	3	7
合计	30	100

表 11 - 2 传统食品工厂审查具体事项

审查项目	审查项目数	分数分配	评价区分	分数分配
工厂选址	2	6	1) 工厂选址是否因畜产废水和化学物质等污染物设施等受到不良影响？	
			A. 工厂附近无牲口棚等污染源，环境舒适；	3.0
			B. 工厂附近无牲口棚等污染源，但因与居住地相连，不太舒适；	1.5
			C. 工厂附近有牲口棚等污染源	0
			2) 工厂原材料、附属材料及产品进出库是否方便？	
			A. 车辆进出厂道路通畅，原材料、附属材料及产品进出库方便；	3.0
			B. 车辆进出厂道路通畅，但原材料、附属材料及产品进出库不畅；	1.5
			C. 无车辆进出厂道路	0

（续）

审查项目	审查项目数	分数分配	评价区分	分数分配
作业场所	7	21	1）为防止交叉污染，作业场是否按用途（原料处理、制造加工、包装等）分离或区划？	
			A. 按作业场用途分离或区划，有效防止交叉污染；	3.0
			B. 按作业场用途分离或区划不够，但能防止交叉污染；	1.5
			C. 按作业场用途分离或区划不够，担心交叉污染	0
			2）作业场地面和墙壁的结构和功能如何？	
			A. 地面和墙壁结构合理，排水等功能良好；	3.0
			B. 地面和墙壁结构合理，但排水等功能较差；	1.5
			C. 不如"B"	0
			3）能否按产品特点保持作业场内适当温度？	
			A. 能保持适当温度；	3.0
			B. 保持适当温度不够；	1.5
			C. 不如"B"的条件	0
			4）排放作业场内臭味、有害气体、蒸气等通风设施充分与否？	
			A. 通风设施充分；	3.0
			B. 通风设施不够；	1.5
			C. 不如"B"的条件	0
			5）作业场出入门窗能否防止鼠类、害虫侵入？	
			A. 门窗能防止鼠类、害虫侵入；	3.0
			B. 防止鼠类、害虫侵入不够；	1.5
			C. 不如"B"	0
			6）作业场是否具备冲洗和洗涤设备及消毒设施等？	
			A. 设施完备；	3.0
			B. 设备不够完善或利用不够充分；	1.5
			C. 不如"B"	0
			7）作业场保持清洁与否？	
			A. 定期打扫和检查，保持作业场清洁；	3.0
			B. 定期打扫和检查，但作业场清洁状态不够；	1.5
			C. 不如"B"	0

（续）

审查项目	审查项目数	分数分配	评价区分	分数分配
制造设备	1	9	为了产品制造、加工，确保适当的制造设备；为保持性能，是否切实加强主要机械设备管理？	
			A. 完全具备加工制造本产品的制造设备，对主要机械设备的管理状态良好；	9.0
			B. 具备加工制造本产品的制造设备，但对主要机械设备的管理状态不足；	4.5
			C. 确保加工制造本产品的制造设备或管理状态不如"B"	0
原料采购与管理	3	9	1) 能检验产品生产的主原料采购方法；采购是否全部为国产？	
			A. 100%使用国产原料；80%以上为自产或与生产者契约生产，或采购自生产者团体；	3.0
			B. 100%使用国产原料；50%～80%为自产或与生产者契约生产，或采购自生产者团体；	1.5
			C. 100%使用国产原料，但50%以上通过商人采购	0
			2) 该产品生产使用的原材料、附属材料的入库管理是否合适？	
			A. 严格挑选采购保证产品质量规格的主原料，每次入库均直接检查或确认其性质；	3.0
			B. 采购保证制品质量规格的主原料，但原料检查或性质确认书尚有不足；	1.5
			C. 未对主原料质量标准进行确认或入库检查	0
			3) 为保持采购的原料质量标准准备的保管设施或保管方法及入库和出库管理是否恰当？	
			A. 确保保管设施完备，在适当环境条件下保存原料，出入库管理遵守先进先出的原则；	3.0
			B. 保持原料质量的保管设施和保存管理或出入库库存管理方法尚有不足；	1.5
			C. 不如"B"的条件	0
工序质量管理	4	15	1) 是否制定制造作业标准（作业设备、作业方法、作业条件、作业注意事项等），并按标准作业？	
			A. 按标准作业，分主要工序确定管理项目，切实加强管理；	5.0
			B. 未制定制造作业标准，凭经验实施工序管理，产品质量保证不够；	2.5
			C. 无工序管理	0

（续）

审查项目	审查项目数	分数分配	评价区分	分数分配
工序质量管理	4	15	2) 最终产品确认和检查是否符合该规格及质量标准？	
			A. 定期检查质量；	4.0
			B. 不定期检查质量；	2.0
			C. 只按有关法规规定者检查质量	0
			3) 是否具备该食品生产所需要的专门人才和试验装备，并进行工序及质量管理业务？	
			A. 确保该领域专门人才（在专科学校以上学习相关专业者）和试验装备，并进行工序和质量管理业务；	3.0
			B. 无该领域专门人才，但具有基本的试验装备，并进行工序及质量管理；	1.5
			C. 无专门人才或基本试验装备	0
			4) 保持最终产品质量标准的保存和进出库管理方法是否恰当？	
			A. 在适当条件下保存产品；产品出入库管理较好；	4.0
			B. 该产品的保管设施或保管条件或出入库管理，在保持优质产品质量标准上还有不足；	2.0
			C. 不如"B"的标准	0
用水管理	2	7	1) 使用地下水的，是否从可能污染设施开始保护水源（使用上水管及简易上水管的，评为"A"）？	
			A. 可污染设施距水源100米以上的；	3.0
			B. 可污染设施距水源20～100米的；	1.5
			C. 可污染设施距水源20米以内的	0
			2) 确认是否使用符合《饮水管理法》规定的水质标准的用水（使用上水管及简易上水管的，评为"A"）？	
			A. 依照相关法规定期检查水质；检查结果符合法定水质标准；	3.0
			B. 不定期检查水质，或检查结果不符合饮用水水质标准的	0
个人卫生	2	7	1) 依法进行的从业人员健康诊断及诊断结果是否切实采取必要措施？	
			A. 全体从业人员（包括经营者）定期诊断，诊断结果良好；	3.0
			B. 健康检查对象全员定期检查，检查结果良好；	1.5
			C. 健康检查对象中未经诊断者或认为会给他人带来危害的患者从事经营的	0

（续）

审查项目	审查项目数	分数分配	评价区分	分数分配
个人卫生	2	7	2）从业人员是否着卫生服、卫生帽、口罩等卫生防护设施和穿作业靴作业？	
			A. 着卫生防护设施和穿作业靴作业；	4.0
			B. 着卫生防护设施，但卫生状况不够好；	2.0
			C. 未着卫生防护设施，也未穿作业靴作业	0
环境卫生	3	10	1）工厂污水、废水处理方法和处理设施运营如何？	
			A. 具备适当规模处理设施，合法处理排水；	3.0
			B. 具备适当规模处理设施，但处理设施的运营方法不当；	1.5
			C. 未处理工厂污水、废水，可能造成环境污染	0
			2）工厂废水处理方法和处理状况如何？	
			A. 废水处理方法得当，处理状况是卫生的；	3.0
			B. 废水处理方法及处理状况不足；	1.5
			C. 不如"B"	0
			3）卫生间结构、洁具设置和管理状况如何？	
			A. 冲洗式卫生间具有完善的卫生洁具，管理状况良好；	4.0
			B. 虽是冲洗式卫生间，但卫生洁具和管理状况不足；	2.0
			C. 不是冲洗式卫生间，或达不到"B"的条件	0
流通管理	3	9	1）是否具备切实的流通设备，并采取合理的流通方法，使产品质量能够保持到最终消费时点？	
			A. 具备切实的流通设备，并采取合理的流通方法，认为该产品能够保持到最终消费时点；	3.0
			B. 流通设备和流通方法不足，最终消费前可能会出现轻微的质量变化；	1.5
			C. 达不到"B"的条件	0
			2）工厂审查前1年认证申请产品，是否受过监督机关行政处分？	
			A. 没有受到过行政机关处分；	3.0
			B. 受到1次行政处分；	1.5
			C. 受到2次行政处分	0
			3）如果在该产品流通过程中，从交易对方退货或消费者请求赔偿，是否有切实可行的措施？	
			A. 掌握该产品退货或请求赔偿的原因，采取切实可行的改善措施；	3.0
			B. 虽然掌握该产品退货或请求赔偿的情况，但改进的措施等尚有不足；	1.5
			C. 不如"B"的条件，或对该产品退货或请求赔偿不关心	0

（续）

审查项目	审查项目数	分数分配	评价区分	分数分配
包装及标示	3	7	1）是否使用符合该产品特性的材质的食品包装材料？ 　A. 使用符合保护该产品内装物品的材质的食品包装材料； 　B. 虽然使用的包装材料适合食品包装用，但对该产品内装物品保护尚有不足； 　C. 不如"B"	3.0 1.5 0
			2）包装材料的保存及进出库管理是否合理？ 　A. 确保保管场所充分，保管状态良好，进入库管理合理； 　B. 确保保管场所，保管状态良好，但进出库管理尚有不足； 　C. 不如"B"	2.0 1.0 0
			3）申请产品的广告、宣传及产品的标示内容是否合适？ 　A. 符合该规格的标示方法及标准，不担心造成误解； 　B. 符合该规格的标示方法及标准，但担心造成误解； 　C. 不如"B"	2.0 1.0 0

资料来源：《食品产业振兴法施行规则》（2012.7.22 日执行）附表 2。

获传统食品质量认证后 1 年内追加申请同一规格的其他种类，或工厂审查合格，但产品审查不合格时，收到通知 6 个月内再申请传统食品质量认证的，可不再进行工厂审查。工厂审查时，审查公务员要赴现场审查，并请申请人亲临现场。如无正当理由未到场，可以中止审查。生产者团体申请认证时，要对全体成员逐一审查。

申请传统食品质量认证时，申请人自受理认证之日起 2 年内追加申请同一规格的其他种类，或工厂审查合格，但质量实验不合格，在获知结果后 6 个月内再次申请质量认证的，可以不再进行工厂审查。

（二）产品审查

工厂审查时，审查员要在申请人或其代理人在场的情况下，按照品种标准规格采集样品，委托韩国食品质量研究院进行产品审查。产品审查标准，按照传统食品规格分不同品种包括共同标准、质量标准、评分标准、试验方法等内容。下面举例介绍水产传统食品干黄花鱼的共同标准、质量标准、评分标准和试验方法。

干黄花鱼认证共同标准：原料要国产化；质量标准要符合水产传统食品干黄花鱼的质量标准（表 11-3），按照性状评分标准（表 11-4）评分；质量标准的试验方法按照食品卫生法规定执行。

表 11-3　韩国水产传统食品干黄花鱼的质量标准

区　分	标　准
感官品味	按照表 11-4 评分标准评分结果要达到 3 分以上，没有 2 分和 1 分
性状	黄花鱼呈固有形态，腹部呈黄色，内脏未流出
水分（%）	60.0 以下
平均长度（厘米）	20.0 以上
染料	不得检出

注：表 11-3 以外的卫生要求事项要符合食品卫生法的规定。

表 11-4　性状评分标准

区分	评分标准
色泽	1. 背部灰黄色，腹部鲜黄色良好的，评 5 分； 2. 色泽基本良好，根据程度评 4 分或 3 分； 3. 色泽不好评 2 分； 4. 色泽明显不好，评 1 分
形态	1. 体长尾短粗良好的，评 5 分； 2. 形态基本良好，根据程度评 4 分或 3 分； 3. 形态不好评 2 分； 4. 形态明显不好，评 1 分
盐	1. 长期储藏，使用无卤水的海盐，咸味腌透的黄花鱼，评为 5 分； 2. 腌制较好，根据程度评 4 分或 3 分； 3. 腌制不好的，评 2 分； 4. 腌制明显不好的，评 1 分

资料来源：农林水产检疫检查本部公告第 2012-229 号（水产传统食品标准规格）。

三、审查评价及颁发认证书

传统食品认证机关在工厂审查及产品审查时，按照《农林畜产食品部所管食品振兴法施行规则》和《海洋水产部所管食品振兴法施行规则》规定，填写传统食品质量认证审查综合评价书（1 份）、国产农（水）产品使用确认书（1 份）、传统食品工厂审查评价书（1 份）、试验成绩书（1 份）。

认证机关按照质量认证审查方法及标准审查后，认为符合审查标准的，予以质量认证，并颁发质量认证书。申请传统食品质量认证者要缴纳手续费，并依法对认证品标示传统食品质量认证标识。传统食品质量认证程序如图 11-2 所示。

认证申请 传统食品生产企业	→	审查材料 工厂审查 产品审查 认证委员会审议 发认证书	→	标示认证标记 （认证企业）

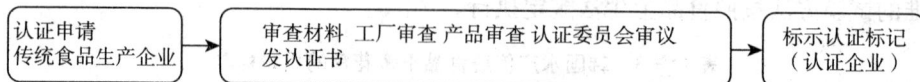

图 11-2　传统食品质量认证程序

第三节　传统食品认证后管理

一、定期审查

按照《食品产业振兴法》规定，传统食品质量认证者自认证之日起每3年接受一次定期审查，主要审查是否遵守传统食品质量认证标准。被审查者应在定期审查之日前3个月向认证机关提出传统食品质量认证审查申请书。认证机关收到定期审查申请后，确定审查日程，组成认证审查班，按照上述介绍的传统食品质量认证审查方法进行工厂审查和产品审查，其结果符合标准的，再发传统食品质量认证书。

二、现场调查和销售产品调查

（一）调查对象选定

传统食品认证机关以认证企业及运送、保存或销售企业为对象，考虑认证品产量、品种、生产、销售地区和认证标准变更或不合格比率高的认证品或认证企业选定调查企业。除此之外，为了保护消费者的利益，有下列情形的，可以追加调查对象：①有消费者对认证品及认证企业投诉的；②认证企业及认证品引起社会争议的；③依法停止使用个别标示或停止销售3个月以上处分结束，想要恢复使用标示或销售的；④因认证企业所在地、认证标准、认证生产条件变更等，确认是否发生认证标准合理性重要事由的；⑤其他国立农产品质量管理院或水产品质量管理院为保护认证品可信性认为有必要的。

（二）现场调查

传统食品现场调查是指在认证品生产现场调查生产工序和使用原料是否合适，调查与认证品生产有关的账簿等。认证调查员为确认认证品企业是否遵守标准规格、原料使用标准、其他法律规定的工厂运营和生产标准，要到工厂调查认证审查资料、加工设施管理状况、食品添加剂使用明细、认证食品交易资料、认证管理文书的准备和保存情况、其他符合认证品的事项等。现场调查每年一次（定期审查企业现场调查除外），追加调查时间可另行规定。

（三）销售产品调查

销售产品调查是指在生产和流通现场通过对认证标示产品标示事项等外观调查、成分调查，实施认证标准合理性与否的调查。

1. 外观调查

主要调查标示事项和标示方法是否符合认证标准；认证品广告是否恰当；是否虚假或相似标示；其他保护消费者的必要事项。

2. 成分调查

主要调查是否符合认证标准及认证规格中规定的标准；是否残留有害物质及未允许的添加剂。

销售产品调查每年一次。调查次数可以根据认证品的流通时间和生产企业是否遵守认证标准进行调整。销售品调查结束后，调查员要向国立农产品质量管理院或国立水产品质量管理院提出调查报告书。

三、法律责任

按照《食品产业振兴法》（第 28 条）规定，依法调查或委托试验结果认定违反传统食品认证标准或标示方法，或食品生产、食品产业经营困难的，可以责令变更和停止使用标识，或停止销售。以虚假或其他非法手段获取认证的；或调查结果明显不符合认证标准的；或无正当理由拒不执行变更和停止使用标示或停止销售令的，认证机关可以取消其认证，但以虚假或其他非法手段获取认证的必须取消认证。对违反法律规定，妨碍、拒绝、逃避调查等行为者，最高可处 500 万韩元罚款；对严重违反法律有关规定的（如以虚假或非法手段获得传统食品认证行为者；对未认证的传统食品标示认证标识的行为或与认证品标示类似标示的行为等），最高可处 3 年以下徒刑或处 3 000 万韩元罚金；对拒不执行标示变更和停止使用，或停止销售等行为，可处 1 年徒刑或处 1 000 万韩元罚金。

第十二章 食品产业标准（KS）认证制度

第一节 概 述

为了巩固国家的产业基础，提高工业品的质量及生产效率，促进交易的简单化、公正化，提高产业竞争力，保护消费者利益，韩国于1961年制定《产业标准化法》。依据该法颁布实施的"产业标准"称为韩国产业标准（Korean Industrial Standards）。能够持续生产韩国产业标准规定的质量标准以上的产品体系，经审查合格后可以获得韩国产业标准（KS）认证。韩国产业标准是为产业标准化制定的标准。产业标准化是指统一和简化矿业和工业产品的种类、形状、尺寸、构造、装备、质量、等级、成分、性能、功能、耐久性、安全性；矿业和工业产品的生产方法、设计方法、制图方法、使用方法、操作方法、基本单位生产的作业方法、稳定条件；矿业和工业产品的包装种类、形状、尺寸、构造、等级、包装方法；矿业和工业产品或与矿业和工业产品有关的试验分析、验证、检查、鉴定、统计方法、测量方法及用语、缩略语、记号、符号、标准数量或单位；结构物和其他作业物的设计、施工方法和安全条件；管理与企业活动相关物品的供应、设计、生产、应用、维修、报废等的情况体系以及依据电子通讯媒体的商业性交往；与产业活动有关的服务（通信服务除外）的提供程序、方法、体系、评价方法等有关事项。

加工食品产业标准是为加工食品的产业化制定的标准。加工食品产业标准认证（KS）制度是通过制定和普及合理的食品及管理服务标准，以提高加工食品质量及有关服务水平和生产技术革新为基础，通过交易的简单化和公正化及消费的合理化，提高食品产业的竞争力，促进国民经济发展的制度。这项制度是在工业标准化法的基础上，于1963年开始建立，由政府直接履行认证业务。1986年将食品加工业务从工业振兴厅移交给农林水产部，同年9月根据产业标准化法颁布《关于农水畜产加工食品标准化（KS）运营纲要》，从此正式建立加工食品标准制度，在农畜水产加工品逐步扩大适用。从1998年开始指定民间认证机关。自1999年3月31日（株）东洋综合食品庆山工厂第一家泡菜加工企业获得认证开始到2011年4月29日共有124家食品加工企业获得产业标准认证。2005 年 7 月正式制定食品标准化计划。2008 年 3 月开始，按照《食品产业振兴法》（第 20 条）规定："为了促进食品产业标准化，提高食品质量，增进消费者权益，农林畜产食品部或海洋水产部可以建立食品产业标准认证制度"。根据该法施行令规定，由农林畜产食品部或海洋水产部依法指定的食品认证机关（韩国食品研究院良好食品认证中心）实施农畜水产品加工食品的产业标准认证。《食品产业振兴法》及其相关法律法规规定，农畜水产加工食品为食品产业标准认证对象。农产品加工食品有面类、糕点类、茶类、糖类等；水产加工食品有冷冻品、熏制品、腌制品、干制品、罐头制品等；畜产品有乳制品、肉制品、蛋制品等；其他加工食品有清凉饮料、特殊营养食品等（表 12-1）。目前加工食品韩国产业标准（KS）187 个，其中加工食品一般标示标准 1 个，水分含量试验方法等 23 个，可溶性糖精、白糖等 163 个。

表 12-1　农畜水产品食品加工产业标准认证品种

农产品加工食品	面类，糕点类，茶类，糖类，酱类，调味食品，豆腐类，淀粉，蔬菜类或谷类、加工品，饮料，桶装罐头或瓶装罐头，面粉类，食用油脂类，人参制品类，腌制食品类，干制品
水产品加工食品	冷冻品，熏制品，腌制品，干制品，桶罐头或瓶罐头，海藻类、加工品，调味加工品，鱼油
畜产品加工食品	乳制品，肉制品，蛋制品，桶装罐头或瓶装罐头，蜂蜜，雪糕类
其他加工食品	清凉饮料，特殊营养食品，农畜水产品及复合加工品，口香糖，调味料，其他由产业通商资源部长与农林畜产食品部长、海洋水产部长协商公布的加工食品

第二节　加工食品产业标准认证

一、认证审查程序和方法

（一）认证申请

想要申请认证加工食品指定者，要向农林畜产食品部或海洋水产部指定的认证机关（韩国食品研究院）提交认证品种指定申请书，并附具指定事由等有关资料，同时交纳基本手续费（每个品种 50 万韩元）。认证业务责任人受理认证申请时进行材料审查后，自受理之日起 5 天内将认证审查日程及审查员名单（2 名以上认证审查员）等认证审查计划书面通知申请人。如果申请人对审查计划无异议，在工厂审查前 1 天，向韩国食品研究院交付认证审查手续费。韩国食品研究院接到认证申请后，如果改正该产业标准或变更认证审查标准的，可以将韩国产业标准的改正内容或认证审查标准的变更内容通知申请人，完善认证申请，使其符合改正内容或变更内容。认证审查员认证时，要向申请人出示认证审查员证件。

（二）认证审查、颁发证书及产品标示

根据食品产业振兴法施行令规定，加工食品产业标准认证标准、标示方法等有关事项按照《产业标准化法》规定执行。韩国产业标准（KS）认证审查方法分工厂审查和产品审查。工厂审查是认证机关组成由认证机关审查人员和指定审查机关审查人员共同参加的联合认证审查班依照食品产业审查标准有关事项进行的审查。属于初次申请认证的，在工厂审查时，主要审查工厂的技术生产条件是否符合认证审查标准，以近3个月的管理实际为基础，通过7个工厂审查评价项目，分品种按审查标准审查。属于定期审查的，主要审查自审查事由发生之日起到审查之日止工厂运营记录是否符合认证审查标准。认证审查结束后，自结束之日起5天内要写出工厂审查结果报告书和工厂审查概要书报送认证业务责任人。如果工厂审查结果不合格，审查员在报告书中向认证审查责任人提出。认证机关根据认证审查员工厂审查结果报告书，按照评定标准进行评定。

产品审查是工厂审查时审查员在申请人的产品加工厂（申请人或代理人在场的情况下）按照品种的审查标准采集认证审查所需要的试验样品进行的审查。认证审查员采集试验样品时，根据韩国产业标准（KS）审查标准的"产品试验样本方式"，按照产品认证的种类、等级或名称采集。试验样品采集要由具有该标准专门知识的审查员按照申请品种的审查标准规定的方法实施。采集的试验样品要委托公认的试验检查机关进行质量试验。样品运输可以请申请人协助。如果样品过重或运输困难或工厂在国外的，现场无公认试验检查机关、国内不具备对该样品试验检查装备的公认试验检查机关的，认证检查员可以在申请人的加工厂现场进行检验。公认试验检查机关受质量试验委托的，按照韩国产业标准及认证审查标准规定的试验方法进行试验，并将试验结果填写在试验成绩书上，送到认证机关。认证机关收到试验成绩书后，由审查员认定是否合格后，报认证业务责任人。

（三）认证委员会审议

认证审查结束后，为了决定是否认证，认证业务责任人将审查报告书和试验成绩书等有关资料提交认证委员会审议。认证委员会根据工厂审查和产品审查结果的判定标准决定是否认证。工厂审查认证判定标准，按审查事项给评价

项目赋"上、中上、中、中下、下"适当的分数，评价结果 100 分为满分，平均分数达到 70 分以上为合格。产品审查，产品质量试验结果达到规格及审查标准值（含标示事项）以上为合格。认证委员会审议后认证业务责任人将审定结果书面通知申请人。

(四) 产品认证书及产品认证标示

认证评定合格后，由认证业务责任人向申请人发产品认证书。

获产品认证者可以在产品包装、容器、送货单或保证书上使用 KS 标识，标示韩国产业标准名称和号码、韩国产业标准规定的产品或服务种类、等级、名称或标本、认证号码、产品生产时间、被认证企业名称、认证机关名称等（图 12-1）。

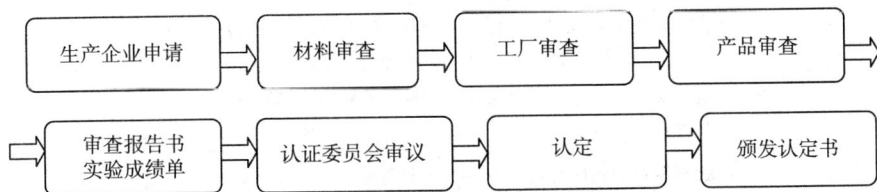

图 12-1　韩国加工食品产业标准认证程序

二、工厂审查评价事项及认证判定标准

韩国产业标准（KS）认证工厂审查评价事项分普通标准化、流通管理、材料管理、流程管理、产品质量管理、制造设备管理和检查装备管理 7 项内容。韩国加工食品产业标准（KS）认证制度的评价事项的主要内容如表 12-2 所示。

表 12-2　韩国加工食品产业标准 KS 认证制度的评价事项

审查项目	评价项目
普通标准化	○内部标准化及质量管理方针和执行计划实施； ○实施质量管理团队运作及定期性自我检查； ○实施标准化及质量管理教育培训情况； ○确保具有资格的质量管理责任人及专门人才和履行职务的适当性； ○对消费者不满处理的原因分析及措施； ○改善作业环境及安全设施等管理
流通管理	○与规定的质量标准及标示事项的经营、保存、运输和陈列方法等规定的适当性； ○确认是否受行政处分、罚款或刑罚； ○规定的广告、宣传等信息的合适性； ○按产品设定合理流通期限及管理情况； ○保持合理的产品回收及废弃等管理体制

（续）

审查项目	评价项目
材料管理	○原材料和辅助材料的标准、检查方法及保存管理方法等规定的合理性； ○按原材料和辅助材料的规定进行质量检验； ○按照原材料和辅助材料的规定实施检验； ○原材料及辅助材料送货企业管理及库存管理活动； ○材料管理活动结果的周期性分析及改善活动
流程管理	○合理设定流程，确立控制手段； ○制造作业标准设定及作业现场的应用性； ○按流程实施中间检查及记录管理活动； ○流程管理活动的周期性分析和改善活动
产品质量管理	○产品标准、检查方法、保存管理及标示等规定的合理性和具体性； ○产品质量管理活动和周期性分析及改善事项； ○近3个月的产品检查结果保持与设计质量的一定偏差范围； ○按照质量管理活动采取的纠正措施及预防措施
制造设备管理	○拥有制造设备的现状、设备运行指南及日常管理事项； ○填写设备管理台账及保持管理事项记录； ○运行条件的标准化及测量气流的矫正管理； ○设备管理活动的周期性分析及阶段性改善活动
检查装备管理	○检查装备的拥有情况、与外部机关的使用契约签订和设备使用方法规定； ○按检查装备填写管理台账和保持管理事项记录及矫正管理； ○检查装备管理活动的周期性分析及阶段性改善活动

第三节　加工食品产业标准认证后管理

一、定期审查

按照有关法律规定，认证机关在加工食品产业标准认证后要对认证产品实施定期审查。定期审查自最初发认证书之日起每3年一次。需要一年接受产品审查的品种在每年定期审查中接受工厂审查。工厂审查合格的，下次可以免除一次工厂审查。加工厂搬迁，自搬迁之日起3个月内接受定期审查。定期审查前被审查者要向认证机关提出申请。定期审查时，认证审查员要向关系人出具具有审查资格的标识。

二、销售品调查

销售品调查是消费者团体有要求，或者因认证品或认证服务质量低下，给多数消费者造成危害或明显担心发生难以恢复的危害，按照总统令规定派公务员或认证审查员对销售的认证产品进行质量试验（即销售品调查），或到认证者工厂或车间进行产品或服务调查（现场调查），确认其质量是否与认证标准一致，原则上连续调查2～4次以上。销售品调查和现场调查结果认定该认证品或认证服务不符合产业标准或认证审查标准时，应向认证机关报告其事实。现场调查时，在调查前7天将调查时间、调查理由及调查内容等调查计划通知被调查人（要求紧急或事先通知时毁灭证据不能达到调查目的的除外）。销售品调查时应采集流通中认证产品的试验样品，如果在流通过程中采集样品困难，可以在其产品加工厂采集试验样品。

三、对违反者的处罚

按照法律规定，定期审查或销售品调查结果不符合产品标示标准，或工厂生产条件达不到KS标准的，根据违反情况，予以责令改正、停止标示、停止销售、取消认证及清除销售品标志等处分（表12-3）。

表12-3　清除认证标示、停止标示或停止销售的处分标准

违反行为	处分标准		
	第1次违反时	第2次违反时	违反3次以上时
定期审查报告结果或销售品调查和现场调查结果有下列情形的			
（1）定期审查报告结果不符合法律规定的认证审查标准，认定因品质或性能缺陷等重大缺陷的	停止标示3个月	停止标示6个月	停止标示6个月
（2）销售品调查结果不符合产业标准的程度相当于认证审查标准中违反标示等轻微缺陷的	责令改正	停止标示3个月	停止标示3个月
（3）销售品调查结果不符合产业标准的程度相当于认证审核标准中规定的质量或性能缺陷等重大缺陷的		停止标示6个月及停止销售6个月	停止标示6个月及停止销售6个月
（4）现场调查结果不符合认证审查标准，一般品质事项不合格的	责令改正	停止标示1个月	停止标示3个月
（5）现场调查结果不符合认证标准，核心品质事项不合格的	停止标示1个月	停止标示3个月	停止标示6个月

（续）

违反行为	处分标准		
	第1次违反时	第2次违反时	违反3次以上时
（6）被认证者把未经认证或其他被认证者的产品（服务）伪造成自己加工的产品（自己提供的服务）进行认证标示的	停止标示6个月及停止销售6个月	停止标示6个月及停止销售6个月	停止标示6个月及停止销售6个月
（7）被认证者把自己加工产品（自己提供的服务）伪造成其他被认证者的产品进行认证标示的	停止标示6个月及停止销售6个月	停止标示6个月及停止销售6个月	停止标示6个月及停止销售6个月

为防止危害消费者生命、财产，认定为不可避免的，农林畜产食品部或海洋水产部可责令被认证者收回产品。责令收回以书面形式通知。通知内容包括：产品名称和商标；产品认证号码及加工时间；履行命令义务人商号及其法人代表姓名；责令收回事由及内容等。接到责令产品收回者，应当向农林畜产食品部或海洋水产部提出履行计划书，其内容包括履行义务人的商号及其法人代表的姓名、产品名称及商标、认证号码及加工时间、产品缺陷内容及原因、未改正产品缺陷可能造成危害的内容、产品缺陷纠正内容及纠正时间等事项。按照履行计划书完成产品收回后，将收回产品内容和实际情况、防止再发生危害的措施、其他收回令的履行结果及防止消费者危害的必要事项等书面报农林水产食品部或海洋水产部。

为推进产业标准认证制度，保护和培育产业标准产品标示认证企业，根据产业标准化法和食品产业振兴法规定，有下列行为之一者处3年以下徒刑或处3 000万韩元以下罚金：

（1）对未经政府认证机关认证的食品标示加工食品KS标识或类似标示的行为；

（2）在食品产业标准认证产品标示与认证内容不同的标示行为；

（3）将未经食品产业标准认证的食品混在食品产业标准认证食品销售，或以混合销售为目的保存、运输或陈列的行为；

（4）销售明知是标示与食品产业标准认证食品内容不同的食品，或以混合销售为目的保存、运输或陈列的行为；

（5）销售明知是未经食品产业标准认证的食品标示产业标准认证或类似标示的食品，或以销售为目的保存、运输或陈列的行为。

使用产业标准认证食品作未经食品产业标准认证食品广告的行为；作食品产业标准认证食品与认证内容不同广告的行为处1年以下徒刑或1 000万韩元以下罚金。

第十三章 食品名人制度

第一节 概念与资格

食品名人制度是为了继承和发展韩国优秀食品规定食品制造、加工、烹饪等领域，经专家审议，将优秀的食品技能人指定为名人保护和培养的制度。该制度依照《食品产业振兴法》及其施行令于 1994 年开始实行。食品名人指定分传统食品名人和普通食品名人两个领域。传统食品领域指定传统食品名人，传统食品以外的食品领域指定普通食品名人。所谓传统食品是指以国产农水产品为主要原料或主材料，按照原始传承下来的原理，制造、加工、烹饪具有固有色、香、味的食品。

指定食品名人需要具备所规定的资格要件：①在该传统食品的制造、加工、烹饪领域连续从事 20 年以上；②按原形保存传统食品的制造、加工、烹饪方法，能将其如实实现者；③接受食品名人拥有技能的传授教育 5 年（食品名人死亡时 2 年）以上，从事该业 10 年以上，能够为食品发展做出贡献者。食品名人由特别市、广域市、道推荐，农林畜产食品部或海洋水产部指定。

目前韩国名人指定品种主要有酒类、糕点、泡菜、腌制类等 14 类 43 个品种。从名人指定的现状看，从 1994 年 8 月将制造松茸百日酒的赵泳奎等 4 人指定为酒类名人开始到 2015 年 11 月共指定 62 个名人，其中全罗南道 13 名（21％），为全国最多的食品名人道。在指定的食品名人中酒类居多。

第二节 食品名人指定标准及评价方法

指定食品名人主要评价食品制造、加工、烹饪的传统性；食品制造、加工、烹饪的优秀性；技能拥有者的正统性；技能拥有者的经历和活动状况；保护价值等。为此，其指定标准由传统性、优秀性、正宗性、经历及活动状况、继承发展及保护价值和其他等项构成。每项分 A、B、C 三小项。其中传统性和优秀性各为 75 分、正统性为 45 分、经历和活动事项为 60 分、继承发展及保护价值为 60 分、其他为 −20 分。传统食品名人和普通食品名人评价项目略有区别。传统食品名人省略优秀性评价项目，普通食品名人省略传统性评价项目。总评分数在 80 分以上者指定为食品名人，但被评为 C 的项目应在 1 项以下。违反《食品卫生法》或《农水产品原产地标示法律》等有关规定的，减掉 20 分（表 13-1）。

表 13-1　食品名人评价标准及评价方法

1. 指定标准

总分数在 80 分以上者指定为食品名人。但被评为 C 的项目应在 1 项以下

2. 评价方法

项目　　领域　　领域	指定对象（领域）		评价（评分）
	传统食品名人	普通食品名人	
传统性	A. 能复原传统食品原形的 B. 能接近复原传统食品原形的 C. 复原传统食品原形略有不足的	（省略评价）	30 25 20
优秀性	（省略评价）	A. 农林畜产食品部或海洋水产部认定的该领域竞赛最优秀奖获奖者 B. 农林畜产食品部或海洋水产部认定的该领域竞赛优秀奖获奖者 C. 农林畜产食品部或海洋水产部认定的该领域竞赛鼓励奖获奖者	30 25 20
正统性	A. 指定名人 10 年以上技能传授，或受 3 代以上秘诀或 10 年以上技能传授后从事该项事业者 B. 指定名人 7 年以上技能传授，或受 2 代以上秘诀或 7 年以上技能传授后从事该项事业者 C. 指定名人 5 年以上技能传授者		20 15 10
经历及活动事项	A. 从事该领域的经历及活动实绩 20 年以上，并从事该项事业者 B. 从事该领域的经历及活动实绩 15 年以上不足 20 年，并从事该事业者 C. 从事该领域的经历及活动实绩 10 年以上不足 15 年，并从事该业者		25 15 20
继承发展/保护保存价值	A. 掌握该技能技术很难，如果不保护，被消灭秘诀的可能性很大 B. 掌握该技能技术很难，如果不保护，有被消灭秘诀的可能性 C. 掌握该技能技术相对容易，拥有者多或普遍化		25 20 15
其他	违反食品卫生法或关于农水产品原产地标示法律，有下列以情形之一的： ①宣告禁闭以上实刑，自执行期满或免除执行之日起未超过 5 年的； ②宣告禁闭以上实刑缓期执行，正在缓期期限之中的； ③受罚金处罚不满 2 年的		-20

第三节　食品名人指定程序

一、申请

想要获得食品名人指定者应按照农林畜产食品部或海洋水产部的规定，向特别市、广域市、道、特别自治道提出申请。申请时，除提交《名人指定申请书》外，还要准备相关附加材料，主要包括：关于拥有技能及产品特点和保存、保护价值的说明书（1 份）；传统继承谱系和继承过程及活动状况和秘诀等证明拥有技能的材料（1 份）；证明传统食品复原原形的材料（1 份，限传统食品名人）；证明竞赛获奖的材料（1 份，传统以外的食品）等。

二、事实调查与推荐

市道接到食品名人指定申请后，通过现场调查及材料审查，对其申请内容进行事实调查。事实调查时，由市道指定课长级调查负责人听取该食品领域具有见解的专家意见。调查结果符合指定标准的，市道向农林畜产食品部或海洋水产部提出指定推荐。指定推荐时，要提交事实调查书，其内容包括：①食品制造、加工、烹饪的传统性、正统性或优秀性；②传统及传承谱系；③继承过程及活动状况；④使用容器及器具；⑤制品的特性；⑥分布情况；⑦类似技能的继承和发展价值等。

三、审议与指定

有市道的食品名人指定推荐时，农林畜产食品部或海洋水产部通过组织审查、事实调查、听取专家意见进行选定，认为符合食品名人指定标准的，由食品产业振兴审议会审议。审议结果符合指定标准的，由农林畜产食品部或海洋水产部指定为食品名人，并向社会公布。

四、颁发食品名人证书

农林畜产食品部或海洋水产部指定食品名人后，向被指定者颁发食品名人指定证书。被依法取消食品名人指定者，要立即将食品名人指定证书退回农林畜产食品部或海洋水产部。获得食品名人证书者不仅具有国家指定的该领域最高的荣誉，而且可以在其制品、包装、容器、送货单上标示农林畜产食品部或海洋水产部规定的食品名人标识（见附录）。具体申请程序见图 13-1。

| 申请者（准备材料） | → | 市道（受理、事实调查、推荐等） | → | 农林畜产食品部或海洋水产部（通过审查、调查、专家进行挑选） | → | 颁发名人指定证书及社会公布 |

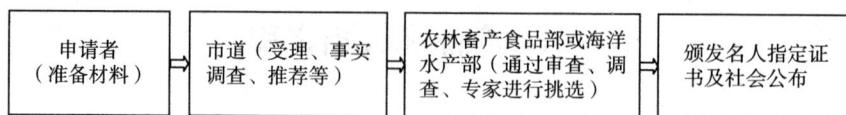

图 13-1　食品名人指定程序

第四节　食品名人保护与管理

为了保护和培育食品名人，农林畜产食品部或海洋水产部按照相关法律规定禁止非食品名人或团体使用食品名人或类似的名称及标识。为确保指定食品名人能够更好地经营其事业，市道制定推进扶持政策。农林畜产食品部或海洋水产部对强化食品名人扶持政策的市道优先预算支持，使市道通过行政指导等强化必要措施，使被指定食品名人不失之名人品位。同时，食品产业振兴法规定，食品名人传授者可以在预算范围内得到必要的政策资金支持。预算范围内资金包括：①食品制造、加工、烹饪所需要的设施资金及食材购买资金；②食品包装设计开发、食品展销会、博览会的召开及参加等促销和宣传；③恢复和传授技能的研究培训及技能恢复传授设施的新设、增设；④技能传授所需要的图书发行及国内外研讨会、发布会等召开；⑤对食品名人的奖励资金的支付；⑥其他农林畜产食品部或海洋水产部认为必要的事业。如果以虚假或不正当手段获得扶持资金，或按照其他法律法规规定重复得到资金支持的，由农林畜产部或海洋水产部收回已支付的支持资金。想要得到资金支持者，应当向农林畜产食品部或海洋水产部提出申请。

为强化指定食品名人管理，按照食品产业振兴法规定，有下列情形之一的，经食品振兴审议会审议可以取消指定：①以虚假或其他非法手段指定的；②把证明是食品名人的材料让与或借与他人的；③无正当理由不依法报告食品名人活动事项的。违反法律规定，以虚假或不正当手段获取食品名人指定或把证明食品名人的材料让与他人者，处 500 韩元以下罚款。

同时，要求食品名人每年 1 月 31 日前向农林畜产食品部或海洋水产部报告一次上年度制品制造、加工、烹饪、销售和技能传授的活动情况。

第四编

标示制度

第十四章　转基因农水产品标示制度

第一节　概　　述

根据韩国《农水产品质量管理法》定义，转基因农水产品是指使人工分离或重组基因具有意图特征的农水产品。具体来说，转基因农水产品是科学家在实验室中改变动物或植物的基因，再制造出具有新特征的食品种类。大家知道，所有生物的 DNA 上都写有遗传基因，它们是建构和维持生命的化学信息。通过修改基因，科学家们就能改变一个有机体的部分或全部特征。如果转基因在玉米、大豆、鲑鱼等农水产品进行，就命名为转基因农水产品，以这样的农水产品为原材料加工的产品就称之为转基因食品。

转基因技术研究于 20 世纪 80 年代正式开始。为了解决人类面临的粮食问题，1983 年美国培植出世界第一种基因移植作物，即含有抗生素药类抗体的烟草，10 年后在美国出现可以延迟成熟的番茄作物成为第一种市场化的转基因食物，到 1996 年，由这种番茄食品制造的番茄饼允许在超市出售，也就是在这个时期，转基因植物开始大面积推广，经美国食品药品局（FDA）批准，玉米、大豆、土豆等开始商品化。在转基因植物研究开发的同时，从 20 世纪 80 年代开始以美国、加拿大等国为中心，以养殖鱼类为对象，以提高生产率、耐低温、耐疾病为目的进行转基因工程技术开发，目前已经开发或正在开发的水产生物约 30 多种。但市场上转基因动物还不多，几乎没有形成商业化生产和流通。全世界转基因农作物已超过 80 多种，其中美国被批准的品种 40 多个，约占 50％左右。到 2013 年全世界转基因农作物栽培面积约 1.753 0 亿公顷，比 1996 年转基因商品化增加 100 倍以上，年均增加 1.5 倍，到 2014 年 2 月世界上商品化的转基因作物 18 个 307 个品种。

目前，对转基因产品有些方面还说不清楚，是否对人体或环境具有危害性仍没有明确的答案，各国国民对此仍有不安全感，有些国家或地区甚至反响强烈，学术界的争论也比较多。为此，国际社会对生物安全问题十分重视。为了预防和控制转基因生物可能产生的不利影响，根据 1992 年召开的"联合国环境与发展大会"（UNCED）通过的《里约宣言》中的"预先防范"原则和联合国《21 世纪议程》中对生物技术的无害环境管理的要求，联合国环境规划署和《生物多样性公约》秘书处从 1994 年开始组织制定《生物安全议定书》，

2000 年 1 月 24—28 日在加拿大蒙特利尔召开的《生物多样性公约》缔约方大会特别会议上通过了《卡塔赫纳生物安全议定书》。"议定书"是处理生物安全这一新的环境问题和合理解决环境与贸易问题的国际法律框架，从而使各国在最大限度降低生物技术对环境和人类健康可能造成的风险的同时，尽可能从生物技术开发和应用中获得最大的惠益。

韩国与其他国家一样，对转基因农水产品的安全性问题高度重视，并采取措施，加强管理，《食品卫生法》对转基因食品标示作出明确规定。为尽早推行转基因农水产品标示，向消费者提供准确的信息，政府积极推进转基因农水产品标示管理。1999 年 1 月 21 日制定的《农水产品质量管理法》作出转基因农产品标示义务化的规定。为了向消费者提供正确的购买信息，2000 年 4 月制定《转基因农产品标示实施办法》，2001 年颁布《转基因食品标示标准》，规定以转基因农产品为原料制成的食品必须标示"基因重组食品"。同时规定外国食品在进口申请书上如果没有转基因标识，出口商须出示从种子购入到装船期间将转基因食品与非转基因食品区分进行流通的《区分流通证明书》方可通关。从 2001 年 3 月开始，根据《农水产品质量管理法》，对大豆、玉米、豆芽、土豆等实施转基因农产品标示制度。同年 4 月制定转基因水产危害评价技术、评价、审查机关运营等统一管理方案；同时海洋水产部公布转基因水产品标示对象品种及标示实施办法。从 2001 年 7 月 13 日起，以转基因农产品为原料制成的食品必须标明为"基因重组食品"，即使只使用一种转基因原料，也必须标明。2002 年 3 月开始对土豆实行转基因标示。如果转基因农产品占 3%以上，或可能含转基因要进行标示。2002 年 12 月依据《水产品质量管理法》及其施行令制定《转基因水产品标示对象品种及实施办法》，规定对虹鳟鱼、大西洋鲑和泥鳅鱼及观赏用转基因鱼类进行标示。为了认真履行联合国《生物安全议定书》，确保转基因生物开发、生产、流通和进出口的安全，2003 年制订转基因生物跨国转移法律。海洋水产部为加强海洋及水产转基因生物进出口环境卫生管理和海洋环境管理，建立转基因生物跨国移动审查评价制度和确保国内流通安全的标示制度；积累有关转基因生物技术开发和信息；确保培育转基因生物的安全管理专门人才和经费。2008 年 3 月 21 日以后，要求进口转基因农水产品必须标示转基因生物标识。截止 2013 年 7 月经国家批准的转基因农作物 81 个品种，利用转基因微生物生产的水解酶 16 种，维生素 1 种，另外还有转基因微生物 1 种，共 17 种。除已经批准的品种外，正在履行安全评价程序的还有数十种①。

———————————

① 世宗大学食品工程科教授京奎项：《世界 GMO 标示制度现状》

第二节 转基因农水产品标示

一、标示对象及义务标示

韩国转基因食品标示标准（食品药品安全处公告第 2014—114 号，2014.4.24 日）规定，转基因食品标示对象包括：按照《食品卫生法》实施的安全性审查结果，被批准为食品用的转基因农水产品和转基因生物体（改性活生物体）；以转基因农水产品或转基因生物体为主要原材料使用一种以上制造加工的食品或食品添加剂制造加工后，还含有转基因 DNA 或转基因蛋白质的食品或添加剂。农水产品质量管理法施行令规定，转基因农水产品标示对象是按照《食品卫生法》（第 18 条）规定实施的安全性评价结果，由食品药品安全处认定符合食用的品种。目前韩国经安全性审查批准的转基因农产品标示对象品种有大豆、玉米、土豆、棉花、油菜、甜菜、紫花苜蓿及以这些农产品为原材料制造加工的食品（含苗芽蔬菜）；水产品标示品种有虹鳟鱼、大西洋鲑、泥鳅鱼和观赏用转基因鱼类等。

《农水产品质量管理法》规定，转基因农水产品生产者和贩卖者，或以贩卖为目的保存和陈列者应当按照总统令规定对该农水产品标示转基因农水产品。按照上述规定，韩国转基因农水产品义务标示者包括：转基因农水产品生产者和贩卖者，或以贩卖为目的保存和陈列者；以转基因农水产品为原材料的食品制造加工业、即时贩卖制造加工业、食品添加剂制造业、食品分装业、流通专卖业或食品进口贩卖业及健康功能食品制造业、健康功能食品进口或健康功能食品流通专卖业者等。

二、标示标准与方法

（一）标示标准

根据《农水产品质量管理法》及其施行令规定，对转基因农水产品应当标示为"转基因农水产品"，或"含转基因农水产品"，或"可能含转基因农水产品"标识。其标示事项要符合转基因农水产品的事实。具体标准如下：

1. 转基因农水产品

（1）转基因农水产品应标示为"转基因××（农水产品名称）"，用转基因农产品生产的幼芽蔬菜标示为"用转基因××（农产品名称）生产的（幼芽蔬菜名称）"。

（2）如果是含转基因农水产品，要标示为"含转基因××（农水产品名称）"，用含转基因农产品生产的幼芽蔬菜，要标示为"含转基因××（农产品名称）生产的××（幼芽蔬菜名称）"。

（3）如果是可能含有转基因成分的农水产品，要标示为"可能含转基因××（农水产品名称）"。但用有含转基因农产品可能性的农产品生产的幼芽蔬菜的，可以标示为"用有含转基因××（农产品名称）生产的××（幼芽蔬菜名称）可能性"。

2. 转基因生物体

①在转基因生物体的标示事项中，名称标示为"转基因××（生物体名称）"，种类标示为"转基因××（农产品、水产品等生物体种类）"，用途标示为"食品用"，特性标示为耐除草剂、抗害虫、抗干旱、脂肪酸组成变化等被批准的特性；②转基因生物体的安全经营注意事项，要标示含加强管理，防止在运输等经营过程中环境排放事项和无意环境排放应采取措施的事项。例如"在转基因生物体××（生物体品种名称）卸货、运输、储藏、包装等经营过程中要防止与其他生物体混合或外部排放。如果在不得已的情况下，转基因生物体无意识环境排放的，马上向管辖××地方食品药品安全厅报告，按地方厅的指示执行"等标示。

3. 转基因食品

（1）转基因食品的标示要在该制品的主标示面上标示"转基因食品"或"含转基因××食品"，或"转基因食品添加剂"或"含转基因××食品添加剂"，或在制品使用的转基因食品名称的正面用括号标示为"转基因"或"转基因的××"。

（2）不能确认是否是转基因的，在该制品主标示面上可标示为"可能含转基因"，或在制品使用的制品原材料名称正侧面用括号标示为"可能含转基因××"。

（二）标示方法

1. 使用韩文标示。

2. 使用擦不掉的墨水、刻印或印章，或不干胶贴纸、标签，用与容器、包装等底色明显区别的颜色、10 号以上的印刷体鲜明标示，让消费者能看得到。

3. 无包装转基因农水产品单体或散装销售的，要用标桩、标示板在销售场所标示。不是最终销售给消费者的，可以在送货单等交易证明书上标示。

4. 转基因农水产品中的活水产品，保存设施（水族馆）要分开，用标桩、标示板标示，防止与非转基因水产品混合。不是最终销售给消费者的，在集装箱或水槽车上难以标示时，可以标示在送货单等交易证明书上。

5. 转基因生物体装载在船舶或集装箱上的货物进口或销售的，要将标示事项标在信用证或商业发货单上。国内流通时，或用麻袋、塑料袋、罐头等包装进口的，要按流通和销售的包装单位分别标示在容器和包装的表面。

6. 转基因生物体装载在货车的货物在国内流通的，要标示在送货单上（表 14 - 1）。

表 14 - 1 转基因农水产品标示方法

区 分	标示方法
包装销售	可以直接印在包装箱上或用不干胶标签标示。如果用网兜或无包装成捆的，可用标牌或标签标示
无包装单体或散装销售	可用标桩、标示板在销售场标示；不是最终卖给消费者的，在销售场难以标示时，可以标示在发货单上
活水产品	区分保存设施（水族馆等）用标桩或广告牌标示，避免与非转基因水产品混在一起；不是最终卖给消费者的，在容器或运输车上难以标示时，可在发货单等交易说明书上标示

（三）标示事项的适用特例

1. 含转基因农产品 3％以下的，可以免除"转基因农产品"的标示，但要备有"区分流通证明书""政府证明书"或"检查成绩书"。"区分流通证明书"即证明在种子购入、生产、制造、保存、运输等经营过程中与转基因食品分开管理的文件；"政府证明书"即生产国或出口国政府认定与区分流通证明书同等效力的证明书；"检查成绩书"是为判断是否是转基因食品由检查认定机关检查的报告单。

2. 进口食品或食品添加剂不能提供法律规定的标示管理对象食品或区分流通证明书和政府证明书的，对该制品进行检查，检查结果提供证明未残留转基因 DNA 的检查成绩书的，免除"转基因食品"标示。

3. 用网兜或无包装销售转基因农水产品的，也可用标牌或标签标示。

4. 转基因生物体名称等有必要的，可使用原文或英文，与开发商或生产者、出口商及进口者有关事项的标示，可以用该制品出口国（生产国）语言标示。

5. 即席销售制造和加工业者陈列销售自己制造加工转基因食品的，在陈列柜标示转基因食品标示事项，或在其他标示板上记载告示时可以省略每个制品标示。

6. 使用运输卫生箱销售豆制品的，在卫生箱标示转基因食品标示事项，或在其他标示板上记载告示时可能省略每个制品的标示。

第三节　转基因农水产品标示管理及法律责任

一、转基因农水产品标示调查

为了确认是否标示转基因农水产品、标示事项及标示方法是否正确、有无违反行为等，食品药品安全处按照总统令规定每年派相关公务员对转基因农水产品定期进行一次调查。在农水产品流通量明显增加的情况下，必要时也可以随时调查。调查前，调查机关应将调查时间、调查目的和调查对象等有关事宜事先告知被调查人，在时间紧急的情况下或认为事先告知不能达到预期目的，也可以不事先通知。调查人员调查时，要向被调查者出示有关证件。被调查者无正当理由，不得拒绝、妨碍或逃避调查。

二、违反转基因农水产品标示的处罚

转基因农水产品义务标示者，如果违反法律规定不在其产品标示转基因农水产品标识，或者违反虚假标示等的禁止行为，食品药品安全处可以向违反者下达履行、变更、删除转基因农水产品标示的纠正令；或者禁止其贩卖交易违反转基因标示的农水产品行为。对违反虚假标示等禁止行为者按上述规定予以处分的，责令在因特网上公布其处分的内容、营业场所和农水产品名称等有关事项。

对违反转基因农水产品调查，拒绝、妨碍或逃避调查者；或违反转基因农水产品标示规定，未标示转基因农水产品者；或违反转基因农水产品的标示方法者处 1 000 万韩元以下罚款。

三、虚假标示等禁止行为及其法律责任

按照法律规定，应当标示转基因农水产品者，即转基因农水产品义务标示者，禁止有下列行为：

（1）虚假标示转基因农水产品或担心其混合标示的行为。

（2）为了混同转基因农水产品标示，损坏、变更其标示的行为。

（3）在标示转基因农水产品混合销售其他农水产品或以混合销售为目的保存或陈列的行为。

有违反上述禁止行为之一者，处 7 年以下徒刑或 1 亿韩元以下罚金。对违反转基因农水产品标示处分不服从者，处 1 年以下徒刑或 1 000 万韩元以下罚金。

第四节　转基因农水产品举报褒奖制度

为了加强转基因农水产品标示管理，韩国依法建立违反转基因农水产品标

示举报奖励制度，并制定了《违反转基因农水产品标示举报奖励办法》（以下称《奖励办法》）。《奖励办法》对奖励支付标准、奖励支付办法及程序作出明确规定。凡经主管机关确定举报或揭发违反转基因农水产标示事项的案件，符合下列情形之一的，在本年度预算范围内向举报人支付 200 万韩元以内数额的资金（表 14-2）：①确定判刑或罚款的；②暂不起诉的；③缴纳罚款或者超过提出疑义期限的；④对提出疑义的罚款再审判维持原判的。

表 14-2 违反转基因农水产品标示举报奖金支付标准

区　　分	违规数量的实际交易额或缴纳罚款金额	奖励金额（万元）
举报违反禁止虚假标示事项者	违反数量实际交易额	
（1）虚假标示转基因农水产品或担心其混同标示的行为；	不足 50 万元	10
（2）为混同转基因农水产标示，损坏、变更其标示的行为；	50 万元以上至不足 100 万元	20
（3）在标示转基因农水产品混合销售其他农水产品或以混合销售为目的保存或陈列的行为	100 万元以上至不足 300 万元	30
	300 万元以上至不足 500 万元	40
	500 万元以上至不足 1 000 万元	50
	1 000 万元以上至不足 1 亿元	150
	1 亿元以上至不足 10 亿元	175
	10 亿元以上	200
举报未依法标示转基因水产品标示者	缴纳罚款金额	
	50 万元以上至不足 100 万	10
	100 万元以上至不足 300 万	20
	300 万元以上至不足 500 万元	30
	500 万元以上	50

举报奖励按下列办法支付：①主管机关对举报事实依法确认并作出决定后，要通知举报人提出奖励支付申请；②受奖励者接到通知后向主管机关提交举报资金支付申请书申请支付资金；③主管机关接到申请后，确认奖励金额及相关材料，决定奖励金额；④用别名或他人名字举报或揭发者，不支付资金；⑤资金的 20% 可用传统市场商品券等实物支付。主管机关和调查机关要对举报人保守一切秘密。

第十五章　农水产品原产地标示制度

第一节　原产地标示概念及发展过程

原产地是指产品的来源地、由来的地方。韩国《关于农水产品原产地标示的法律》定义：原产地指农产品或水产品生产、收获、捕捞的国家、地域或海域。农水产品原产地制度是在农水产品的流通及销售阶段提供正确的原产地信息，确立公正的交易秩序，帮助消费者正确选择的制度。国际上，原产地通常是指具有政治实体的国家。一个国家的境外殖民地、附属领地或保护领土以及回归后的中国香港、澳门特别行政区等地区也可以作为原产地。但像欧盟（EU）、北美自由贸易协定（NAFTA）、东盟（ASEAN）非政治、经济独立的地区协作体等不能成为原产地。商品的原产地是指货物或产品的最初来源，即产品的生产地。进出口商品的原产地是指作为商品进入国际贸易流通的货物的来源，即商品的产生地、生产地、制造或产生实质改变的加工地。原产地标示在一定程度上代表着产品的质量与信誉，是消费者识别和选择商品的重要信息，已日益成为产品的"无形价值"和"无形资产"。建立原产地标示制度，可以避免外国产品假冒本国产品进行销售。

在国际竞争日趋激烈的今天，一些发达国家早就开始通过原产地标示等方式来保护本国产品。例如美国、加拿大、日本等国很早就要求进口商品加贴原产地标识。其中美国对原产地标示的管理最为典型、最为严格。美国规定外国货物入境时，未进行准确标示的不得进入其国内市场，否则海关将征收相当于货物价值10%的标志税。2006年7月，欧委会表决通过由意大利等国提出的对来自欧盟成员国以外的某些产品强制实行原产地标示的决议。其目的是为了与贸易伙伴实行对等的法律法规，进一步加强市场管理，打击不公平竞争和假冒滥用原产地标识的违法行为；同时也是为防止欧盟产业的声誉被假冒，真实原产地产品的声誉被损害，有助于减少因原产地引起的贸易摩擦，增强欧洲产品的竞争力，使欧洲产品免受现存的不公平竞争的困扰。国家为了对土产或者有文化背景内涵的地域性产品实施原产地标示认证。只要有这个标识就可以证明其原产地以便开发和保护。

　　随着自由贸易的不断发展，韩国农水产品贸易全面对外开放，大量廉价农水产品进入韩国市场，使其国内农水产品价格下降，销售困难，流通领域的非法销售问题越来越多，农水产品流通市场秩序日趋混乱。为了加强进口农水产品的管理，确保公正的流通交易秩序，保护农业生产者和消费者的利益，韩国政府于1991年7月1日开始在《对外贸易法》引入进口农水产品原产地标示制度。该法规定了进口农水产品的原产地裁定标准、原产地对象品种、违规处罚等内容。在《关税法》中规定了通关的原产地及其标示的确认及示证流通过程的管制等。当时虽然对虚假标示制定了处罚原则，但对未标示原产地没有分案例规定具体处分内容，管理不令人满意。为确立食品的健全流通秩序，确保消费者正确选择权，1993年6月11日颁布了《关于农水产品加工产业培育及质量管理的法律》（1994年1月1日正式实施），对流通领域的农产品及其加工品实行原产地标示制度，持续扩大原产地标示品种，农产品原产地标示品种到2006年达到439个，2009年达531个。履行原产地标示率从2006年的97.1%，扩大到2009年的97.7%。该法颁布实施后，除原产地标示困难的活鱼及非食用的珊瑚、动物性海绵以外，所有进口水产品一律实行原产地标示制度。1995年1月1日对国产水产品也开始实行原产地标示，2002年7月1日对活鱼实行原产地标示制度。为了消除国民对美国牛肉的不安全感，2008年7月修订农产品质量管理法令，建立餐饮业原产地标示制度。为了保护消费者的知情权，通过引导公正交易，保护生产者和消费者利益，对农产品和水产品及其加工品实行公正、合理的原产地标示，2010年2月4日专门制定《关于农水产品原产地标示的法律》，对产地标示、虚假标示的禁止、原产地标示调查、违反原产地标示处分、农水产品原产地标示的信息提供等作出具体规定。2012年4月11日开始又在餐饮业推行牙鲆、真鲷等6种水产品原产地标示制度，2013年6月开始将带鱼、明太鱼、鲐鱼等作为原产地标示品种，后来陆续增加到16个品种（表15-1）。2016年2月3日在修改《关于农水产品原产地标示的法律》时，规定从2017年1月1日起再扩大原产地标示对象品种，并对其标示方法进行修改。这次修改的主要内容包括：扩大餐饮业（食品服务业、集体食堂）原产地标示对象品种、修改标示方法；强化农水产品加工原料的原产地标示；在配送程序上进行烹饪食品通信销售（提供）时，修改其标示方法。餐饮店原产地标示对象品种扩大到20个，修改前的标示对象为牛肉、猪肉、鸡肉、鸭肉、羊（山羊）肉、大米、白菜泡菜、牙鲆、黑裙、真鲷、泥鳅、鳗鱼、章鱼、明太鱼、鲐鱼、带鱼16个品种，修改后又追加了大豆、鱿鱼、梭子蟹、黄花鱼4个消费量较高的品种，并实行义务标示。

表 15-1　水产品原产地标示实施过程表

区　　分	实施时间	追　　加
进口农产品标示制度	1991 年 7 月 1 日	对外贸易法制订
国内流通农水产品及加工品原产地标示制度	1993 年 6 月 11 日	农水产品加工产业培育及质量管理法律制订
进口水产	1994 年 1 月 1 日	2004 年 9 月 1 日开始追加活鱼原产地标示
国产水产品	1995 年 1 月 1 日	2002 年 7 月 1 日开始追加活鱼原产地标示
水产品加工	1996 年 1 月 1 日	2008 年 1 月 1 日开始追加熟食品（袋装旅行食品）
国产农产品标示用市、郡名标示→国产或市郡名	1997 年 10 月 2 日	农水产品加工产业培育及质量管理法律施行令修订
原产地管理公务员司法警察权	1997 年 12 月 13 日	赋予原产地管理公务员特别司法警察权
扩大试行餐饮业原产地标示制度	2008 年 7 月 8 日	根据农产品质量管理法
移植水产品	2009 年 1 月 1 日	新设标示标准、方法等
食用盐	2011 年 2 月 11 日	关于农水产品原产地标示法律
餐饮业（6 种）	2012 年 4 月 11 日	关于农水产品原产地标示法律

第二节　原产地标示

一、原产地标示对象

农水产品及其加工品原产地标示分国产农水产品及其加工品标示和进口农水产品及其加工品标示。目前韩国国产农产品原产地标示品种有 205 个，农产品加工类有 262 个，进口农产品及其加工品有 161 个。水产品又分国产水产品和远洋水产品原产地标示。国产和远洋水产品原产地标示品种 191 个，水产加工品原产品标示 37 个，进口水产品及其加工品 18 个。

（一）移植水产品原产地标示对象

泥鳅鱼在国内养殖 3 个月、白对虾和海湾扇贝超过 4 个月以上的，可以作为国产（移植）标示；未满规定时间的，以出生地为原产地标示。除此之外的其他鱼类和贝类，在国内养殖超过 6 个月以上的，都作为国产（移植）标示；未满 6 个月的，按出生地标示。

（二）使用复合原材料的原产地标示对象

农水产加工品复合原材料在国内加工的，标示复合原材料中原料配方比例高的两种原料（在复合原材料内再使用复合原材料的，将其复合原材料视为一个原料）；在上述情况下，复合原材料的原料配方比例在98％以上的，可以标示其原料；把进口复合原材料作为农水产品加工品原料使用的，标示通关或进口时的原产地。

（三）餐饮业原产地标示对象

目前餐饮业农水产品原产地义务标示对象品种16个，其中农畜产品7个（牛肉、猪肉、鸡肉、鸭肉、羊肉、大米、辣白菜），水产品9个［牙鲆、真鲷、黑裙（许氏平鲉）、泥鳅、鳗鱼、章鱼、明太鱼、鮨鱼、刀鱼］。2017年1月1日开始增加到20个品种。

二、原产地标示标准

（一）农产品原产地标示标准

1. 国产农产品

原产地标示"国产"或"国内产"，或生产、收获、饲养其农产品的地区市、道名称或市、郡、区名称。例如，原产地："国产"或"国内产（地区名标示：忠清南道瑞山市）"。原产地标示使用韩文，必要时可韩文和英文并用。标示标准规格品、质量认证品、农产品良好管理认证品、履历跟踪管理品、地理标示品，可以把"产地标示"视为原产地标示。

2. 进口农产品及其加工品

标示进口通关当时的原产地，即原产地："国名"或"国名产"，使用英文用"Made in 国名，或 Product of 国名"。例如原产地：中国或中国产，Made in China 或 Product of China。

3. 农产品加工品

农产品加工品按用在加工品的农产品原料的含量顺序标示农产品原产地。国产原料标示为"国产"或"国内产"，或用其原料生产的"市道、市郡区"标示。进口原料，标示进口通关当时的原产地。在用于加工的两种原料中，占98％以上配合原料的，可以把该原料作为标示对象。例如芝麻油：芝麻100％，芝麻（中国产）；断奶食品：脱脂粉乳21％，米粉25％等，米（国产），脱脂粉乳（欧洲产）。泡菜类使用辣椒面品种，用配方比例最高的原料和辣椒面标示。国产原料标示为"国产"或"国内产"，或用原料生产的市道、市郡区标示。进口原料标示通关当时标记的原产地。以农产品名称为产品名称或部分产品名称的，按照配方比例顺序。不是标示对象的，标示该农产品的原产地。例如辣椒酱：糯米 50％、大豆 30％、辣椒 5％等，糯米（国产）、大豆（美国产）、辣椒 5％（国产 80％、中国产 20％）。混合使用同一原料原产地不同的，符合下列三种情形之一的，可以省略混合比例标示，按混合比例高的顺序标示 2 个国家以上的原产地：①最近 3 年内年平均变更 3 次以上混合比例的；②标示混合比例，预计年均更换 3 次以上包装材料的；③政府作为加工品原料供给的进口大米。

（二）水产品原产地标示标准

1. 国产水产品

国内自产水产品，原产地可标示为"国产"或"国内产"，或"沿近海产"。例如牙鲆（国内产）、真鲷（沿近海产）。养殖水产品或沿岸定居性水产品及淡水水产品，可以标示生产、收获、养殖或捕捞水产品的地区市、道名称或市、郡、区名称。

2. 远洋水产品

远洋水产品，即获得远洋渔业许可的渔船在海外水域捕捞运输到国内的水产品。其原产地可以标示为"远洋产"或把"远洋产"和该海域一起标示。例如，原产地："远洋产"，原产地："远洋产（太平洋或大西洋、印度洋等）"。

3. 原产地不同的同一品种混合的水产品

（1）作为国产水产品，其生产的地区不同的同一品种相混合的水产品，按混合比率高的顺序，标示 3 个地区的市、道名称或市、道、郡名称及其混合比例，或者标示为"国产""国内产"或"沿近海产"。

（2）同一品种的国产水产品和国产以外的水产品相混合的，按混合比率高的顺序，标示 3 个国家（地区、海域等）的原产地及其混合比率。

（3）包装 2 个以上品种的水产品：相互不同的 2 个以上水产品包装在一个容器内，以混合比率高的 2 个品种为对象，按照国产水产品远洋水产有关规定标示。

4. 进口水产品及其加工品原产地标示标准

进口水产品及水产加工品标示进口通关时的原产地国家名称。例如原产地是中国的鱿鱼，可以标示"鱿鱼（中国产）"等。远洋运输水产品及其加工品标示运输时的原产地。水产加工品（包括进口水产品或远洋运输的水产品在国内加工的产品），按照上述标准标示原材料的原产地，即如果是进口的水产品按进口水产品的标准标示，如果是国产水产品按国产的标准标示。混合使用原产地不同的同一原料，按混合比率高的顺序分别标示 2 个国家（地区、海域等）的原料原产地及其混合比率（即标示加工食品所用原料中用量最多，排名前 2 位的，2016 年修改为排名前 3 位的）。例如菲律宾蛤肉：美国产 30％，中国产 20％。所使用的原料（除水、食品添加剂及糖外）的原产地均为国产的，可以统一标示为"国产"或"国内产""沿近海产"。由于原料进口的原因，原料的原产地或混合比率经常变更的，如特定原料的原产地或混合比率近 3 年内年均变更 3 个国家以上或近 1 年变更 3 个国家以上和预想从最初生产之日起 1 年内变更 3 个国家以上的新制品，或者使用原产地不同的同一原料的，经海洋水产部等有关部门作出规定后，标示原料的原产地。

三、原产地标示方法

农水产品原产地标示方法分农水产品及其加工品标示方法、通信媒体标示方法和营业场所及餐饮业标示方法。

（一）农水产品及其加工品原产地标示方法

1. 可以在包装上标示的

①标示位置：要标示在消费者容易看到的地方；使用韩国文字，必要时可在韩国文字旁标示汉字或英文。②文字规格：包装面积（指包装箱外表面积）在 3 000 平方厘米以上的，使用 20 磅以上字号；包装面积在 50 平方厘米以上不足 3 000 平方厘米的，使用 12 磅以上字号；包装面积在 50 平方厘米以下的，使用 8 磅以上字号，如果用 8 磅以上字号标示困难的，可以用与标示其他事项相同的字号标示。③字体颜色：与包装材料底色或内装物不同，标示明显。④其他事项：原则上直接标示在包装上，用擦不掉的墨水或盖章、刻印等标示或标签标示，用网兜包装或无包装成捆的，可以使用便笺或货签标示。

2. 难以在包装上标示的

如散装或不能直接标示的农水产品，可以在容器上标示或用标签、标牌、概括说明板等按下列标准标示，让消费者容易看到：①标牌，长 8 厘米×宽 5 厘米×高 5 厘米以上；②展台，长 7 厘米×宽 5 厘米以上；③销售场所，长 14 厘米×宽 10 厘米。

3. 活鱼原产地标示

在保存设施上（水族馆或活鱼运输车）用标牌或标示板标示，国产和进口要分开，避免混在一起。

（二）通信销售原产地标示方法

就一般标示方法来说，通信销售原产地标示使用的文字与农水产品及其加工品相同，为韩国文字，必要时可以在其旁边加标汉字或英文。但受媒体销售限制，如果不能用文字标示时，要用语言表示。如果原产地相同，可以概括一起标示。

1. 利用电子媒体标示

能使用文字标示的（通过互联网、PC 通信、有线电视、IP 电视、TV），标示位置可以在制品名称或价格标识周围标示，或者根据媒体特点利用字幕或其他窗口标示。不能用文字标示的（如收音机），每次要用语言表述 2 次以上。

2. 利用印刷媒体（如报纸、杂志等媒体）标示

要标示在产品名称或价格标识周围，或在产品名称或价格标识周围明示原产地位置，并可以在该场所标示。字体规格一般为制品名称或价格标示的 1/2 以上，或以广告面积为标准按照农水产品及其加工品原产地标示标准标示。

（三）营业场所和集体就餐场所的原产地标示方法

休闲餐饮业和普通餐饮业要在菜单和公告板上标示原产地，让消费者能够看到。可以用其他标牌等多种方法追加标示。营业场所面积不足 100 平方米的，可以在菜单、公告板或标牌中选择一种方法标示。字体一般是菜单或公告板上的餐饮名称的 1/2 以上（表 15－2）。

餐饮业水产品原产地标示方法分国产、远洋及进口产。国内产，标示为"国产或国内产或沿近海产"。远洋产标示为"远洋产或远洋产（海域名称）"。

表 15－2　韩国餐饮业原产标示方法

区　　分	现在标示义务规定	2013 年 6 月 28 日起
字体规格	饮食名称的 1/2	与饮食名称和价格相同或更大
标示位置	没有规定	在饮食名称和价格旁或底部
混合标示	没有规定	按混合比例高低排列
有关水产品标示	牙鲆、鱿鱼、真鲷、泥鳅鱼、鳗鱼和许氏平鲉	牙鲆、鱿鱼、真鲷、泥鳅鱼、鳗鱼和许氏平鲉、带鱼、明太鱼、鲐鱼和所有活的水产品

注：餐饮业为了烹饪贩卖冷库保存的原材料等，从 2013 年 6 月份开始全部标示。

四、虚假标示等禁止行为及原产地标示的信息提供

（一）虚假标示等禁止行为

1.《关于农水产品原产地标示的法律》规定，任何人不得有下列违反行为：①虚假标示原产地或担心使其混同的标示行为；②以使原产地标示混同为目的损坏和变更其标示的行为；③伪造原产地销售，或在标示原产地的农水产

品或其加工品混同其他农水产品或加工品销售，或以销售为目的保存或陈列的行为。

2. 烹饪农水产品及其加工品销售和提供者不得有下列行为：①虚假标示原产地或担心使其混同标示的行为；②伪造原产地烹饪、销售和提供，或为烹饪销售和提供损坏和变更保存和陈列农水产品或其加工品的原产地标示的行为；③在标示原产地的农水产品或加工品混合其他同一农水产品或其加工品烹饪销售提供的行为。

（二）原产地标示的信息提供

在与农水产品原产地标示有关的信息中，农林畜产食品部或海洋水产部对认定有必要让国民知道的信息，应当尽量在法律规定允许的范围内向国民提供这些信息。提供信息时，可以经过审议会议的审议，利用农产品或水产品安全信息系统提供。

第三节　原产地标示管理及法律责任

一、原产地标示调查

为了确认农水产品生产、加工和销售及餐饮业是否依法进行原产地标示，其标示事项和标示方法是否正确，农林畜产食品部或海洋水产部，或特别市、广域市、道或特别自治道要派公务员对农水产品及其加工品原产地标示情况进行调查。必要时，可以到营业场所、仓库、办公场所，对农水产品或其加工品进行确认调查，查阅与营业有关的资料或台账等。调查和查阅时，原产地标示对象农水产品或其加工品销售或加工者，或烹饪销售和提供者，无正当理由不得拒绝、妨碍或逃避。

调查前，农林畜产食品部或海洋水产部等有关部门和市道每年要根据不同的业种、规模、交易品种及交易形态等制定调查计划，按计划组织实施。调查时，调查公务员要向关系人出示标示其权限的证件，提交标明姓名、出入时间、出入目的等文件。

二、举报奖励制度

为了加强原产地标示管理，韩国依法建立违反原产地标示举报奖励制度。负责原产地标示调查业务的主管部门或国立农产品质量管理院、国立水产品质量管理院和市道及市郡区在该年度预算范围内给予举报人一定数额的奖金。奖金标准根据举报事实，视其违反物实际交易额或罚款金额而定。举报虚假标示等违反事项者，违反物实际交易额在 10 万韩元以上不足 50 万韩元的，奖励

10 万韩元，违反物在 10 亿韩元以上的，奖励 200 万韩元；揭发未按法律规定标示原产地标示事项者，违反物实际交易额在 50 万韩元以上不足 100 万韩元的，奖励 10 万韩元，违反物实际交易额在 500 万韩元以上的，奖励 50 万韩元；揭发未按法律有关规定标示原产地及牛肉食用肉种类标示的事项者（不足 100 平方米的原产地标示对象业所除外），罚款额 100 万元以上的，奖励 5 万韩元（表 15-3）。

表 15-3 举报人奖励标准表

单位：韩元

区　　分	奖金支付标准（每件）	
	违反物的实际交易额或罚款金额	奖金额
举报虚假标示等违反事项者	违反数量的实际交易额	
	10 万以上至不足 50 万	10 万
	50 万以上至不足 100 万	20 万
	100 万以上至不足 300 万	30 万
	300 万以上至不足 500 万	50 万
	500 万以上至不足 1 000 万	100 万
	1 000 万以上至不足 1 亿	150 万
	1 亿以上至不足 10 亿	175 万
	10 亿以上	200 万
揭发未按法律规定标示原产地标示事项者	50 万以上至不足 100 万	10 万
	100 万以上至不足 300 万	20 万
	300 万以上至不足 500 万	30 万
	500 万以上	50 万
揭发未按法律规定标示原产地及牛肉食用肉种类标示事项者（不足 100 平方米的原产地标示对象业所除外）	罚款额 100 万以上	5 万

注：违反原产地标示举报奖金支付办法（农林畜产食品部公告第 2014-29 号）2014 年 3 月 17 日实行。

奖金在违反标示事项举报事件做出判决和处分决定后（确定判刑或罚金的；中止起诉的；缴纳罚金或超过规定上诉期限的；对上诉期罚金的再判决结果被确定罚金处分的），按标准支付。主管部门要在被举报人作出判决和处分决定的情况下，通知举报人申请支付奖金。

三、违反原产地标示的法律责任

（1）对违反原产地标示或虚假标示等禁止行为者，责令履行、变更、删除标示，或者禁止销售违反农水产品或其加工品等交易行为；对虚假标示原产地的、未标示原产地 2 次以上的，责令在农林畜产食品部或海洋水产部、国立农产品质量管理院或国立水产质量管理院、市道、市郡区、韩国消费者院的网站上公布。公布内容包括营业品种、营业所名称、违反农水产品名称、违反内容、处分时间、处分权人、处分内容等有关事项。公布期限一般为 6～12 个月。

（2）对违反法律规定不标示原产地者；或者违反法律规定的原产地标示方法者；或违反法律规定，拒绝、妨碍或逃避原产地调查、查阅者；或不准备和保存收据、交易明细者处 1 000 万韩元以下罚款。

（3）对违反虚假标示等禁止行为者处 7 年以下徒刑或处 1 亿韩元以下罚金，或者合并处罚。

（4）对不服从履行、变更、删除标示等纠正令处分者处 1 年以下徒刑，或 1 000 万韩元以下罚金。

第十六章　地理标示登记制度

第一节　概　述

一、地理标示名称、概念及作用

本章所说的地理标示是韩国语的直译名称。在我国有称之为地理标志或地理标识的，但以称地理标志居多，本书使用韩国语直译法"地理标示"一词。

所谓地理标示，从广义上说，一般包括来源标示和原产地标示（原产地名称）两个概念。来源标示是指标示特定商品来源于特定国家或地区或场所的词、标识、图案。1883 年《巴黎公约》及 1891 年《马德里公约》都使用该名称保护地理标示的商品，也可以说来源标示是地理标示的旧称。而原产地标示在《里斯本协定》又称保护原产地名称及其国际注册里斯本协定（1958 年 10 月 31 日制订，1967 年 7 月 14 日在斯德哥尔摩修订，1979 年 10 月 2 日修改）第 2 条定义："一个国家，地区或地方的地理名称，用于指示一项产品来源于该地，其质量或特征完全或主要取决于地理环境，包括自然和人为因素"。WTO（世贸组织）1994 年制订的《与贸易有关的知识产权协议》（TRIPS 协议）第 22 条第一款将地理标示定义为："其标志出某商品来源于某成员地域内，或来源于该地域中的地区或某地方，该商品的特定质量、信誉或其他特征，主要与该地理来源有关。"从该协议的地理标示概念看，地理标示是特定产品来源的标志。商品的质量和信誉或其他特征，主要由该地区的自然因素或人文因素所决定。它可以是国家名称及不会引起误认的行政区划名称和地区、地域名称。地理标示是知识产权的一种。到目前为止，该定义是对地理标示的比较完整表述，已被世界各国所使用。

韩国《农水产品质量管理法》（法第 12604 号，2014 年 5 月 20 日修订）定义农水产品地理标示，是指"农水产品或农水产加工品的信誉、品质及其他特征，本质上来源于特定地域地理特征时，标示该农水产品或农水产加工品在该特定地域生产、加工的标识。"从其定义来看，韩国农水产品和农水产加工品地理标示的定义与《与贸易有关的知识产权协议》（TRIPS 协议）的地理标志的定义大致相同。概括起来说，地理标示是标明某一种商品来源于某一地域内，或该地理内的一地区并且该产品的特定品质、信誉或其他特征，主要与该地理来源相关联的标志。

韩国农水产品地理标示制度是指农水产品的品质来源于特定地域的地理特性时，通过登记和保护地理标示，培育提高地理特产品的品质及地域重点产业的制度。

关于地理标示的功能作用，韩国商标协会在《〈国内地理标示制度统一化方案研究〉最终报告书》（2011 年 8 月 7 日）中提出地理标示有四大作用：一是地域来源标示作用。地理标示作为地理的来源标志，地域名称就是起到表示具有作为该制品的制造或加工等的原产地的连续性的作用；二是品质保证作用。地理标示象征着具有或使消费者期待的品质的力量，起到保证品质的作用；三是投资或广告宣传作用。地理名称是在其周边积蓄产品宣传投资的暗号，没有对原产地或品质引起任何误会时，这样的投资也是有受同样保护资格的价值；四是文化保护作用。因地理标示保持传统的生产方式，保持消费习惯和文化整体性，起到保护地域文化的作用。

目前世界上地理标示保护制度大体分为两种：一种是以团体标示或证明标示制度保护，如美国、日本和韩国均采取这种方式；另一种是原产地名称保护及对地理标示注册的特别保护，欧盟主要采取这种方式。

二、地理标示制度产生的历史背景

为了更好地理解地理标示制度，首先对欧洲和美国的地理标示的历史进行一下考察。从历史上看，法国是依法建立地理标示制度最早的国家。作为法国的农水产品质量认证制度的原产地名称保护法是欧盟地理标示和质量认证之源。从 17 世纪以后，随着世界自由贸易的发展，欧洲各国在自由贸易框架下，在努力扩大本国利益的过程中更加清醒地认识到地理标示制度的必要性。与此同时，欧洲和美国之间就地理标示问题展开了激烈的论争。具有悠久的自由贸易经济的欧洲和苏联需要对本国商品进行地理标示。但美国等新兴贸易国家对这样的地理标示持反对意见。欧洲国家的地理标示把重点放在内在的经济价值上，而美国把重点放在由虚假地理标示引起的消费者的救助上。欧洲国家极力阻止美国在所谓普通名称的借口下利用地理标示。同时欧洲批评美国只把地理标示作为单一保护商品乃至事业的商标权制度使用。

1883 年 3 月 20 日在巴黎签订（1884 年 7 月 7 日生效）的《保护工业产权巴黎公约》（Paris Convention on the Protection of Industrial Property）简称《巴黎公约》。最初的成员 11 个，到 2012 年 2 月 17 日为止，缔结方总数 174 个（1985 年 3 月 19 日中国成为该公约成员，是地理标示制度的最早公约之一）。但当时并无清晰的定义。《巴黎公约》的调整对象即保护范围是工业产权，包括发明专利权、实用新型、工业品外观设计、商标权、服务标记、厂商名称、产地标记或原产地名称以及制止不正当竞争等共八个方面的内容。该公约的基本目的是保证一成员的工业产权在所有其他成员都得到保护。公约第10条规定：直接或间接使用虚伪的货源标记、生产者、制造者或商人标记的商品在进口时，予以扣押。但在协商过程中各成员代表拒绝对假冒标记的全面禁止制度，与假商标一起使用或具有欺诈他人的意图，只对假冒标志予以禁止。只是规定了有限的地理标示保护。该公约缺乏一定的强制力。

中国加入《巴黎公约》1967年斯德哥尔摩文本，同时声明对公约第29条第1款予以保留，不受该条款的约束。该条款内容为："本联盟两个或两个以上国家之间对公约的解释不能依谈判解决时，有关国家之一可以按照国际法院规约将争议提交该法院，除非有关国家就某一其他解决办法达成协议。"

1891年4月14日在马德里签订（1892年7月生效）的《商标国际注册马德里协定》（Madrid Agreement for International Registration of Trade Marks）简称《马德里协定》，是关于简化商标在其他国家内注册手续的国际协定，对于地理标志的保护与《巴黎公约》基本相同，是对《巴黎公约》关于商标注册部分的一个补充。根据协定规定，要先参加《巴黎公约》，才能参加《马德里协定》。当时由阿尔巴尼亚、阿尔及利亚、亚美尼亚等31个成员共同缔结而成。《马德里协定》保护的对象是商标和服务标志，主要内容包括商标国际注册的申请、效力、续展、收费等。该条约规定，使用虚假或导致错误的地理名称时，予以扣押；对使用与葡萄酒有关的普通名称与使用原产地名称相矛盾，由各国法院决定。对地理标志的保护比巴黎公约的范围要宽一些。但因普通名称使用问题，美国未加入该协定。

1958年除美国外17个巴黎条约国家通过的《里斯本协定》（1967年7月14日在斯德哥尔摩修订，1979年10月2日修改）是构建现在地理标示登记及保护体系的基本框架的协定。该协定建立起对原产地标示的国际注册登记和保护体系。《里斯本协定》对原产地名称的保护比巴黎公约及马德里协定更为周延，但因加强保护原产地名称标志的种种规定，虽然是符合欧洲国家保护地理标志的规定，但因与美国的商标法等有关法规相背，遭到美国的强烈反对，因此未加入该协定。

通过1891年制订的《马德里协定》和1958年制订的《里斯本协定》，地理标示保护有所强化。1994年1月1日签订的《与贸易有关的知识产权协定》（Trips协定），在WTO框架下对地理标示问题作了专门的规定。该协定充分反映出现在地理标示的本来面目，也是对地理标示和商标有关的最有影响力的国际协定。至此，欧洲经过100多年的争论，终于使地理标示制度化。该协定与以前其他协定相比具有较强的强制力。以前的协定只不过是当事国的自发贸易协定，对未加入国没有强制力。而《与贸易有关的知识产权协定》（Trips协定）要求WTO全体成员都要承担协定履行的义务（表16-1）。

表 16-1 国际条约保护的地理标示

	受保护的地理标示	定　义	比　较
巴黎公约	来源标示或原产地名称	无	—最早保护只证明有欺骗行为的来源标示 —里斯本修订时，和欺骗行为无关
马德里协定	来源标示	指商品的来源国或来源地	—从因虚假或欺骗的来源标示导致的商品误认开始保护
里斯本协定	原产地名称	来源于一定的地域内的商品和品质以及包括自然和人为因素的排他或必然性	—对产地名称的保护内容，不仅对消费者，对生产者的保护比重也较大
TRIPS协定	地理标示	商品的特定品质、信誉或其他的特性，本质上源于地理的根源时，明确表示把会员国的领土或会员国的地域或场所作为原产地的标示	—未限制保护对象，包括农水产品及其加工品，也包括其他工业产品等范围 —担心诱发地理标志的误认、混淆的地理标识，禁止用商标登记

在《与贸易有关的知识产权协定》（TRIPS 协定）后，以欧盟（EU）为中心的欧洲等国家要强化地理标示，但比欧洲地理标示保护相对较少的美国等国家，对多边登记体系持反对立场。欧盟（EU）通过各国和自由贸易协定（FTA）推进强化地理标示保护的政策。

在此期间，韩国和美国、日本等国一样，对强化地理标示保护及扩大保护范围也持反对的立场。其主要原因是认为与葡萄酒或蒸馏酒的地理标示没有特别的利害关系。

1995 年韩国加入世贸组织后，为了承担世贸组织关于知识产权保护规定的义务，适应国际贸易的需要，保护本国地理标示，作为 WTO 成员应逐步对地理标示引起重视。1996 年 7 月 1 日以前，把许可、商标及著作权等大部分主要知识产权相关规定和《与贸易有关的知识产权协议》（Trips 协定）一致起来。《欧洲联盟条约》（1992 年）签署后，1996 年 10 月韩国与欧盟签订基本合作协定，就建立地理标示制度达成一致意见。特别是 2002 年韩国与智利签订自由贸易协定，要求对智利酒类强化地理标示保护。为了履行《与贸易有关的知识产权协议》（Trips 协定）和韩国与欧盟双边贸易协定的义务，同时在国内外保护韩国的优质地理特产品，韩国国税厅在 1998 年酒税法中引入葡萄酒及蒸馏酒地理标示保护制度，并在 1999 年 1 月 21 日制定《农水产品质量管理法》（第 5 667 号）时正式建立地理标示登记注册制度，开始履行《与贸易有关的知识产权协议》（Trips 协定）；2002 年"保兴绿茶"作为韩国第一个农产品地理标示登记，到 2013 年达到 94 个，其中辣椒和大蒜最多，全罗南道最多；2007 年水产品质量管理法施行令新设地理标示登记对象产品及对象地域；2008 年 3 月成立地理标示登记审议会；2009 年 2 月第一个水产品地理标示登记注册，截至 2012 年 3 月共注册 12 个（表 16-2）。

表 16-2　水产品地理标示登记现状表

登记号	品名	登记时间	登记名称	登记人	代表人
第 1 号	毛蚶	2009.2.25	宝城浮筏毛蚶	宝城浮筏毛蚶渔业经营组合法人	金占坤
第 2 号	鲍鱼	2009.2.25	莞岛鲍鱼	莞岛鲍鱼协会渔业经营组合法人	金有信
第 3 号	裙带菜	2009.2.25	莞岛裙带菜	莞岛郡裙带菜协会	崔光善
第 4 号	海带	2009.2.25	莞岛海带	莞岛郡海带生产者协会	任益奴
第 5 号	裙带菜	2009.2.25	机张裙带菜	机张海藻类联合会渔业经营组合法人	金阳春
第 6 号	海带	2009.2.25	机张海带	机张海藻类联合会渔业经营组合法人	金阳春
第 7 号	象拔棒	2009.2.25	长兴像拔棒	正南津长兴像拔棒渔业经营组合法人	文富焕
第 8 号	紫菜	2010.8.28	莞岛紫菜	莞岛郡紫菜渔业经营组合法人	黄权七
第 9 号	牙鲆	2010.8.28	莞岛牙鲆	莞岛牙鲆渔业经营组合法人	金明奎
第 10 号	紫菜	2011.1.18	长兴紫菜	长兴武山紫菜生产者协会	金吉奉
第 11 号	竹荚鱼	2011.5.13	长兴竹荚鱼	正南津长兴竹荚鱼生产者协商会	金三奉
第 12 号	牡蛎	2012.2.29	丽水牡蛎	丽水牡蛎生产者团体渔业经营组合法人	

韩国地理标示制度起步较晚。1999 年立法，与我国农产品地理标示立法和保护基本同步。但关于地理标示的法律制度和保护体系比较健全。到目前为止先后出台了《农水产品质量管理法》、《农水产品质量管理法施行令》、《农水产品质量管理法施行规则》等一系列法律法规；建立起比较完善的地理标示登记制度，并制定出比较严格的地理标示登记标准；建立健全了地理标示管理机构。为全面推进地理标示奠定了基础。

三、地理标示制度的"二元化"管理

韩国地理标示制度的"二元化"管理，是指依照《商标法》和《农水产品质量管理法》注册地理标示的制度。韩国于 1999 年制订《农水产品质量管理法》，从此正式建立农水产品地理标示制度。该制度建立后，在 2004 年修订的韩国《商标法》也提出了地理标示（团体标示）制度。该法将地理标示定义为："该商品的特定品质、信誉或者其他特征基于某特定地区时，用以表示该商品是在该地区生产、制造或者加工的标示。"从其定义来看，对具有特定地理来源并且因该产地而具备某种品质或声誉的产品予以商标保护。地理标示集体商标只允许由能够使用该地理标示的商品的生产、制造或者加工业者所组成的法人注册。修订前的《商标法》，对地理标示只采取限制性的保护措施，不允许申请注册地理名称及产地标示，以避免将地理标示独占权赋予某特定人。修订后的《商标法》允许向专利厅申请注册地理标示，但并不把权利赋予某特定人，而是赋予该地区的生产团体或加工团体。修订后的《商标法》保护基于特定产地并以该产地命名的产品。因此，2005 年 7 月新《商标法》生效后，凡具有特定地理来源的产品，无论是外国知名地理标示还是在韩国国内有名的地方特产，均将受到商标保护。

　　上述两项地理标示制度基本上是相同的制度。但《农水产品质量管理法》的地理标示制度重点是品质管理，《商标法》的地理标示集体商标是强调作为知识产权的名称保护。两项制度分别由两个不同部门管理，在法律概念和所强调的重点等方面具有一定的差异：一是《农水产品质量管理法》规定的地理标示要同时具备"名誉、品质及其他特征"，强调的是产品的全面质量，而《商标法》规定在"名誉、品质及特征"中只要满足其中一项以上即可作为地理标示保护。二是《农水产品质量管理法》规定的地理标示把地理名称和地区特产品的名称结合起来，以一致的形式构成，《商标法》中的地理标示则由多种形式形成。三是《农水产品质量管理法》把地理标示权看作知识产权与《商标法》大同小异，但是《商标法》保护商品的商标，以维护使用者的信用和保护需求者为目的，《农水产品质量管理法》以提高优质农水产品质量和培育地区重点产业为目的。两部法律的目的不相同。四是《农水产品质量管理法》的地理标示登记对象商品限定为农水产品及其加工品，而《商标法》没有限制指定商品，除农水产品及其加工品外，还包括工业产品、手工艺特产品。五是《农水产品管理法》规定的地理标示登记要件是该产品的优质性要国内外广为人知，要以地理标示所在地区生产的农水产品为主要原料在该地区加工的产品。其地理标示登记要件比《商标法》要求更为严格。

四、地理标示登记制度的主要内容

　　韩国农水产品及其加工品地理标示注册制度主要包括五项内容：①地理标示注册标准。地理标示产品的信誉、品质及其他特征，本质上要由特定地区的自然环境或人为因素形成；产品的优质性国内外广为人知；适合农林畜产食品部或海洋水产部认为需要规定的标准。②地理标示注册对象产品。该产品是具有地理特征的优质农水产品或其加工品。③地理标示的对象地域。考虑自然环境及人为因素，用纬度和经度区划产地、栖息地、捕捞和采捕环境相同的海域；生产加工的场所以行政区域为标准，区划地理特征相同的场所。④地理标示的注册申请资格。由生产、加工具有地理特征的优质农水产品及其加工品者组成的法人申请地理标示注册，如果生产者或者加工者只是1人的，不是法人也具有提出注册申请的资格。⑤地理标示的登记申请。拟申请地理标示登记者要向农林畜产食品部或海洋水产部提交生产计划书（包括各成员生产计划书）、品质特征说明书、可以证明其优质性国内外广为人知的事实资料、与品质特征和地理因素相关的说明书、地理标示对象地域范围、自身质量标准、质量管理计划书等材料。申请人如果以团体申请的，为确认有无申请资格，须另外提出法人章程及法人登记表复印件。

五、地理标示制度的目的与意义

如上所述，地理标示制度经历了比较漫长的发展历史，是在保护和培育著名的农水产品及其加工品品牌中产生出来的。在国际贸易中适合地理标示的商品欧洲居多，从最初开始欧洲就比较发达。到目前为止，欧盟对4 800多个商品进行地理标示注册，而韩国还处在起步阶段，或者说是发展中的地理标示制度。

韩国推行地理标示注册制度的主要目的是为了应对国际地理标示保护的不断强化，在国内外保护韩国优质农水产品及其加工品，提高国际竞争力，通过提高具有地理特征的优质农水产品及其加工品的品质，将其培育成为地区重点产业，为消费者提供信息，保护生产者，满足消费者的知情权。地理标示制度是一项有助于强化农水产业国际竞争力的制度。近年来，消费者对农水产品及其加工产品质量越来越重视，特别是对食品安全和口味越来越关心。他们认为质量比价格更为重要，同时认识到地理标示制度也是有助于强化农民和渔民国际竞争力的一项制度。所以，农渔民和生产团体的质量和品牌意识越来越强，地理标示登记的自觉性也越来越高。

第二节 地理标示注册

一、注册申请资格与申报要件

（一）地理标示申请资格

《农水产品质量管理法》（第32条）规定："为了提高具有地理特征的农水产品或农水产加工品的品质，培育地区特种产业，保护消费者，由农林畜产食品部或海洋水产部长实施地理标示注册制度。"地理标示注册只能由在特定地域生产或加工具有地理特征的农水产品及其加工品者组成的法人可以提出申请。但是，具有地理特征的农水产品或农水产加工品的生产者或加工者只有1人的，不是法人也可以申请登记。

（二）地理标示申报要件

韩国农水产品地理标示要具备下列要件方可申报：①著名性。产品的优质性在国内外要广为人知；②历史性。产品对象在地域生产的历史要悠久；③地域性。产品的生产、加工过程要同时在该地域形成；④地理特性。产品的特性基于对象地域的自然环境（地理、人为）的因素；⑤生产者的组织化。产品的生产者要集中形成一个法人。也就是说，法人才具有注册申请的资格。

（三）地理标示变更申请

在地理标示注册事项中需要变更登记人、地理标示对象地域范围、自身品质标准中制品生产标准、原料生产标准或加工标准的，应当向国立农产品质量管理院（农产品）、山林厅（人参产品）、国立水产品质量管理院（水产品）提交地理标示变更申请书及有关证据资料。地理标示登记法人无正当理由不得拒绝地理标示登记对象产品生产者或加工者的加入或退出。

二、地理标示登记审查标准

地理标示注册审查标准包括是否在地理标示对象地域生产或加工、生产设施和技术及材料、作业场所环境管理、从业人员卫生管理、自身质量管理体系五项内容，17项审查标准。在所有审查项目中被评价为"A"的，要达到3个以上；被评价为"C"的，要在1个以下；没有被评价为"D"的（表16-3）。

表16-3　地理标示注册审查标准表

项　目	审查标准	评价
1. 是否在地理标示对象地域生产或加工	（1）该产品在地理标示对象地域生产或加工	A
	（2）该产品不在地理标示对象地域生产或加工	D
2. 生产设施和技术及材料	（1）该产品生产设施和技术及材料充足，对制品生产无影响	A
	（2）该产品生产设施和技术及材料不充足，或对制品有影响	B
	（3）该产品生产设施和技术及材料略有不足，但短期内能够弥补，对产品生产无影响	C
	（4）未达到上述"（3）"的标准	D
3. 作业场所环境管理	（1）不担心来自周围的污染，确保充分的空间，清洁管理	A
	（2）不担心来自周围的污染，确保对作业无影响的空间，清洁管理	B
	（3）不担心来自周围的污染，虽确保对作业无影响的空间，但管理略有不足	C
	（4）未达到上述"（3）"的标准	D

（续）

项　　目	审查标准	评价
4. 从业人员卫生管理	（1）从业人员定期接受健康检查，卫生管理优秀	A
	（2）从业人员定期接受健康检查，卫生管理良好	B
	（3）从业人员定期接受健康检查，卫生管理有些不足	C
	（4）未达到上述"（3）"的标准	D
5. 自身品量管理体系	（1）在生产、上市过程中系统实施自身质量管理，在流通中异常产品的退货制等事后管理体制优秀	A
	（2）在生产、上市过程中系统实施自身质量管理，在流通中异常产品的退货制等事后管理体制良好	B
	（3）在生产、上市过程中系统实施自身质量管理，对在流通中异常产品的退货制等事后管理体制一般	C
	（4）未达到上述"（3）"的标准	D

三、地理标示注册程序

（一）注册申请

　　地理标示登记申请前，管辖区域内的地理标示管理机关及事务所须向申请人介绍《地理标示申请书》及必备材料，指导具体填写方法。申请书受理前，应与申请人取得联系，对需要完善的事项进行指导。在此基础上，地理标示注册申请人应向当地登记机关提交《地理标示申请书》及必备材料：①生产计划书（包括各成员生产计划书）1份，内容包括生产团体组成现状、地理标示登记品生产计划、生产或加工者现状；②关于品质特征的说明书（1份），主要内容有生产现状、主要生产品种的特征、生产或加工过程的特征、地理标示品注册后管理、最终产品的品质特征；③可以证明其优质性在国内外广为人知的资料（1份），其共同事项有历史性的事实或文献、生产现状、国内外认知度、各种认证、获奖经历、主要舆论报导等证明地理标示品历史性的资料，地理标示品的生产流通现状；④关于品质特征与地理因素关系的说明书（1份）；⑤地理标示对象地域范围（1份），主要包括面积与位置、设定范围的根据、对象地域标示等；⑥自身品质量标准（1份），包括生产或加工标准、最终产品质量标准等；⑦质量管理计划书（1份），包括目的、质量管理计划、组织与人才现状、质量管理主体、调查员的资格与任命，调查事项、标准、种类和方法及程序等。

（二）注册受理及审查

1. 注册受理

登记机关在受理地理标示注册申请书时，要确认有关材料的准确性。①确认注册申请人资格。如果是法人申请，确认法人注册、法人章程公证、会员成员名单及生产者参与比例和是否确保未参与者的同意等申请主体的代表性；如果是个人申请，确认在对象地域生产或加工者中是否只有申请者 1 人。②确认法人章程中是否有无正当理由拒绝地理标示的登记对象产品生产者或加工业者的加入或退出。③确认地理标示申请书及必备资料。主要包括地域范围及生产计划书的真实性；品质特征的对外认定、有无与其他地域的同一产品和品质比较及差别性等资料的真实性；国内外优质性广为人知的事实证明资料真实性；地域水质、气象条件等自然环境特征、人为因素的特殊性、加工过程上的特殊性等与地理因素关系的说明真实性；有无质量标准、质量等级化及质量检查系统，有无能够共同形成生产、加工、流通的设施等自身质量标准。在提交审议会审查前，品质管理课负责人要对申请人提交的登记申请书及生产计划等 7 种必备材料的真实性进行确认和研究。

登记受理机关认为符合地理标示登记申请条件，可以接收地理标示申请书，并收取申请手续费（10 万韩元，政府印花税）。自受理之日起 30 日内（修改、完善时间除外）应向地理标示登记审议分科委员会提出审议，并提交是否符合地理标示登记标准和地理标示名称、与质量特征和地理因素的关系、自身质量标准切实性、地理标示对象地域范围等登记审查所需要的资料。在这种情况下，确认不符合地理标示登记的，要立即告知申请人，并说明理由。但不符合的事项如果在 30 日内能补充完善的，可以规定完善期限，让申请者补充完善。

2. 注册审查

（1）第一次审议。地理标示登记审议会分科委员会接到审议请求后，首先确定会议日程，制定会议计划，下达会议通知。由农林畜产食品部或海洋水产部与审议会委员长协商确定审议会召开日期。经与审议委员联系后，将大多数委员能参加之日定为审议会召开日期。日期确定后由地理标示分科委员会通知各审议委员和申请人、辖区事务所、自治团体业务负责人参加会议。其次是召开审议会议，报告审议结果。地理标示分科委员会委员长主持召开会议，审议地理标示申请登记有关事项。需要实地调查的，组成现场调查委员会调查。会后第二天分科委员会向审议委员长报告审议结果（附现场调查委员会组成及表决情况等）。再次是通报审议会结果。分科委员会会议结束后，一周内向国立农产品质量管理院或国立水产品质量管理院报告审议结果。国立农产品质量管理院或国立水产品质量管理院接到报告后，根据审议结果的要求，如果需要申请人补充资料或现场调查的，应立即通知登记申请人，告知申请书的修改和完善所需要的事项及提交时限。

（2）现场调查。分科委员会第一次审议会议后，认为需要实地调查的，马上组织现场调查。由分科委员会制定现场调查计划，通知现场调查委员（调查组由2～3名委员组成），告知现场调查日程及访问机关；并通知辖区事务所、相关自治团体等协助调查。现场调查主要包括：地域机关和团体的地理标示登记管理实际情况及计划；调查对象为地理标示注册申请生产团体、自治团体、农水产相关研究机关、加工设施、与其他地理标示登记申请有关的机关和生产团体等；与未参与申请地理标示注册的生产团体及生产者面谈；听取未参与登记申请生产团体及生产者未参与理由和与地理标示相关的意见；确认地理标示申请详细情况；审查地理标示登记申请书及提交文件的真实性；注册申请书及提供材料引用的资料事实和可信度。调查时间一般为2天左右（视现场实际情况可缩短或延长）。

在现场调查的基础上，组织有关人员综合讨论。参加综合讨论的人员有现场调查委员、自治团体相关人员、协会等有关机关的相关人员。讨论内容为地理标示登记申请书需要修改与完善的事项。

综合讨论结束后，负责现场调查人员写出现场调查结果报告书。现场调查结束后，现场调查委员会委员长在一个月内作出报告，报告内容包括调查结果及地理标示登记申请书需要修改完善的事项。现场调查结果报告结束后，分科委员会立即向国立农产品质量管理院或国立水产品质量管理院作出报告。接到现场调查结果后，受理机关立即通知地理标示申请人限期修改和完善注册申请书及相关资料。

（3）第二次审议会。第一次审议会和现场调查后，分科委员会再召开第二次审议会议。首先，由农水产品地理标示分科委员会通知国立农产品质量管理院或国立水产品质量管理院有关业务负责人和申请人参加会议，并通知申请人做好回答地理标示登记申请修改与完善结果质疑的准备。在审议会召开前3天，国立农产品质量管理院或国立水产品质量管理院业务负责人要做好现场调查结果报告的准备。报告内容包括：地理标示品生产概要、地理标示登记申请资料的事实真实性与否、需要修改和完善现场调查结果的事项、审议对象产品的地理标示登记标准的适合性与否等。其次，召开审议会对第一次审议会后的现场调查结果、修改及完善事项和采取的措施进行再审议。再次，报告审议结果。地理标示分科委员会在一周内向国立农产品质量管理院或国立水产品质量管理院写出审议结果报告书（附地理标示登记最终审议决定书、登记审议计划、参加会议名单等），接到审议会报告后，国立农产品质量管理院或国立水产品质量管理院马上将有关情况通知申请人。

3. 公告决定与异议申请

经地理标示分科审议会议定符合地理标示注册的，国立农产品质量管理院或国立水产品质量管理院应在 30 日内发布注册申请公告，其内容包括：①地理标示注册申请人姓名（法人或团体包括名称及其代表人姓名）、住所及电话号码；②登记对象产品及注册名称；③品质特征与地理因素的关系；④申请人自身品质标准及品质管理计划书；⑤地理标示对象地域范围；⑥地理标示登记申请资料及其附属材料的阅览场所。

发布登记申请公告时，要将公告内容通知负责登记对象地域的地方自治团体。公告时间自公告之日起 2 个月，让普通人都能看到登记申请材料及其附属资料。

在登记申请公告期间（2 个月内），无论是谁都可以向国立农产品质量管理院或国立水产品质量管理院提出异议申请。接到利害关系人异议申请（异议申请书和异议理由及证据）后，登记机关可以向审议会提出审查请求。经分科委员会审议后，认为异议申请有正当理由，不符合地理标示登记的，立即通知登记申请人，并阐明具体理由，同时将结果告知异议申请人。

4. 注册公告与报告

地理标示申请公告期结束后，如果无异议申请，或注册申请公告期间提出的异议申请内容对登记无影响，或审议会审查结果未认定异议申请的，国立农产品质量管理院或国立水产品质量管理院颁发地理标示登记证后发布登记公告。公告内容包括：登记日期及登记号、登记人姓名（如果是法人或团体包括名称及其法人代表姓名）和住所及电话号码、注册对象产品及登记名称、地理标示对象地域范围、品质特征及与地理因素的关系、申请人自身品质标准。

登记公告后，国立农产品质量管理院、山林厅或国立水产品质量管理院马上将地理标示注册结果（附登记证副本）报农林畜产食品部或海洋水产部。地理标示登记程序如图 16 - 1 所示。

四、标示方法与标示事项

获地理标示注册的地理标示权人对注册的品种具有地理标示权，可以在地理标示品上标示地理标识。在标示品的包装、容器的表面标示登记名称，并标示地理标示图案（见附录，图案为韩文和英文）。如无包装或单体销售的，可将标识图案贴在对象商品上或用标识板等标示（标示事项图表）。

地理标示方法：①规格，可根据包装材料的大小调整标示规格；②位置，一般标示在包装材料主标示面的侧面，如果在包装材料结构侧面难以标示的，也可变更标示位置；③标示内容，要让消费者容易看懂，防止标识牌从包装材

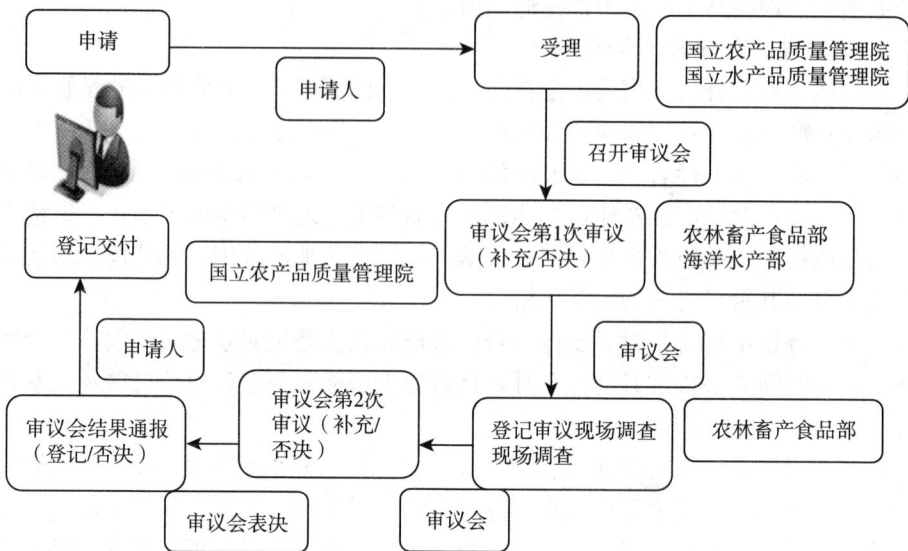

图 16-1　地理标示登记程序

料上掉下来；④无包装单体销售，或小包装，不宜印刷地理标示品标识的，可以只标示图标或登记名称；⑤字的规格（以 15 千克为标准），登记名称（韩文、英文），2.0 厘米×2.5 厘米；登记号、生产者、住所（电话），1 厘米×1.5 厘米；其他内容，0.8 厘米×1 厘米。

五、拒绝地理标示登记的理由

登记申请人申请登记的地理标示有下列情形之一的，登记机关拒绝予以登记：

（1）已经先被依法申请登记，或与被依法登记的他人地理标示相同或相似的。

（2）按《商标法》先被申请，或与被登记的他人的商标相同或相似的。

（3）与国内外广为人知的他人的商标或地理标示相同或相似的。

（4）相当于一般名称的（指农水产品或其加工品的名称虽然起源上与产地或销售场所有关系，但因长期不使用，已被普通名词化的名称）。

（5）不符合法律规定的地理标示或法律规定的同音异义的地理标示定义的。

拒绝地理标示登记理由的具体标准：①该产品不只是在地理标示对象地域生产的农水产品或以此为主要原料，不是在该地域加工的产品；②不是国内外广为人知的优质产品；③在地理标示对象地域生产的历史不长；④产品品质、信誉或其他特性本质上不源于特定地域的生产环境因素或人的因素；⑤不符合农林畜产食品部或海洋水产部认为需要地理标示登记公示的标准。

六、地理标示权及其转让与继承

依法获得地理标示登记者，即地理标示权人对标示登记的产品具有地理标示权。地理标示权如果符合下列情形之一的，对下列的利害当事人不发生效力：

（1）同音异义词地理标示。但使需求者清楚认识该地理标示是标示特定地域的商品，把与该商品原产地不同的地域混同为原产地的除外。

（2）地理标示注册申请书提交前，按《商标法》注册的商标或申请审查中的商标。

（3）地理标示注册申请书提交前，按《种子产业法》注册的品种名称或申请审查中的品种名称。

（4）使用与依法获得地理标示注册的农水产品或其加工品（即地理标示品）同一产品的地理名称。

根据《农水产品质量管理法》规定，地理标示权不能转让或继承。如果是以法人资格登记的地理标示权人改法人名称或合并的；以及以个人资格注册的地理标示权人死亡的，经农林畜产食品部或海洋水产部事先批准，可以转让或继承。

七、权利侵害的禁止请求权

地理标示权可向侵害或担心侵害自己的权利人请求禁止或预防其侵害。有下列情形之一的行为，视为侵害地理标示权：

（1）无地理标示权人把与登记的地理标示相同或相似的标示使用在与登记品目相同或相似的品目的制品和包装、容器、宣传品或有关材料上的行为。

（2）伪造或仿造注册的地理标示的行为。

（3）以伪造或仿造注册的地理标示的目的交付、销售和持有的行为。

（4）其他侵害地理标示的名誉，以直接或间接的方法，对与注册的地理标示品相同或相似的制品，商业性使用的行为。

八、损害赔偿请求权与虚假标示的禁止行为

地理标示权人对因故意或过失侵害自己的地理标示权利者可以请求损害赔偿。

《农水产品质量管理法》规定，任何人不得在非地理标示品的农水产品或其加工品的包装、容器、宣传品及有关材料上标示地理标识或相似的标志；任

何人不得把非地理标示的农水产品或其加工品混入到地理标示品销售，或以混合销售为目的保存或陈列。

第三节　地理标示品的管理及法律责任

一、地理标示品调查

为了保证地理标示品的质量，保护消费者利益，农林畜产食品部或海洋水产部组织有关公务员加强地理标示品注册后的调查和管理。在国立农产品质量管理院或国立水产品质量管理院所属公务员中挑选具有丰富的地理标示经验的农产品或水产品专业知识者作为地理标示品调查公务员。其调查事项包括：地理标示品的注册标准适合性；查阅地理标示所有人、占有人或管理者的有关账簿及材料；收走地理标示品有关试验样品进行调查或委托专门实验机关进行实验。

为了保证地理标示品管理的公正性、透明性和效率性，一般情况下组成地理标示调查班进行调查，每个调查班由 2 名调查公务员组成（可根据任务调整人数）。如果符合行政调查法规定的共同调查要件，需要请求其他行政机关共同调查的，组成共同调查班调查。有注册企业请求，或农水产品质量管理部门认为必要的，可以组成共同调查班调查。

登记机关根据管辖区域内地理标示注册企业、销售点，制定调查时间、调查对象、调查方法等具体计划，每季度定期调查一次以上。实施随机调查的登记企业和销售点，可不定期调查。在行政调查基本法的有关规定范围内，登记机关对有下列情形的，可随机调查：①地理标示品初次上市前；②认证主管部门认为有必要，或请求行政机关共同调查的；③其他行政机关通知或下达公文有违法嫌疑的；④收到有关地理标示品违法报告或投诉的。

行政机关认为行政调查基本法规定的共同调查要件充分，要求共同调查的，可与有关机关协商共同调查。在这种情况下，要按照有关规定将调查结果通知有关行政机关或部门。调查公务员进行地理标示调查时，要让生产者、所有者等利害关系人到场。如果利害关系人不到场，可让有关公务员 1 人以上到场确认事实。调查公务员调查发现违反下列事实的，要采取照相等能保全证据的措施，并得到利害关系人对其违反行为的确认书：①违反地理标示品自身质量标准及标示方法的；②在非地理标示品的农水产品或其加工品上标示地理标示登记标识或类似标示的；③将非地理标示品的农水产品或其加工品混同地理标示品销售，或以销售为目的保存或陈列的；④拒绝、妨碍或逃避确认销售品调查标示事项、材料收集、有关账簿和资料查阅的。违反者拒绝或逃避确认书签字时，可以由 2 名以上调查公务员联名署名或签字，确认其事实。

对地理标示注册企业及标示制品的流通和销售的调查内容包括：①地理标示登记生产团体（或个人）的成员变动事项；②履行地理标示品生产标准、自身质量标准、标示方法等事项；③地理标示品生产和销售动向、品质改善等事项；④流通与销售地理标示品的品质标准的恰当性。

调查公务员认为有必要对自身质量标准及危害特殊残留标准进行确认时，要采集试验样品进行精确分析。不能自身精确分析的项目，由国立农产品质量管理院或国立水产品质量管理院指定的部门进行检测分析。采集试验样品分析时，要按照取样确认书取样，与见证人相互签字保存。但见证人有要求时，可以追加取样保存。试验样品原则上无偿取样。如果所有人要求精算时，要按采样当时市场价格支付。

调查公务员发现违反调查结果规定行为时，要向检疫检查机关或事务所报告。检疫检查机关或事务所认为应由质量管理院处理的违反事实，要书面（附上证据材料）申请质量管理院处理。

二、违反地理标示品规定的法律责任

1. 责令纠正、禁止销售、停止标示或取消注册

农林畜产食品部或海洋水产部对未达到地理标示登记标准或违反法律规定的标示方法，或认为地理标示品产量锐减等难以履行地理标示品生产计划的，可以责令纠正、禁止销售、停止标示或取消注册。对认定难以履行地理标示品生产计划的，取消注册；对未依法注册的地理标示品标示地理标志的，取消注册；地理标示品未达到注册标准的，初次停止标示 3 个月，第二次取消注册；违反法律规定，遗漏义务标示事项的，初次责令纠正，第二次停止标示 1 个月，第三次停止标示 3 个月；与包装物不符，虚假标示或夸大标示的，初次停止标示 1 个月，第二次停止标示 3 个月，第三次取消登记。

2. 罚款

对违反法律规定，拒绝、妨碍或逃避公务员对地理标示品登记标准适合性调查者；拒绝、妨碍或逃避查阅地理标示品所有人和占有人、管理人等有关账簿和资料者；拒绝、妨碍或逃避收走地理标示品资料调查或委托专门机关实验者，处 1 000 万韩元以下罚款。

3. 刑罚

根据《农水产品质量管理法》规定，在非地理标示品包装、容器、宣传品及有关文件上标示地理标示的行为或类似标示行为；或把非地理标示品混同地理标示品销售或以混同销售为目的保存或陈列的行为者，处 3 年以下徒刑或 3 000 万韩元以下罚金；对责令纠正、停止销售或停止标示等处罚不服者，处一年以下徒刑或 1 000 万韩元以下罚金。

第四节　地理标示的审判与再审

一、地理标示审判委员会

（一）审判委员会构成

为了审判及再审法律规定的地理标示的有关事项，在农林畜产食品部或海洋水产部设地理标示审判委员会。审判委员会由包括委员长在内的 10 名以下审判委员组成。委员长由农林畜产食品部或海洋水产部在审判委员会确定。审判委员会委员由农林畜产食品部或海洋水产部在有关公务员和知识产权领域或地理标示领域的学士和经验丰富者中委托。受委托者应当符合下列条件之一：①农林畜产食品部或海洋水产部所属公务员中 3 级和 4 级一般国家公务员或高级公务员团的一般公务员；②专利厅公务员中 3 级和 4 级的一般公务员或高级公务员团的一般公务员中在特许厅从事审判官 2 年以上者；③有律师或代理人资格者；④知识产权领域或地理标示领域的学士和经验丰富者。

审判委员任期 3 年，只能连任一届。审判委员会设干事和秘书各 1 人，负责处理审判委员会的日常事务。干事和秘书由农林畜产食品部或海洋水产部长在所属公务员中任命。

（二）审判委员会运营

审判委员会委员长依法受理审判请求，应赋予审判号，依法指定审判委员，将审判号和指定审判委员书面通知请求审判人。地理标示分科委员会委员对参与审议的委员或与审判请求有利害关系的，不能指定为审判委员。审判委员会应将审理结果通知当事人和参加人。审判委员会作出审判决定要填写决定书，并签名盖章。决定书的内容包括：审判号和当事人的姓名及住所或办公所在地点、审判案件的标示、审判结论及其理由、审判年月日。

二、地理标示的无效审判

根据《农水产品质量管理法》（第 43 条）规定，如果地理标示有下列情形之一的，地理标示的利害关系人或地理标示登记审议分科委员会可以请求无效审判：

（1）尽管符合法律规定的拒绝登记事由，仍然予以注册的。

（2）依法注册地理标示后，其地理标示在原产地国家中断保护或不使用的。

按上述规定做出的审判，如果有请求的利益，任何时候都可以请求。对符合法律规定的拒绝登记事由，仍然予以注册的，如果作出无效审判，自最初开始就视为无地理标示权。地理标示注册后，在原产地国家中断保护或不使用的，作出地理标示无效判决，从原产地国家中断保护或不使用时开始视为无地理标示权。

三、地理标示的取消审判

根据《农水产品质量管理法》（第44条）规定，符合下列情形之一的，可以请求其地理标示的取消审判：

（1）地理标示注册后，对地理标示注册者以生产、制造或加工可以使用地理标示的农水产品或其加工品为业者，禁止团体加入或规定难以加入的条件等实际上不允许团体加入的，或对不能使用地理标示者允许注册团体加入的。

（2）地理标示注册团体或其所属团体成员因错误使用地理标示，使需求者误认商品的质量，或使地理出处混同的。

按上述规定作出的取消审判，自符合取消事由的事实消失之日起3年内不能请求。按上述规定请求取消审判的，请求后符合其审判请求事由的事实消失的，也不影响取消事由。取消审判无论是谁都可以请求。作出取消地理标示登记的审判决定时，其地理标示权同时消灭。

四、拒绝注册的审判及审判请求方式

被依法拒绝地理标示注册者或依法取消注册者，农林畜产食品部或海洋水产部要通知申请人。申请人接到拒绝或取消注册通知后，如果有异议，自收到拒绝注册或取消注册通知之日起30天内可以请求审判。

想要请求对地理标示的无效审判、取消审判或地理标示注册的取消审判者，应向审判委员会委员长提出记载下列事项的审判申请书，并附具申请资料：

（1）当事人的姓名与住址（如果是法人，其名称、法人代表姓名及其所在地）。

（2）有代理人的，其代理人的姓名与住址或营业所所在地（代理人为法人的，其名称、法人代表姓名及其营业所所在地）。

（3）地理标示名称。

（4）地理标示登记日期及登记号码。

（5）注册取消决定时间。

（6）申请的目的及其理由。

想要请求拒绝地理标示注册审判者，要向审判委员会委员长提出记载下列事项的申请书，并附具申请资料：①当事人的姓名与住址（如果是法人，其法人名称、法人代表姓名及其所在地）；②有代理人的，其代理人的姓名与住址或营业所所在地（代理人为法人的，其法人名称、法人代表姓名及其营业所所在地）；③登记申请日期；④登记拒绝决定日期；⑤申请的目的及其理由。

向审判委员会委员长提交审判申请书的同时，还要附具申请书副本、证明代理人代理权的文件；拟提出答辩者，要提交答辩书及答辩书副本；申请人或被申请人需要出示证据的，还要附有证据材料等；拟参加审判者要提交参加申请书及有关材料；拟撤回审判申请者要提交撤回审判申请书及证明同意和证明代理权的有关文件。

如果修改补充审判申请书，不能变更其要点。但申请的目的和理由可以变更。

五、审判方法

如果对地理标示无效审判、取消审判，或取消地理标示登记的审判提出审判请求的，由审判委员长根据审判请求案，依法组成合议厅进行审判。合议厅由审判委员长指定的 3 名审判委员组成，并指定其中 1 人为审判长。审判长全权负责委员长指定的审判案件。如果担心在被指定的审判委员中有失公证，可以由其他委员审判。合议厅的合议超过半数赞成通过（图 16 - 2）。审判的合议不公开。

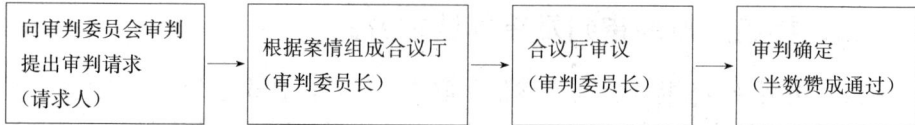

向审判委员会审判 提出审判请求 （请求人）	→	根据案情组成合议厅 （审判委员长）	→	合议厅审议 （审判委员长）	→	审判确定 （半数赞成通过）

图 16 - 2　审判程序图

六、再审与诉讼

（一）再审请求及对欺骗判决不服的请求

如果审判当事人对审判委员会做出的审判决定有异议，可以请求再审。再审请求按韩国《民事诉讼法》有关规定执行。对欺骗审判决定的不服请求，即审判当事人共谋，以侵害第三者的权利或利益为目的做出审判判决的，第三者对确定的审判可以请求再审。再审申请时，将审判当事人作为共同被请求人。

（二）通过再审恢复的地理标示权的效力限制

有下列情形之一的，地理标示权的效力在该审判决定确定后，再审申请登记前，不涉及优先审议的行为。①地理标志权无效后，通过再审恢复其效力的；②对有不接受拒绝登记的审判请求的审判的地理标示登记，通过再审，有地理标示权的设定登记的。

（三）对审判决定的诉讼

对审判决定的诉讼由特别法院专门管辖。提起的诉讼只能由拒绝其申请者提出。对审判决定的诉讼应自收到审判决定复印件送达之日起 60 天内提出。该时间为不变时间。关于可以请求审判的事项的诉讼，如果不是针对审判决定的，不能提出。对于特别法院的审判可以上诉到大法院。地理标示诉讼的程序和再审请求遵照《民事诉讼法》的有关事项执行。

第五编

进出口检疫制度

第十七章 动物及畜产品进出口检疫检查制度

第一节 概 述

韩国动物及畜产品进出口检疫检查制度分依照《家畜传染病预防法》实施的检疫和依照《畜产品加工处理法》实施的检查。动物及畜产品进出口检疫是为防止家畜传染病（BSE、FMD）及有害畜产品输入国内进行的检疫，主要检疫进出口动物及畜产品。畜产品检查是为确认是否将卫生的畜产品供给国民进行的检查（进出口检查方法与国内畜产品检查大体一致，详见第五章有关内容。本章主要介绍动物及畜产品进出口检疫有关内容）。

一、动物及畜产品进出口检疫对象

动物及畜产品进出口检疫对象，即指定检疫物，主要包括偶蹄目（指牛、猪、山羊、鹿、骆驼等具有双数趾的有蹄类动物）、奇蹄目（指有奇数脚趾的动物）；狗、猫等哺乳动物（鲸鱼除外）；鸡、鸭、鹅等鸟类、蜜蜂等。畜产品检疫对象包括动物、尸体、骨、肉、皮、卵、蹄、角等动物产品及其容器或包装；未经灭菌处理的肉制品及蛋制品；未经灭菌处理的乳制品；动物精液和卵子及受精卵；家畜传染病病原体及病原体诊断液类、传播家畜传染病病原体的饲料、垫料（草垫）、器具等物品（表 17 - 1）。

表 17 - 1 动物及畜产品指定检疫物分类表

编号	区　分	种　类
1	偶蹄类动物	偶蹄类目：牛科（奶牛，肉牛、野牛、水牛、牦牛、山羊、绵羊、羚羊、其他羊类）、鹿科、麒麟科、骆驼、河马、野猪（包括猪）等
	奇蹄类动物	奇蹄类目：马科（驴、骡等）、貘科、犀牛科等
2	狗、猫	食肉目：狗科、猫科等
3	兔子	兔目：兔科（家兔、野兔）

（续）

编号	区　分	种　类
4	鸡、火鸡、鸭子、鹅	鸡目：野鸡科（鸡、鹌鹑、野鸡）、火鸡科 大雁目：鸭子科（鹅、雁、鸭、天鹅等）
5	蜜蜂	蜜蜂目：蜜蜂科
6	1～4 项所列动物以外的鸟类及哺乳动物（鲸除外）	上述以外的哺乳动物（鲸除外）家禽及鸟类
7	1～6 项所列动物精液、卵子及受精卵	
8	原乳	
9	未经杀菌处理的火腿、香肠、咸猪肉等肉制品、蛋清、蛋粉等蛋制品及未杀菌处理的乳制品	
10	未经加工处理或灭菌处理的 1～6 项所列动物的尸体、骨、肉、皮、毛、羽毛、角、蹄、腱、内脏、卵、脂肪、血、血液粉、脑、骨髓、骨粉及牛毛分	
11	装 1～10 项所列物品的容器或包装	
12	家畜传染性疾病的病原体及含传染性疾病病原体的诊断液的物品	
13	担心家畜传染病原体传播的物品	饲料、饲料原料、干草等：包括纤维饲料（如牧草、野草、树叶、稻草、大麦草等）、纤维加工饲料和其他饲料、蛋白质类（鱼粉、动物性发酵饲料、蛋粉、肉脯等）、油脂类（牛油、猪油、羊油、鸡油）等、器具、稻草垫及其他以此为准的物品

参考资料：《检疫物的检疫方法及标准》农林畜产检疫本部公告第 2015－16 号（2015 年 7 月 30 日颁布实施）。

二、进口动物及畜产品风险分析

动物及畜产品进口检疫前，分品种确定禁止进口国（根据韩国指定检疫物禁止进口地区公告），从无家畜疾病的国家进口，通过与对方协商达成进口卫生条件，在韩国批准的出口场所进口畜产品。动物及畜产品通过检疫程序后，可以进口到韩国。到达韩国后，通过精密检查，再确认安全性，由检疫院在事先批准的检疫执行场或指定检疫场实施检疫。

如果把禁止进口地区（国家）生产、饲养、加工的指定检疫物出口到韩国，应向政府提出解除禁止进口地区申请。农林畜产食部接到解除禁止进口地区申请后，应进行进口风险分析。进口风险分析分风险要素、风险评价、风险管理和风险信息交换等。动物及畜产品进口风险分析有下列程序：①允许进口可行性研究；②向出口国政府送达家畜卫生问卷书；③研究家畜卫生问卷书的答辩书；④家畜卫生现状实地调查；⑤决定是否允许进口；⑥协商进口卫生条件（方案）；⑦制定并公布进口卫生条件；⑧协商进口加工厂审批及检疫证明书格式。

经过上述风险分析结果后认为无风险的，允许进口。

三、进出口动物及动物检疫执行场以外检疫场

动物及畜产品进出口指定检疫物原则上在入港地动物检疫机关的检疫执行场实施检疫。但入港地如果没有指定检疫执行场，或进口者愿意在入港地以外检疫场所接受检疫的，可向农林畜产检疫本部提出申请，经批准后也可以在入港地指定检疫执行场以外的检疫场所检疫。

可以在指定检疫执行场以外的设施中检疫的对象包括：①疫病流行病学调查对象检疫物；②脱脂清洗兽毛类（偶蹄类动物或允许其产品进口产区）；③脱毛后处理的兽皮类（偶蹄类动物或允许其产品进口产区）；④骨粉及牛毛粉在出口国检疫证明书上标明在115℃高温条件下加热1个小时以上，或在140℃干燥3个小时以上的；⑤农林畜产检疫本部指定为检疫物的指定检疫物（农林畜产检疫本部指定的饲料；现场检查可以携带品及邮包检疫品到达之日检疫结束的政府委托检疫物标本、宠物、试验研究用动物及畜产品；经灭菌处理的疯牛病有关品种；经由的指定检疫物）。

第二节 动物及畜产品检疫程序

一、进口动物及畜产品检疫

（一）事先申报

根据《家畜传染病预防法》及其实施规则规定，动物进口者如果进口牛、马、绵羊、山羊、猪、蜜蜂、鹿、猴子及10只以上的狗和猫（哺乳期小狗、小猫除外）等指定检疫物，应当事先向管辖预定港口和机场或其他场所的农林畜产检疫本部申报动物种类、数量、时间及地点等（表17-2）。申报时要向农林畜产检疫本部提交动物进口申报书，附具出口国政府机关出具的检疫证明书。动物检疫机关收到申报时，考虑申报的数量、其他检疫业务及处理优先顺序等，可以变更进口数量、时间和地点。变更时要将其内容及时告知申报者。

表17-2 分品种提出时间一览表

区 分	提出时间
马、绵羊、山羊、猴子、狗、猫等进口动物	到达国内预定日30天前
牛、猪、鹿	到达国内预定日30天前，从每月1日开始到5日为止（向济州地区本部申报的牛、猪、鹿，到达国内预定日30天前）

（续）

区　分	提出时间
蜜蜂	每季度初从 1 日到 5 日
马	到达国内预定日 20 天前

参考资料：农林畜产检疫本部公告第 2014 - 28 号，2014 年 12 月 10 日实行。

（二）提出货物目录（进口到达申报）

运载指定检疫物的船舶公司、航空公司、火车或货车在货物到达前或到达时，立即以书面或电子邮件向动物检疫机关（农林畜产检疫本部）提交货物目录。收到货物目录后，检疫机关派检查官对船舶、飞机、车上的货物进行现场检查。专用船舶在港外检查，专用飞机在家畜防疫安全场检查。检查事项包括：①装载的指定检疫物是否与提交的货物目录一致；②指定检疫物是否在农林畜产食品部公布的禁止进口地区生产或运输，运输途中有无异常情况；③是否履行韩国提出的卫生条件等。检疫结果不合格的物品禁止卸货，责令货主退回。如果退回家畜防疫有困难，或不能退回的，可责令焚烧、掩埋等。如果不能按照农林畜产食品部规定时限内履行的，检疫官可以直接焚烧、掩埋。如果因货主不明或不知货主所在地，不能按有关规定责令处理的，检疫官可以直接焚烧、掩埋。采取上述措施时要将其事实通报该指定检疫物的海关业务管辖机关。应当退回或焚烧和掩埋的指定检疫物没有检疫官的同意不能转移到其他场所。由检疫官处理的指定检疫物的保管费、饲养费及退回、焚烧、掩埋或搬运等各种费用均由货主承担。货主不明或不知货主所在地的，或进口货物量较少，检疫官不得已自行处理的，其各项费用由国家承担。

（三）检疫物运输

进口动物到达指定地点卸货或运输时，检疫官责令货主采取安全防疫措施，要求货主或运输者对卸货或运输设备和工具进行消毒，并劝告运输者严格遵守动物运输规则。运送到预定检疫场（羁留场、保管仓库）的，应得到检疫官允许后，采用家畜防疫安全运输方法运输。

（四）检疫申请

动物及动物产品进口者或代理人将被检疫的指定检疫物运到指定检疫地后，应向所管辖的地区本部提出申请。申请时，要提交进口检疫申请书、出口国检疫证明书（相关规定或与出口国的协议及记载卫生条件的事项）等。以代理人名义提出检疫申请的，要提交进口者委任书。为确认动物检疫申请书记载的事项，必要时动物检疫机构可要求被检疫人提供相关参考材料。

（五）检疫调查

动物或畜产品检疫分防疫学调查、现场调查及精密调查。防疫学调查是通过检疫证书等机关文件确认检疫物的种类、原产地、经由地等检疫需要的事实。检疫官接到动物检疫申请书后，重点审查进口检疫申请书记载的有关事项和附加文件，确认在船舶、飞机上的检查事项及其他防疫学调查需要的事项等（动物及畜产品是否为禁止进口地区、是否履行卫生条件等）。现场调查是按照家畜疫病病情鉴定实施办法确认检疫证和动物个体检查。精密调查是根据传染病检查办法进行微生物学检查、病理学检查和血清学检查等。

动物产品检查分防疫学调查、实物调查和精密调查。实施防疫学调查是由检疫官对进口畜产品检疫申请书记载事项、附加文件进行确认，并确认是否来自禁止进口地区及经由禁止进口地区，是否履行韩国规定的卫生条件等。实物检查（感官检查）重点确认集装箱状态，确认检疫证与实物是否一致。通过精密检查确认安全性，进行物理与化学检查、微生物学检查和残留物质检查等。

（六）检疫认定

动物检疫官在进口动物检疫中未发现检疫物有传播家畜传染病动物病原体的（即检疫合格的），颁发检疫合格证书，或在指定检疫物上盖章，或做其他标记。在进口检疫中发现一定的指定检疫物时（即检疫不合格的），责令货主退货或采取焚烧、掩埋等方法处理（图 17-1）。

二、动物及动物产品出口检疫

（一）检疫申请

动物及动物产品出口时，指定检疫物出口者将出口动物或动物产品送到动物检疫指定检疫执行场所后，指定检疫物出口者应向农林畜产检疫本部提出动物检疫申请书及动物产品（饲料等）申请书，并附具检疫证明书、船运单据等相关材料（狂犬病预防接种证明书及健康证明材料，证明鸡雏出口时种卵生产农场种鸡未被家畜传染病病原体感染，在产地及孵化场内未发生家畜感染的市道家畜防疫机关的事实证明书）、出口相对国要求事项或卫生条件（限对方有要求事项的）。检疫官为了确认畜产品检疫申请书记载事项，可以要求被检疫者提供相关参考材料。

```
┌─────────────────────────────────┐
│      进口检疫物到达              │
│   （船舶公司、航空公司）         │
└─────────────────────────────────┘
┌─────────────────────────────────┐
│   船舶、飞机上检查（检疫官）     │
└─────────────────────────────────┘
┌─────────────────────────────────┐
│  卸船（卸船公司）及现场检查（检疫官） │
└─────────────────────────────────┘
┌─────────────────────────────────┐
│   进入检疫场所（检疫执行场）     │
└─────────────────────────────────┘
┌─────────────────────────────────┐
│              消毒               │
└─────────────────────────────────┘
┌─────────────────────────────────┐
│   检疫申请（进口者或代理人）     │
└─────────────────────────────────┘
┌─────────────────────────────────┐
│      运输（运输公司）           │
└─────────────────────────────────┘
```

┌──────────┐   ┌──────────┐
│   动物   │   │ 动物产品 │
└──────────┘   └──────────┘

┌────────────────────────────────┐   ┌────────────────────────────────┐
│防疫学调查:是否是禁止进口地区、是否│   │防疫学调查:是否是禁止进口地区/是否履行│
│履行卫生条件   │   │卫生条件   │
│临床检查：确认检疫证和个体/分个体临│   │实物检查（感官检查）：确认集装箱状态/确│
│床实验 精密检查：微生物检疫/血清检查、│   │认检疫证和实物   │
│病理学检查   │   │精密检查：微生物检疫/血清   │
│   │   │检查、病理学检查   │
└────────────────────────────────┘   └────────────────────────────────┘

┌──────────────────┐
│   检疫认定   │
└──────────────────┘

┌──────────┐   ┌──────────┐
│   合格   │   │ 不合格 │
└──────────┘   └──────────┘
┌──────────┐   ┌────────────────┐
│ 颁发检疫证│   │ 退回、焚烧、掩埋 │
└──────────┘   └────────────────┘
┌──────────┐
│   开放   │
└──────────┘

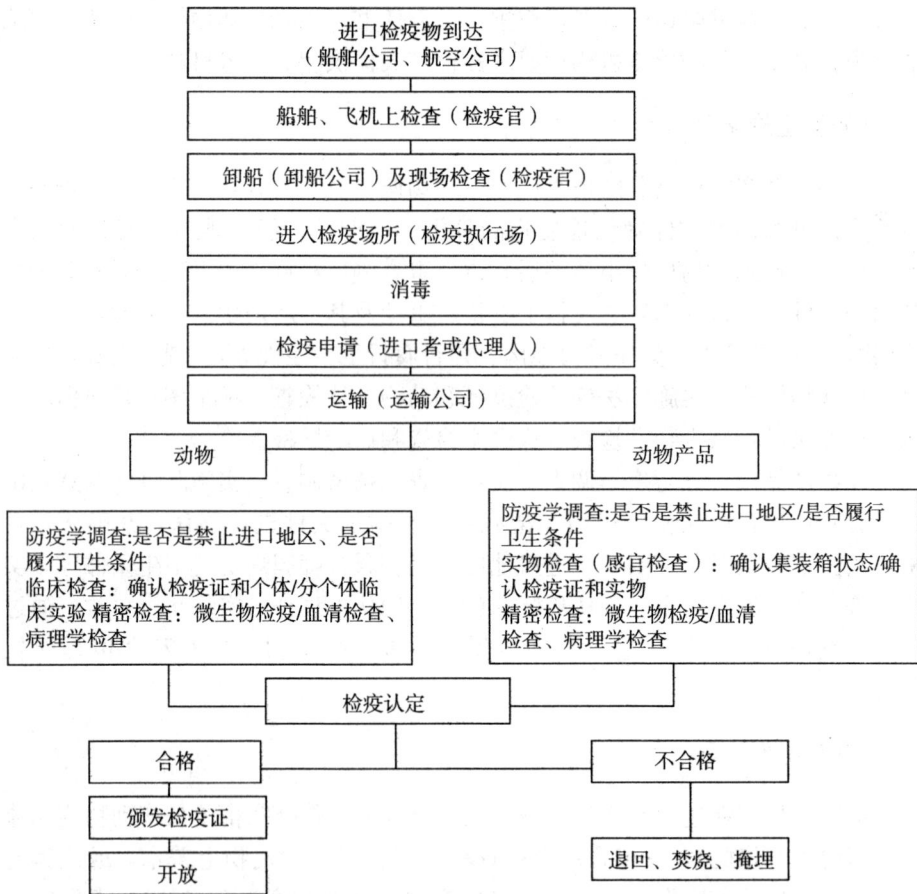

┌───┐
│   进口中国肉食加工品检疫检查程序（例示）   │
│ □ 确认进口货物目录   │
│ ○ 船舶公司及航空公司或代理人提供进口货物目录   │
│ □ 船上机上检查及集装箱检查   │
│ ○ 判断是否是指定检疫物及能否运输检疫物   │
│ ○ 是指定检疫物的，实施防疫学调查   │
│ ※ 中国为口蹄疫发生国家，禁止进口偶蹄目动物及产品   │
│ □ 进入保税仓库   │
│ ○ 通过检疫官的感官检查，实物检查   │
│ ○ 畜产品进口申报（货主、关税师等）   │
│ ○ 当面申报或因特网申报   │
│ □ 文件检查   │
│ ○ 确认出口国检疫证明书或灭菌证明书，确认是否是同一公司同一产品 │
│ ○ 确认韩文标示事项、进口船运单据相关证明材料等   │
│ □ 精密检查（AIIS自动选定，国内外提出问题时强制检查）   │
│ ○ 实施微生物学、理化学及残留物质检查等   │
│ □ 认定   │
│ ○合格：颁发畜产品进口申报证明   │
│ ○不合格：返回、焚烧或掩埋   │
└───┘

图 17-1　进口动物及畜产品检疫程序图
资料来源：农水产品消费安全政策的理解（2010年6月农林水产食品部）。

（二）检疫调查（防疫学调查）

动物及动物产品出口检疫物时，要按照家畜传染病预防实施规则规定的检疫办法，在所规定时间内接受检疫官的检疫。检疫官实施防疫学调查，确认出口畜产品检疫申请书记载事项和附具的文件及对方要求条件事项等；调查各市道根据家畜传染病发生通报公布的生产地区是否发生家畜传染病；确认与相对国协商的事项（卫生条件等）及其他防疫学需要事项。

（三）现场检查及精密检查

现场检查根据家畜疾病病情实施办法进行个体检查。精密检查根据动物传染病检查办法进行微生物学检查、病理学检查和血清学检查。检查后，使用船舶、飞机运输时，将检疫实施内容与货物对照，无异议后再让其装载。

（四）检疫认定

检疫认定合格的，发给检疫证书，允许通关并在国内流通；不合格的，通知进口者和所管辖海关，责令退回、焚烧或掩埋，或转换食用以外的其他用途。

第十八章 水产生物进出口检疫制度

第一节 概　　述

世界贸易组织（WTO）体制建立后，韩国自由化贸易日益增加，以水产品出口为主的生物交易也越来越多，同时外来水产生物传染性疾病通过各种渠道也相继传入；加之近些年韩国不断压缩近海捕捞强度，大力培育养殖渔业，使养殖区域内病害频繁发生，严重制约养殖渔业的发展，也给水产品质量安全带来诸多问题。为了防止水产生物传染病的发生或传播，通过建立综合管理体系，以保证水产生物安全生产与供给，保护水产生态环境，提高国民健康，韩国于 2007 年 12 月 21 日制订《水产动物疾病管理法》（现修改为水产生物疾病管理法），并于 2008 年 12 月 22 日开始实行。同时，陆续出台水产动物疾病管理法施行令和实施规则及相关公告等法规。

一、检疫组织

《水产生物疾病管理法》对水产生物疾病的防疫、进出口水产生物的检疫、水产生物的诊疗等做出明确规定。为了履行进出口水产生物的检疫，水产生物检疫机关（国立水产品质量管理院）设水产生物检疫官，负责水产生物疾病的检疫。水产生物检疫机关的质量检查课负责综合管理，所属 13 个支院负责现场检疫业务。为履行水产生物检疫和旅客携带品的检疫，在仁川国际机场（2个）、金浦、金海、清洲、务安、大邱、济洲机场等设 8 个出入境检疫事务所（CIQ），在仁川国际港口（2个）、釜山、群山、东海、束草、平泽等港口设 7 个出入境检疫事务所（CIQ），共 15 个 CIQ 事务所。

二、进出口检疫对象

（一）指定检疫物

指定检疫物，是指由海洋水产部确定进出口检疫的水产生物或物品。这里所说的水产生物包括水产动物和水产植物。其指定检疫物的范围（即检疫对象）：①移植用水产生物，主要指活鱼类、贝类、甲壳类、软体动物中头足类、棘皮动物中海胆类、海参类、脊索动物中尾索类、蚯蚓类、鲸类等及其精液或卵；移植用水产植物，主要指海藻类、水产种子植物及其孢子。②食用、观赏用、试验科研用水产动物中鱼类、贝类、甲壳类。③水产生物制品中冷冻、冷藏鲍鱼类和牡蛎。④为了制造用于试验、研究调查或诊疗和预防水产生物疾病的药品，经国立水产品质量管理院批准进口的水产生物及物品（含水产生物传染病病原体的诊断液类进入的物品）。⑤在搬运或保存水产生物或水产生物制品过程中担心水产生物传染病病原体扩散的物品（饲料、器具、网具及其他物品）等。

在海洋水产部规定的禁止进口地区生产或运送，或经由该地区的指定检疫物、被水产生物病原体感染的水产生物、按照水产资源管理法规定被限制、禁止移植的水产生物和移植认可对象未得到移植认可的水产生物禁止进口。

（二）指定检疫疾病

水产生物进出口检疫疾病主要有黄头病、鲤春病毒血症（SVC）、锦鲤疱疹病毒病（KHV）、真鲷虹彩病毒病（RSIVD）、病毒性出血性败血病（VHS）、流行性溃疡症候群（真菌性肉芽肿病，EUS）、挑拉综合征病毒（TSV）、白斑病和其他传染速度快造成大量死亡需要持续监视及管理的水产动物疾病等 20 多种（表 18-1）

表 18-1　水产动物传染病一览表

区分	水产生物疾病管理法	水产生物疾病管理法实施规则
病毒	黄头病、鲤春病毒血症（SVC）、石鲷虹彩病毒病、锦鲤疱疹病毒病（KHV）、真鲷虹彩病毒病（RSIVD）、病毒性出血性败血病（VHS）、流行性溃疡症候群（EUS）、病毒性神经坏死病（Viral）、传染性胰腺坏死症（IPNV）、挑拉综合征病毒（TSV）、白斑病	流行性造血器官坏死病毒（IHNV）、传染性鲑鱼贫血症（ISAV）、鲍鱼病毒暴死症、球体杆状病毒病、四面体杆状病毒病、传染性皮下及造血组织坏死病毒症、传染性肌坏死病毒病、白尾病
寄生虫		包纳米虫病、折光马尔太虫、贝类派琴虫感染症等
真菌	流行性溃疡症候	小龙虾瘟疫
细菌		鲍立克次体病（Infection with Xenohaliotis Californiensis）又称鲍枯萎综合征

三、水产生物进出口指定检疫场所以外检疫场所

《水产生物疾病管理法》规定："水产生物进出口检疫应当在指定的检疫场所进行检疫。"指定检疫场分海洋水产部指定的检疫执行场和国立水产品质量管理院指定的检疫执行场以外的检疫场。截至 2015 年初设进出口检疫执行场的港口有釜山、仁川、群山、济州、东海、平泽、木浦、统营、三千浦、丽水、浦项、莞岛、束草港、墨湖港；机场有仁川、金浦、金海、济州。

除此之外，按照法律规定，不能或不适合在指定检疫执行场检疫的、出口检疫对象在具有设施装备等必要的检疫条件的水产养殖设施或水产生物集合设施内的、其他根据韩国国内防疫状况不担心检疫的水产生物扩散传染病的，也可以在国立水产品质量管理院指定场所检疫。该指定检疫场所包括陆地水槽保管设施、陆地水槽养殖设施（含筑堤式）、水族馆设施、有调节温度装置的仓库设施、海上网箱养殖设施等 377 个（表 18 - 2）。指定申请程序按照《水产生物疾病管理法》及其实施规则和指定检疫场所以外的检疫场的设施标准及指定的公告准备检疫场所的设施平面图、检疫管理人选任合同书复印件等材料，向管辖的国立水产品质量管理院支院提出申请。支院接到申请后通过提交的材料和现场检查，认定符合作为检疫场所的设施标准的，颁发指定证书。

表 18 - 2　检疫执行场以外的检疫场指定情况

区分	陆地水槽保管设施	陆地水槽养殖设施	低温仓库设施	水族馆设施
377 个	168 个	162 个	31 个	16 个

四、出口国检疫证明书

《水产生物疾病管理法》（26 条）规定，"水产品指定检疫物进口者应当出具出口国政府颁发的证明无水产传染疾病病原体扩散的检疫证明书。"如果没有承担水产动物检疫的政府机关，符合国立水产品质量检查院批准的国家或附具水产动物派遣检疫证明书等水产动物疾病管理法施行规则规定条件的，可以免除附具出口证明书。截至 2010 年 5 月没有承担水产动物检疫的政府机关，经国立水产品质量检查院批准的国家有加纳、挪威、新西兰、德国、马达加斯加、马歇尔、缅甸、孟加拉国、伯利兹、巴西、沙特阿拉伯、塞舌尔共和国、所罗门群岛、斯里兰卡、厄立特里亚、英国、也门、伊朗、印度、赞比亚、智利、柬埔寨、加拿大、肯尼亚、哥伦比亚、坦桑尼亚、巴拿马、巴基斯坦、秘鲁、斐济等 30 个国家。

第二节　水产生物检疫程序

指定检疫物进出口时，进出口者将指定检疫物送到海洋水产部指定的检疫执行场或国立水产品质量管理院指定的检疫场所后，向辖区内水产生物进出口检疫机关提出检疫申请。检疫机关收到申请后依法实施检疫。其检疫方法包括文件检查、现场检查、精密检查（表18-3）。文件检查是审查申请材料，判断是否切合实际的检查，主要审查检疫申请书中指定检疫物及附加材料是否准确。审查对象有水产生物传染性疾病的病原体及含病原体的诊断液类进入的物品；为了制造用于试验、研究调查或水产生物疾病的诊疗和预防药品的物品，得到批准进口的指定检疫物等。现场检查是指综合检查指定检疫物的游动、外部（颜色、体型、腹部、鳃、眼球、体表是否正常）及解剖学（腹腔等器官）的意见，判断其是否切合实际的检查，包括材料审查。其对象有非水产生物传染病对象的指定检疫物、附加派遣检疫证明书的指定检疫物等。精密检查是按照病理组织学、分子生物学、血清学及生化学的分析方法等实施的检查，包括文件检查和现场检查。其对象有初次进口的出口国品种和生产设施的指定检疫物、移植用进口的指定检疫物、现场检查结果出现异常现象的指定检疫物等。

表 18-3　水产生物传染病检疫方法一览表

区分	检疫各类	处理时间	传染病
进口	文件检查	2 天	检查检疫申请书及附加文件是否正确
	现场检查	3 天	综合指定检疫物的游动、外部观察及解剖学意见进行检查
	精密检查	15 天	用病理组织学、分子生物学、血清学及生物化学分析方法检查
出口	现场检查	3 天	综合指定检疫物的游动、外部观察及解剖学意见进行检查
	精密检查	15 天	用病理组织学、分子生物学、血清学及生物化学分析等方法检查

采取上述方法检疫结果合格的，发给检疫证明书；不合格的，向申请人和管辖海关通报不合格信息，并采取措施全部退回或废弃。具体程序见图18-1。

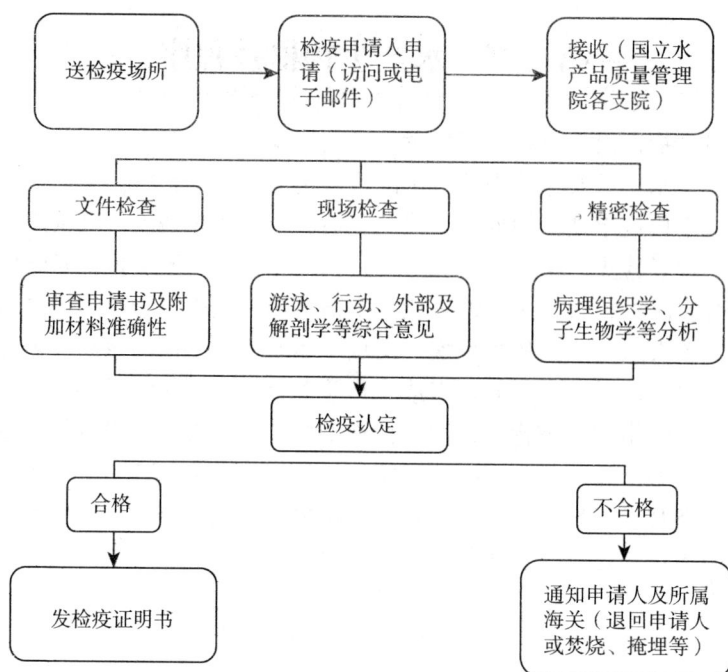

图 18-1　进口水产生物检疫程序图

第三节　水产生物进口派遣检疫及旅客携带品检疫

一、水产生物进口派遣检疫

水产生物进口派遣检疫是指定检疫物进口者在水产生物进口之前要求在出口国检疫或水产生物出口国政府在水产生物出口之前要求在出口国检疫时，按照《水产生物疾病管理法》规定，海洋水产部可以派水产生物检疫官到该国检疫（具体事宜由国立水产品质量管理院负责）。申请派遣检疫时，派遣检疫申请人要在希望检疫之日前 30 天向国立水产品质量管理院支院提交派遣检疫申请书、派遣检疫申请事由书及指定检疫物运输计划书、水产动物检疫官在出口国政府机关实施检疫业务的设施及装备提供确认书、保存指定检疫物场所的设施现状及位置图、指定检疫物控制能力及报告体制等管理监督盟约。国立水产品质量管理院支院收到派遣申请后，审查派遣检疫申请书和附具的文件内容是否准确（审查过程中，发现需要完善事项或认为履行派遣检疫业务不妥的，要马上将应当补充的内容或不能派遣检疫的事由书面通知申请人），并参考申请人的过去派遣检疫内容，认定需要派遣检疫的，将派遣检疫申请书及附具文件和支院的综合意见，报国立水产品质量管理院。国立水产品质量管理院收到派遣检疫报告时，要制定派遣检疫具体计划，实施派遣检疫。派遣检疫官检查结果合格的，发检疫证明书，并加强指定检疫物管理，自发检疫证明书之日起7天内运输完结，在运离入港地之前不得将指定检疫物运送其他场所。

派检疫官到出口国实施派遣检疫时，所需经费由申请派遣检疫者或申请派遣检疫的国家承担。指定检疫物检查手续费根据检疫项目而定（表18-4）。国立水产品质量管理院依照"公务员旅费规定"计算出口国派遣经费，向派遣申请人或要求派遣检疫的国家政府发出限期缴纳通知书。不缴纳派遣检疫差旅费的，视为无派遣检疫的意思，通知申请人取消派遣检疫。

表18-4　指定检疫物检查手续费一览表

区　　分	手续费（韩元）	备　　考
细菌性疾病、霉菌性疾病	15 000	
寄生虫性疾病	10 000	分检疫项目数量收费
病毒性疾病	50 000	

检疫官在现场受理检疫书时，每件都要实施文件检查、现场检查和精密检查。申请人希望在国立水产品质量管理院进行精密检查的，现场检查在派遣国实施，精密检查采集样品封好后，以最快的方法送到检查机关指定的国立水产品质量管理院所属支院。所属支院对收到的试验样品实施精密检查，并将检查结果通知派遣检查官。检查结果合格的，派遣检疫官发给检疫证明书。运出前检疫官要加强管理，不能将指定检疫物运到其他地方，不得与申请内容不同的制品混在一起。自发放检疫证明书之日起15日内装船结束。

对派遣检疫结束的指定检疫物申请进口检疫时，如果附具水产生物检疫官发给的检疫证明书，除水产生物检疫官认为需要精密检疫外，可以免除精密检查。具体检疫程序如图18-2所示。

二、旅客携带品检疫

旅客携带水产生物指定检疫品进入韩国时，应将进口水产生物旅客携带品申报书、出口国政府颁发的检疫证明书原件和记载海关指定的旅客携带品申请事项等一并提交出入境机场或港口管辖的国立水产品质量管理院支院。属于个人消费品指定检疫物（总量5千克，国外购买价格10万韩元以内）的，免除附加检疫证明书。指定检疫物移植用水产动物，旅客不能作为携带品携带。具体检疫程序如图18-3所示。

```
┌──────────┐   填写申请书   ┌──────────┐   国立水产品检查院各支院
│ 派遣检疫  │ ───────────→ │  受理    │
│ 申请人    │               │          │
└──────────┘               └──────────┘
                                 │
                                 ↓
                    ┌────────────────────┐  完善申请书   ┌──────────┐
                    │ 提交材料及派遣检疫  │ ───────────→ │ 派遣检疫  │
                    │ 正确性审查          │               │ 申请人    │
                    └────────────────────┘               └──────────┘
                        │              │
            ┌───────────┘              └────────────┐
            ↓                                        ↓
      ┌──────────┐                            ┌──────────┐
      │  正确    │                            │  不正确  │
      └──────────┘                            └──────────┘
            │ 报告                                  │ 通知
            ↓                                        ↓
    ┌──────────────┐                        ┌──────────────┐
    │ 水产品质量    │                        │ 派遣检疫申请人│
    │ 检查本院      │                        └──────────────┘
    └──────────────┘
            │
            ↓
    ┌──────────────┐        ┌──────────────┐
    │ 制定派遣检疫  │ ←────→ │ 派遣检疫申请人│
    │ 计划 缴纳派遣 │        └──────────────┘
    │ 检疫经费      │
    └──────────────┘
            │
            ↓
    ┌──────────┐       ┌──────────────┐  发检疫证书  ┌──────────────┐
    │ 派遣检疫官│ ────→ │ 实施派遣检疫 │ ──────────→ │ 派遣检疫申请人│
    └──────────┘       └──────────────┘              └──────────────┘
```

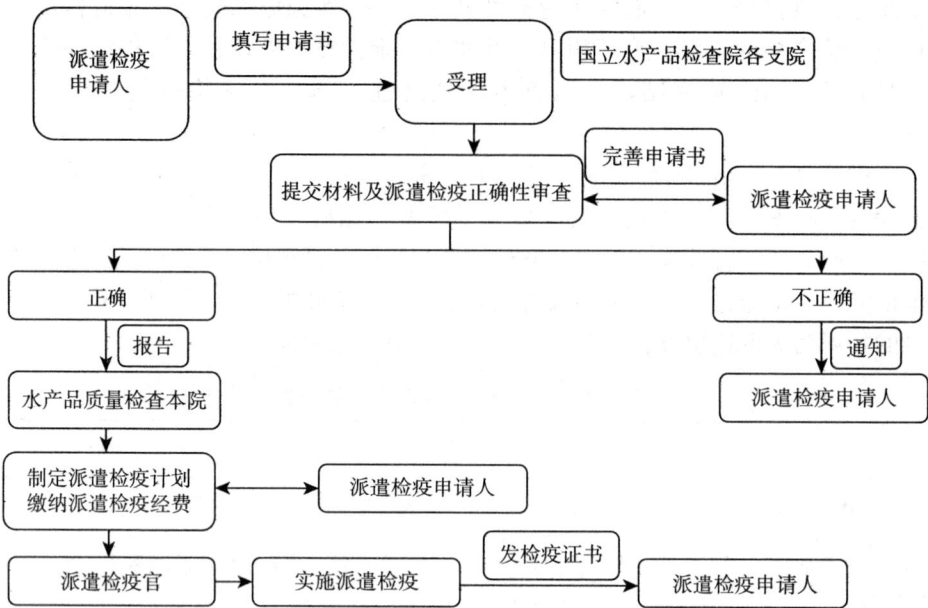

图 18-2　出口国派遣检疫程序图

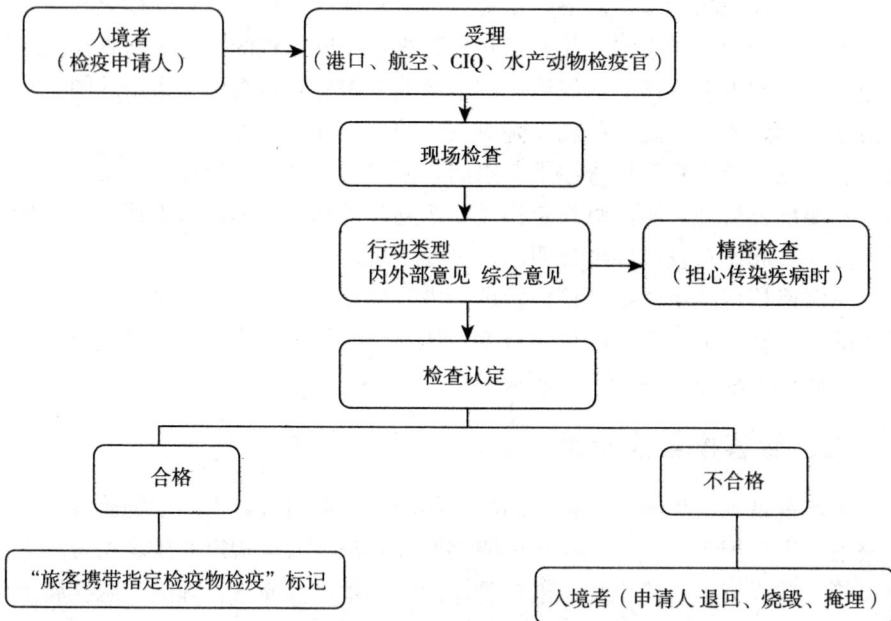

```
┌──────────────┐         ┌──────────────────────────┐
│  入境者      │ ──────→ │        受理              │
│ （检疫申请人）│         │（港口、航空、CIQ、水产   │
└──────────────┘         │  动物检疫官）            │
                         └──────────────────────────┘
                                    │
                                    ↓
                         ┌──────────────────┐
                         │    现场检查      │
                         └──────────────────┘
                                    │
                                    ↓
                  ┌──────────────────┐          ┌──────────────────┐
                  │ 行动类型          │ ──────→ │ 精密检查          │
                  │ 内外部意见 综合意见│          │（担心传染疾病时） │
                  └──────────────────┘          └──────────────────┘
                                    │
                                    ↓
                         ┌──────────────────┐
                         │    检查认定      │
                         └──────────────────┘
                          │                  │
               ┌──────────┘                  └──────────┐
               ↓                                          ↓
        ┌──────────┐                              ┌──────────┐
        │  合格    │                              │  不合格  │
        └──────────┘                              └──────────┘
               │                                          │
               ↓                                          ↓
    ┌────────────────────┐                ┌──────────────────────────┐
    │"旅客携带指定检疫物  │                │ 入境者（申请人 退回、     │
    │ 检疫"标记            │                │ 烧毁、掩埋）              │
    └────────────────────┘                └──────────────────────────┘
```

图 18-3　旅行携带品检疫程序图

第六编

农药及饲料管理

第十九章 农药管理制度

第一节 概 述

一、韩国农药发展简况

韩国《农药管理法》定义：农药是指用于预防或者控制危害农作物（包括树木、农产品和人参）的细菌、昆虫、螨虫、线虫、病毒、杂草及其他农林畜产食品部规定的动植物的杀菌剂、杀虫剂和除草剂；用于增进或抑制农作物生理机能的药剂；以及农林畜产食品部规定的其他药剂（增效剂等）。

韩国农药生产和使用同世界其他国家一样，经历了一个漫长的发展过程。早期人们将农业病害虫和杂草等严重的自然灾害视为天灾，没有科学的防治方法，只能乞求神灵或上帝保佑。到了朝鲜时代，开始有使用干艾草或灰等天然物质的方法保存种子，防治农作物害虫。1906 年开始将除虫菊制成粉与石油混合用来防治稻虫害（叶蝉），标志着现代意义防治病害虫的开始。1949 年韩国首次使用从美国引进的果树防治虫害用滴滴涕（DDT）。随着近代农业的发展和社会的进步，为加强农药管理，确保农药安全使用，韩国于 1957 年制订《农药管理法》，推进了农药开发使用的进程。截至 1961 年首次生产有机磷防虫剂，用以防治螨虫。后来随着亲环境农业的发展，政府高度重视新型农药研究和开发，1994 年专门成立研究会，致力于新剂型农药研究，天然植物保护剂等农药随之增加。从 1996 年开始韩国农药管理制度发生很大变化，农药生产和进口销售均实行登记制度，未经许可任何人不得从事农药生产、进口及销售。截至 2011 年农药登记 1 470 种，比 1981 年增加 6.4 倍。但是，近年来因环境污染和农药残留等副作用，韩国积极推行减少使用化学农药和化学肥料的亲环境农业政策，注意保护农田害虫天敌种群，对病虫的生态控制作用增强，农药用量也在逐年减少，2011 年农药上市量仅为 18 954 吨，比 1990 年减少 24.4%。

与此同时，韩国加强国内生物农药技术开发。从 2000 年以后，随着世界各国利用微生物机能的亲环境农药迅速普及，韩国化学研究院和生命工程学研究院、农业科学技术院等科研院所和全国的大学以及有关企业也正式开始生物农药的研究开发。同于 2001 年和 2005 年分别制订了微生物农药和生物化学农药规定。截至 2001 年已经对 33 个生物农药品种进行登记，其中杀菌剂 19

个、杀虫剂 13 个、除草剂 1 个。在 19 个微生物杀菌剂中有 15 个品种由韩国自己开发，4 个品种从国外进口。

二、韩国的农药种类

韩国农作物病害虫种类较多。据有关部门统计，在韩国境内发生的农作物病害虫和杂草有 5 850 多种，其中对农产品质量和产量造成严重影响的病害虫及杂草有 100 多种。水稻是韩国的主要农作物，其病害虫尤为突出，经常发生的病害虫有稻飞虱、稻纵卷叶螟、稻瘟病、黏虫等迁飞性害虫和流行性病害。近些年随着农产品市场的不断开放，从进口的农产品中输入的病害虫及杂草也逐渐增多（表 19-1）。

表 19-1　韩国病害虫及杂草一览表

区分	计	病害	害虫	杂草
记载品种数	5 850	2 771	2 618	461
农作物发生	3 608	1 298	1 972	338
防治对象	100	36	42	22
外来输入	270	22	27	221

随着农作物病害虫的增多，加之长期使用同一种类农药产生抗药性等原因，韩国农药种类也呈多样化的发展趋势。据韩国农村振兴厅统计资料显示，1970 年农药为 148 种，其中杀虫剂 78 种、杀菌剂 37 种、除草剂 20 种，1990 年为 468 种，2006 年为 1 200 种，到 2011 年达到 1 470 种（表 19-2）。按照农药使用对象分类主要包括杀菌剂、杀虫剂、除草剂和其他种类。杀菌剂，作

表 19-2　韩国农药品种变化一览表

年度	杀菌剂		杀虫剂		杀菌杀虫剂		除草剂、其他		合计	
	品目	比率	品目	比率	品目	比率	品目	比率	品目	比率
1970	37	25.0	78	52.7			33	22.3	148	100
1980	71	30.5	104	44.6			58	24.9	233	100
1990	156	33.4	185	39.6	15	3.2	111	23.8	467	100
2000	299	31.2	357	37.2	23	2.4	280	29.2	959	100
2006	389	32.4	408	34.0			438	36.5	1 200	100
2011	501	34.0	418	28.4	46	3.2	505	34.4	1 470	100

资料来源：农村振兴厅（2012 年）。

为防治寄生在农作物的霉菌、细菌、病毒的药剂，用于预防发生或发病后治疗。杀虫剂，用于防治或减少农作物遭受昆虫动物灾害，包括防治螨虫类的杀肥剂或防治线虫的杀线虫剂。最近生产杀菌剂成分和杀虫剂成分相混合的杀菌和杀虫等混合剂。除草剂，是使杂草彻底或选择性发生枯死的药剂，利用农作物所需营养，或使生长环境变坏，清除妨碍生长的杂草。按照作用可分灭生性和选择性除草剂。其他种类，有生长调整剂，主要用于促进和抑制植物生长或调整生长；还有辅助剂，本身无药效，是为增进杀菌剂、杀虫剂、除草剂等主剂效力而使用的增效剂、增量剂、溶剂等。

三、韩国农药管理及法律制度

如前所述，农药作为农业的重要生产资料，对提高农业生产能力，促进农业持续稳定发展起到重要的作用。但是农药对生态环境和人体健康造成的危害也很大。所以，加强农药管理是农业生产和农产品质量安全管理的重要组成部分。韩国在重视农药研发和生产的同时，更加重视农药管理，不断完善农药管理的法律制度。为了增加农业生产，规范农药规格、质量检查和农药生产进出口及其经营方法，于1957年8月制订《农药管理法》（1957年10月8日），确立了农药生产、进口、品种的许可制度，构建了农药管理法律制度的基本框架。后来分别对原药、品种、销售等实行许可制度。在此期间又多次修订，制度得到完善和发展。为了提高农药质量，确保流通秩序，谋求农药安全使用，保护农业生产和生活环境，规范农药生产、进口、销售及使用，1999年3月对《农药管理法》进行大幅度修改，建立了制药、原药、品目、进口登记制度和农药流通管理制度，实现了以登记制为核心的农药管理。现行《农药管理法》延续了这些制度的主要内容，包括营业登记（含制药业、原药业、进口企业等）、品目登记、农药流通管理等。

1990年以前韩国主要通过政府供需计划控制农药生产和价格，1990年以后全部推向市场，生产和价格由市场决定。从政府的管理职能看，农林畜产食品部负责优质农药的开发、普及和法令运用及促进农药安全使用等有关政策的制定；农村振兴厅为法令的执行机关，负责农药登记和管理、安全性试验及检查、农药流通管束及结果处理等；各市道履行农药销售业登记或农药流通管理及行政处罚等职能。

四、农药安全审议委员会

为了审议农药安全所需事项，按照农药管理法施行规则规定，在农村振兴厅设农药安全审议委员会。为有效履行审议业务，审议委员会下设专门委员会。审议委员会由21名以内委员组成（含委员长和副委员长各1人）。委员长由农村振兴厅长担任，副委员长由农村振兴厅研究政策局长担任，委员分别由农林畜产食品部、环境部、食品药品安全处及农村振兴厅公务员（3级）等各1人；具有农药及环境保护技术及学识和经验丰富者10名以内；农药生产者、使用者或消费团体管理人员4名以内组成。委员任期3年。审议委员会主要负责农药安全性调查研究及评价；农药安全使用及经营限制；农药安全试验标准及方法；其他农药安全管理由农村振兴厅长提交会议的事项等。委员长代表审议会委员会统管审议会业务，副委员长协助委员长，委员长不能履行职务时代替履行其职务。委员长召集并主持委员会会议。委员过半数参加会议，出席会议过半数同意表决通过。为处理委员会事务，设干事1人。干事在农村振兴厅所属公务员中由委员长任命。

第二节 营业登记

一、营业登记及变更

根据《农药管理法》规定，农药或农药应用器材制造（农药制造业）、原药生产或进口业和销售业要依法向农村振兴厅或所在地市道（特别市、广域市、道、特别自治道）、郡或自治区申请登记。农药制造、原药生产或进口企业向农村振兴厅申请登记（包括重要事项变更）；销售业每个企业要指定销售负责人向所在地市道、郡或自治区申请登记；农药制造或进口业销售农药要指定符合农林畜产食品部规定标准的销售负责人向农村振兴厅申请登记。

（一）农药制造、原药生产及进口企业登记申请及变更

农药制造、原药生产及进口企业申请登记时，要经制造厂所在地（进口企业，指再包装设施或保管设施的所在地）的特别市、广域市、道或特别自治道（市道），向农村振兴厅提出登记申请。申请材料包括：登记（变更登记）申请书；事业计划书；法人代表和负责人姓名、居民登记号码及住址等材料；设施和装备明细表及标示设施能力的材料；土地及建筑物所有权和使用权证明；自身检查责任人资格证明；销售负责人证明等有关材料。所管辖市、道依法确认制药厂厂址是否符合相关法律规定标准后，由农村振兴厅审查是否符合登记标准。审查合格后，向申请人颁发登记证书，并将有关内容登记在登记台账上。除特殊原因外，登记台账全部实行电子化管理。为此，农村振兴厅依法建立电子信息系统。

农药制造、原药生产及进口企业在登记事项中，要变更下列重要事项的，应向农村振兴厅申请变更登记：①法人名称（企业名称）；②企业所在地；③法人代表和负责人姓名（只限法人）；④自身检查责任人姓名；⑤制药、原

药厂所在地（进口企业有再包装设施的，其所在地）；⑥试验室所在地；⑦保存仓库所在地；⑧制剂状态生产能力（限制药业和进口企业）；⑨销售负责人姓名（限制造业和进口业）。

变更登记申请时，变更登记者要向农村振兴厅提交变更登记申请书、登记证、登记事项变更证明材料。经制造厂所在地市道确认是否符合相关法律规定的厂址标准后，由农村振兴厅审查变更事项是否符合登记标准，认定符合登记标准或登记证记载的事项后，向申请人再发登记证，并将其事实登记在台账上。

（二）销售企业登记申请及变更

销售企业登记申请时，每个企业要指定销售负责人向其所在地特别自治道、市、郡或自治区提交登记申请书，并附法人代表及负责人姓名、居民登记号、住址及记载登记标准的材料、设施明细表、土地及建筑物所有权或使用权证明材料、销售管理人员资格证明材料等。市、郡、自治区审查合格后，向申请人颁发登记证书，并将其事实登记在登记台账上，实行电子化管理。

销售企业要变更法人名称（企业名称）、销售场所、法人代表和负责人姓名、保管仓库所在地、销售管理人姓名的，要向其所在地市道、郡、自治区提交申请书，并附登记证、登记事项变更证明材料，按照农药制造业、原药生产及进口企业变更登记方法实施审查，颁发证书。

二、营业申报及变更

在防治业中，进出口植物防治业开办者（或变更申报重要事项）要向国立植物检疫机关（农林畜产检疫本部）提出申报。防治业营业申报时，经所在地农林畜产检疫本部地区本部，报农林畜产检疫本部。申报材料包括：申报书、设施及装备明细书、土地及建筑物所有权或使用权证明材料、防治技术员资格证明材料。经检疫本部审查是否符合申报标准后，认定符合申报标准的，向防治业申报人发申报证，并将有关情况登记在申报台账上，实行电子化管理。

三、营业登记标准

（一）制药、原药生产、进口及销售企业登记标准

农药（农药应用器材）制造、原药生产、进口及销售企业要具备农林畜产食品部规定的人力、设施、装备。

1. 农药（农药应用材料）制造业登记标准

（1）人力标准。

一是农药（或农药应用材料）制造企业要设1名以上自检责任人。自检责

任人应当由具有下列条件之一者担任：①具有正规学校农化学、化学、化工学、农学、农生物学或植物保护学专业毕业，或同等水平以上学历者。但天然植物保护剂制造的，具有与微生物学、农化学、植物保护学等生物学及农化学有关学科毕业者，或同等水平以上学历者。②获药师许可者（天然植物保护剂生产的除外）。③具有国家技术资格法规定的农化学技术师资格者（天然植物保护剂生产的除外）。④具有在国立和公立试验研究机关或检查机关从事农药分析业务 5 年以上经历者。⑤具有在农药制造企业、原药企业或进口企业从事农药分析业务 10 年以上经历者（天然植物保护剂制造分析业务 5 年以上）。

二是设 1 名以上销售管理员。销售管理员要由符合下列条件之一者担任：①具有行政机关、农业国立和公立试验、研究、指导机关，或在国立、公立农药等检查机关从事农业领域业务 3 年以上经历者。②具有农化学技术师、植物保护产业技师资格者。③在制造业、原药业、进口或销售业从事 3 年以上者，或在农业协同组合中央会及其会员组合从事农药等管理业务 3 年以上者符合下列条件之一者：A. 有每年劳动所得扣缴收据者；B. 在人事记录卡上有农药等相关业务成绩者（仅限农协及其会员组合）。

（2）设施及装备标准

一是试验室，要具有该农药或原药质量管理所需要的设施及装备；委托农药试验研究机关质量检查的，农村振兴厅规定委托者及受委托者的遵守事项。

二是保管仓库，要具有或租借不违反建筑法的仓库；仓库地面要使用防水水泥混凝土施工；换气孔要安装适合保管仓库规模的通风设备等换气设施。

（3）制造设施及装备。拥有原药处理装置、产品混合间、储藏间、包装设施等按制剂形态制造包装农药所需要的设施及装备；厂址不是近 3 年内违反法律规定被取消制造企业登记的厂址；制造企业可以将农药委托其他制造业制造或包装。在这种情况下，由农村振兴厅规定委托人及受委托人的范围及遵守事项。

2. 原药生产企业登记标准

原药生产企业的人力、设施及装备登记标准与制造业登记标准相同。生产设施及装备，要求拥有原料计量装置、化学反应或发酵装置、干燥设施、包装设施等生产、包装该原药所需要的设施及装备。

3. 进口企业登记标准

进口企业的人力、设施及装备中的试验室、保管仓库登记标准与制造业的人力标准相同。但进口农药再包装或分包装的，要有按制剂形态储藏、包装所需要的设施及装备。

4. 销售业登记标准

（1）人力标准。设1名以上销售管理员，要具备农药制造业销售管理员相同的专业和学历水平。

（2）设施标准。拥有能把农药与医药品、食品分开陈列、销售的店铺；具有符合下列要件的仓库：①与人的居住场所、医药品、食品或饲料保存场所相分离；②排风及采光设施和锁定装置齐全；③地面用防水混凝土施工；④不是近3年内违反法律规定被销售业取消登记处分的店铺及保管仓库所在地。

（二）进出口植物防治业申报标准

进出口植物防治标准主要包括人力标准和设施及装备标准。

（1）人力标准。进出口植物防治业要设2名以上防治技术员。防治技术员由符合下列条件之一者担任，并受过检疫本部规定的防治技术教育者：①正规学校农学、农化学、农生物学、农化学、应用生物学、园艺（科）学和山林资源保护学、资源植物（开发）学或植物保护学专业毕业，或具有同等水平以上学历者；②植物保护技师、农化学技师或农化学技术师的资格证书持有者；③有从事进出口植物检疫业务3年以上经历者。

（2）设施及装备。气体浓度测量仪、气体检测仪、隔离式全面型防毒面罩、氧气浓度量具、二氧化碳测定仪、空气呼吸器、氧气呼吸器、送排风机、携带式发电机、药剂汽化器、微量制药器、秤、电子秤（1台以上）、检疫用药保存仓库（20平方米以上）、密封帐篷（10 000平方米以上）、灭火器、急救药物等20余种设施装备。

四、营业登记的取消

为加强营业登记管理，对未按法律规定登记的农药制造、原药生产、进口企业取消营业登记，或责令在1年期限内全部或部分停止营业登记。以虚假或其他不正当手段进行营业登记或变更登记的，或违反责令停止营业的，取消营业登记。有下列情形之一的，责令在1年期限内全部或部分停止营业登记：

（1）无正当理由不依法变更登记的；

（2）违反法律规定制造、进口或销售未登记的农药或原药的；

（3）违反法律规定的登记变更事项，或登记取消处分，或限制农药制造、进出口或供给处分的；

（4）违反农村振兴厅依法公布的禁止和限制进出口内容或遵守事项的；

（5）未标示或虚假标示法律规定的农药或原药标识的；

（6）违反法律规定制造、生产、保存、陈列或销售农药或原药的；

（7）违反法律规定作虚假广告或夸大广告或不按法律规定的广告方法做广

告的；

（8）违反规定的农药等的经营限制标准经营农药的；

（9）判明依法检查的农药质量不合格的，或未提供或提供虚假自检成绩书的；

（10）拒绝、妨碍或逃避按照法律规定的收走检查、试验样品或试验用产品的；

（11）违反按法律规定下达的农药等或原药的收走或废弃命令的；

（12）对违反按法律规定下达的完善设施等命令或农药管理事项不报告或假报告的；

（13）自登记之日起超过三年不营业的。

第三节　农药登记

一、国内制造品目的登记及变更

农药制造企业在国内制造销售农药，要向农村振兴厅申请登记。农药制造品目登记申请时，要提供农药登记申请书和依法指定的试验研究机关出具的药效、药害（药物造成的危害）、毒性及残留试验成绩书等材料。申请书内容包括：申请人姓名（法人名称及法人代表姓名）、住址、居民登记号；农药名称；理化学性质、形态、有效成分和其他成分的种类和含量；品目制造过程；容器或包装种类、材质及容量；适用病害虫及农作物范围、农药使用方法和使用量；农药的有效期；对人畜有害的农药成分和解毒方法；对水生动物有害的农药成分；含易燃、易爆或使皮肤损伤等危险的农药成分；保存说明及使用注意事项；制造厂所在地；产品制造处方、产品供应处、商标等农林畜产食品部规定的品目登记有关事项。出具试验成绩书包括：物理与化学分析成绩书和分析方法的资料；物理与化学性质、形态资料；药效及药害试验成绩书；毒性试验成绩书；作物残留性土壤残留及水质污染试验成绩书（残留试验成绩书）；对环境及动植物影响试验成绩书；对农药的物理与化学分析和毒性及残留试验实施者、方法及结果的概要说明书等材料。

农村振兴厅接到农药品目登记申请时，由国立农业科学院审查所提供的登记材料和农药试验用品是否符合法律规定标准，然后经农药安全审议委员会小委员会审议，再提交农药安全审议委员会审议，认定合格后，向申请人发放品目登记证，建立登记台账，与信息系统连接，进行台账管理。

品目登记制造业在品目登记事项中如果想要变更适用对象病害虫及农作物范围、农药使用方法及使用量，或品目制造处方等重要事项，要向农村振兴厅提出变更申请。变更申请时，要提交农林畜产食品部规定的重要事项变更申请书，附登记证及变更内容试验成绩书，以及农药试验用样品。变更申请书主要包括：申请人姓名（法人名称和法人代表姓名）及住址；业种及营业登记号码；适用病虫害及农作物范围等变更事项。在变更登记申请书上附具的材料包括：变更适用病害虫及农作物范围、农药使用方法及使用量的，提供品目登记证或产品登记证；物理与化学分析成绩书（可以用自检成绩书代替）；药效及药害试验成绩书；残留性试验成绩书；对环境及动植物影响试验成绩书；其他能证明变更内容的试验成绩书。变更品目制造处方的，提供分时间经过形成的相关性质、状态的变化资料；对登记的各个农作物实施的药效、药害试验成绩书；对其他成分分析的物质安全保健资料；对人畜造成的毒性，给环境、动植物带来的影响试验成绩书等。

品目登记制造业变更申请人姓名（法人名称及法人代表）住址、品目制造过程、容器或包括材料种类、药效有效期、工厂所在地、原药供给处、商标名等农林畜产食品部规定的事项时，要具体阐述其理由和变更内容，自变更之日起30天内连同变更申请书及可证明变更内容的资料一起向农村振兴厅申报。被变更的事项符合登记认证记载事项时，申请再发登记证。

二、原药登记及变更

原药企业生产销售原药，要分种类向农村振兴厅申请登记。原药登记申请时，需要提供原药登记申请书和依法指定的试验机关出具的记载原药物理与化学分析及毒性试验成绩的资料及原药试验用样品。原药登记申请书包括：申请人姓名、住址、居民登记证号码；原药名称，物理与化学性质、形态及主要成分和其他成分种类及含量；原药的合成、制造过程；易燃、易爆等危险原药成分；工厂所在地、其他农林畜产食品部规定的原药登记所必要的事项（物理与化学分析成绩书、毒性试验成绩书、其他成分种类及其含量、主要成分和其他成分的分析所需资料等）。

农村振兴厅收到原药登记申请后，经国立农业科学院审查是否符合原药登记标准，认定符合标准时，立即向申请人颁发登记证。

变更农药名称、主要成分及其他种类和含量、工厂所在地等重要事项的，将变更申请书及原药登记证和能证明原药变更内容的资料报农村振兴厅。经审查合格后，向申请人再发登记证书。

三、进出口农药和原药登记

进口企业进口销售农药或原药时，分农药品目或原药种类向农村振兴厅申请登记。进口农药品目登记申请、登记申请文件的审查、登记证的发放、登记的有效期及再登记、变更登记等遵照品目登记有关规定执行。进口原药登记及进口原药变更登记遵照原药登记有关规定执行。

四、农药应用器材登记

农药制造或进口企业在国内制造或进口农药应用器材，要分产品向农村振兴厅申请登记。农药应用器材登记申请时，向登记机关提交农药应用器材登记申请书，并附依法指定的试验研究机关检查的农药应用器材物理与化学分析等资料和农药应用器材试验用产品。申请书内容包括：申请人姓名（法人名称和法人代表姓名）、住址、居民登记号码；农药应用器材名称；物理与化学性质、状态及有效成分和其他成分种类和含量；产品制造工序；容器或包装的种类及容量；应用对象病害虫及农作物范围，药效保证期及产品使用方法；易燃、易爆成分；保存、经营及使用注意事项；工厂所在地；其他农林畜产食品部规定的产品登记所需要的事项。

农村振兴厅收到农药器材登记申请后，由国立农业科学院审查是否符合法律规定的登记标准后，认定合格，向申请人发放产品登记证，将有关情况登记在台账上。

五、登记有效期及再登记

农药制造业品目登记、原药生产、进出口及农药应用材料登记有效期为10年。有效期满想要继续登记的，在有效期满6个月前向农村振兴厅申请再登记。再登记申请、申请材料审查及品目登记证发放与初次登记相同。

第四节　农药流通管理

一、流通管理措施

为确保农药供需稳定，韩国依法建立农药供需调节制度。农林畜产食品部根据农药的市场供需情况，要求农药制造、原药生产、进口或销售企业调节农药供需平衡，保持流通秩序。为确保农药有效供给，保证农药质量，加强农药的流通管理，采取一系列措施。

（一）建立农药及原药标示制度

为确保农药使用安全，农药制造或进口企业销售自己生产或进口的农药，上市前要实施企业自检，对合格农药要附具自身检查凭证。同时在容器或包装上标示农药名称、有效成分含量、应用对象病害虫、药效保证期限等有关事项。农药或农药应用器材的具体标示事项如下：

1. 品目登记号码或产品登记号码。

2. 农药名称及制剂形态。

3. 有效成分普通名及含量和其他成分含量。

4. 包装单位。

5. 农作物应用对象病害虫（指增进除草剂、生长调节剂或药效的材料，应用对象土地的指定或用途）及使用量。

6. 使用方法和最佳使用期。

7. 安全使用标准及限制经营标准（限于设定标准的农药）。

8. 有下列情形之一的农药标示事项：

A. 剧毒性、高毒性、作物残留性、土壤残留性、水质污染性农药，标示其文字和警告或注意事项；

B. 对人畜有害的农药，标示其要点及解毒方法；

C. 对水生动物有害的农药，标示其要点及解毒方法；

D. 易燃、易爆等有危险性农药，标示其要点及特别经营方法。

9. 储藏保存及使用注意事项。

10. 企业及所在地（进口农药，进口企业的商号及所在地和制造国及制造人的商号）；农药等制造时药效保证期限。

（二）禁止违规制造、进口、保管、陈列或销售农药或原药

按照《农药管理法》规定，禁止制造、保管、陈列或销售下列情形的农药或原药：

1. 未按法律规定进行标示或伪造变造标示事项或虚假标示的农药或原药。

2. 容器或包装标示事项被损毁难以辨认的农药或原药。

3. 超过药效保证期限的农药。

4. 再包装或分装的农药（进口再包装或分装的农药可以保存、陈列或销售）。

5. 未附具自检证明书的农药。

除此之外，任何人不得制造、生产、进口、保存、陈列或销售未依法登记的农药或原药；任何人不得向青少年销售农药或原药等。

（三）禁止虚伪或夸大广告

为确保农药的安全使用，加大农药广告的管理力度。《农药管理法》及施行规则对农药广告的方法和夸大广告的范围作出明确规定，禁止农药制造、进口或销售业对自己制造、进口或销售的农药作虚伪或夸大广告。要求作农药广告时，要包括农药名称、敦促遵守安全使用标准的内容；利用农药的质量、制造方法或药效的材料做广告时，要利用农业相关学会或法律规定的试验研究机

关的材料。

夸大广告范围包括：农药名称或效果具有误解的广告；在农药使用中表达担心误用或滥用的广告；表达正在农村振兴厅法律规定的试验研究机关、其他农业有关机关或团体推荐、指导或正在使用的意思的广告；表达盲目购买或订单蜂拥而至等意思的广告；不具体明示农药购入量及购入时间，关于农药低俗措辞或带来厌恶感的表达广告；诽谤其他农药的广告等。

二、农药安全使用及经营限制标准

（一）农药安全使用标准

《农药管理法》规定，病害虫防治业和其他农药使用者要按照安全使用标准使用农药；农药制造、进口、销售业及防治业要按照经营限制标准经营农药。农药安全使用标准：

1. 只使用在适用对象农作物。

2. 只使用在适用对象病害虫。

3. 遵守适用对象农作物和病害虫规定的使用方法、使用量。

4. 对适用对象作物使用时期及可使用次数规定的农药要遵守使用时期及可使用次数。

5. 规定使用对象的农药使用对象以外的人不要使用。

6. 限制使用地域的农药不要在限制使用地域使用。

农药品目或产品适用对象作物及病害虫、使用时期、可使用次数、使用对象或限制使用地区等法律规定的安全使用的具体标准由农村振兴厅作出规定。

（二）农药经营限制标准

农药不许与食品、饲料、医药品或易燃物质一起运输或超载运输；农药制造或进口企业销售自己制造或进口农药时，为了防止因错误使用造成的事故，要使用安全容器和包装；不要把规定供给对象的农药供应，供给对象以外者；高毒性农药要在具有安全装置的设施储藏保管；根据其他毒性程度限制经营的农药按其经营标准遵守限制事项。

三、农药流通渠道

韩国农药市场是完全的竞争体制。一般情况下，由登记农药销售企业的农民协会或农药销售商销售。农药需求者可以在最近地区的单位组合或经营农药的销售商购买。流通渠道大体可以分两种：一是以农协中央会为主体的系统购买。其流程是从农药制造企业到农民协会中央会，再到会员组合，最后到农民手中。二是批发商的销售购买。其流程是从农药制造企业到批发商，再到零售商，最后到农民手中。

在韩国农药流通市场中，农民协会占主导地位。农协中央会系统购买所占比例逐年增加，2003 年到 2011 年之间系统购买所占比重由 30％增加到 43％，把地区组合的经营数量加起来，到 2011 年农协所占比例达到 53％，超过全部农药经营的一半。从 2008 年农药市场构成比看，农民协会中央会系统购买占51％，批发购买占 49％。农药销售共 4 937 个，批发商 2 870 个，农协 2 067个（图 19-1）。

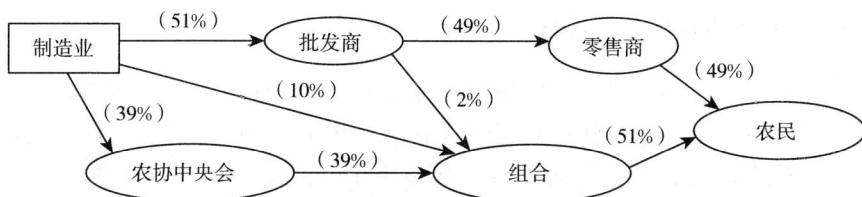

图 19-1　韩国农药流通渠道图

四、流通后管理

（一）流通农药及农药应用器材检查

《农药管理法》规定，农村振兴厅、特别市、广域市道、特别自治道（市道）、郡、自治区或国立植物检疫机关可以派有关公务员检查农药制造、原药生产、进口或防治业制造、进口、保存、陈列、销售或使用的农药、应用器材或材料、相关账簿或设施、装备。实施流通农药或原药检查，要事先制定必要的检查计划，按计划组织实施。有下列情形的，要实施设施、装备检查：①判断容易发生安全事故的，检查公务员要向检查对象提示可能发生安全事故的事由；②设备迁移的；③农药制造企业利用其他制造业的登记设施委托制造农药品目或产品的；④设施变更带来制剂生产能力变更的（仅限制造业及原药业）。

为了检查农药或原药、农药应用器材或材料，可以采集必要样品或试验产品。制造或进口企业对自己制造或进口的农药，上市前要自行检查，自检合格的农药要附具自检证明书上市，并立即把上市农药自检成绩书报农村振兴厅。为了加强上市农药质量管理，农村振兴厅认为必要时，可派有关公务员对其农药进行检查。

（二）建立重要事项报告和多方协作的管理制度

为加强农药登记后的流通管理，韩国依法建立农药或原药管理报告制度。

农村振兴厅要求农药制造、原药生产、进口或销售企业、进出口植物防治业报告农药或原药管理事项，或责令完善不符合标准的人力、设施、设备等。

同时，建立多方协作的管理机制。农药销售业负责人组成的名义指导员、警察、海关等相关机关有机合作，每年组织实施 2 次以上常规性检查，持续查禁未达标或未登记的农药、添加农药成分以外的农业材料等。此外，每年还进行 30 多次以上非常规性突击检查，使农药不合格率明显减少。从 2007 年至 2011 年 5 年的持续检查结果看，农药不合格率减少到 1.3％。其中 2007 年为 1.1％，2008 年 1.1％，2009 年 1.8％，2010 年 1.6％，2011 年 1.8％。

（三）建立严格的处罚制度

韩国对农药制造、进口、销售企业违反法律有关规定，视不同情况予以行政处分或刑事处罚。违反法律规定视情节轻重可处 1 年以下刑罚或处 1 000 万韩元以下罚金；给人造成危害者处 3 年以下刑罚，或处 3 000 万韩元以下罚金；造成人员伤亡的，最高判处 10 年以下徒刑，或处 1 亿韩元罚金。对违反法律有关规定，最轻者处 100 万韩元或 300 万韩元以下罚款。

第二十章 饲料管理制度

第一节 饲料产业的发展过程

一、概念及种类

韩国饲料是指向《畜产法》规定的家畜或农林畜产食品部公布的其他动物和鱼类等（简称动物）提供营养，保持健康或生长必需的食物（根据韩国《饲料管理法》定义）。其种类分单味饲料、配合饲料、辅助饲料。单味饲料是直接以植物、动物或矿物性物质作为饲料使用或作为配合饲料原料使用的食物。单味饲料基本上单一使用单味饲料名称的，不能人为地在该单味饲料混合其他物质或类似饲料。辅助饲料是为防止饲料质量低下或提高饲料效用，在饲料中添加的食物。配合饲料是将单味饲料和辅助饲料用适当比例配合或加工的饲料，即将单味饲料与辅助饲料混合而成的饲料。其主要用途包括家畜养殖配合饲料、预混合配合饲料、代用油配合饲料、反刍动物纤维质配合饲料、其他动物和鱼类用配合饲料。《饲料管理法》规定，动物医药品和饲料添加剂不是饲料，除法律允许添加的动物药品外禁止在饲料中添加动物药品。

二、饲料的范围

单味饲料的范围包括植物性、动物性、矿物性、其他及混合性饲料。其中植物性饲料有谷物类、谷物副产品类、薯类、食品加工副产品类、蛋白质类、纤维质类等16种；动物性饲料有蛋白质类、无机物类、昆虫类等6种；矿物质饲料有食盐类、磷酸盐类、微量矿物质类、混合矿物质类等5种；其他类有单细胞蛋白质、油脂类、剩食品（饭菜）类等3种；混合性有混合剂等。

辅助饲料的范围包括防止饲料低下添加饲料、增大效用添加饲料、防止饲料低下和增大效用混合饲料。防止饲料低下添加饲料有乳化剂、保存剂等3种；增大效用添加饲料有氨基酸剂、维生素剂、酵素剂、微生剂、香味剂、提取剂等12种；防止饲料低下和增大效用混合饲料有混合辅助剂等。

三、韩国饲料产业的发展历程

韩国饲料产业发展是随着经济发展而发展起来的，大体经历了初始发展、量的增长和稳定成熟三个发展阶段。

（一）初始发展阶段（20 世纪 60 至 70 年代）

这个时期，正值韩国经济发展的起步期。1962—1970 年，韩国国民生产总值由 23 亿美元增至 81 亿美元，增加 2.5 倍，人均国民生产总值由 87 美元增至 252 美元。随着经济的发展和国内市场的逐步开放，畜牧业和水产养殖业也随之发展起来。用于畜牧业和水产养殖业的饲料需求量开始增加，各项管理制度也相继建立起来。为了确保饲料稳定供给，提高饲料质量，促进畜牧业和水产养殖业的发展，1963 年正式颁布《饲料管理法》，从此饲料管理进入法制化轨道。同时，配合饲料加工厂逐步建立起来，为畜牧业和水产养殖业发展打下了基础。

（二）量的增长阶段（20 世纪 70 至 80 年代末期）

这个时期，韩国不断调整产业结构，将造船、汽车、钢铁、石化及有色金属等作为重点发展产业，对重化工业进行大规模投资。在此期间，国民生产总值年均增长率为 11.2%，人均国民生产总值由 1962 年 87 美元增至 1 662 美元，创造了该时期发展中国家经济增长率的最高纪录。虽然韩国经济开始发达，但当时农业占 GDP 比重并不高。为了促进农业发展，韩国政府先后出台了一系列振兴农业和畜牧业的政策，使饲料产业得以较快发展，产量逐年增加，1981 年饲料产量 349 万吨，1983 年达到 585.2 万吨，到 1990 年突破 1 000 万吨，10 年增长 650 万吨，饲料生产设施开始向大型化方向发展，同时原料进口依存度也越来越高，配合饲料生产进入了量的增长期。

（三）稳定成熟阶段（20 世纪 90 年代初至现在）

进入 90 年代以后，特别是 1996 年韩国加入经济合作与发展组织（OECD）和世界贸易组织（WTO）以后，随着 1997 年亚洲金融危机的到来，韩国经济进入中速增长期，饲料产业因需求减少，增长速度也随之放缓，并经过稳定或停滞的反复发展过程，进入质的发展阶段。这个时期，饲料生产设备和生产结构发生了很大变化。配合饲料流程完全自动化和计算机化，产品种类呈多样化，产业规模向大型化和专门化方向发展。饲料加工厂、销售竞争越来越激烈，在竞争中倒闭或合并的企业增多，饲料产量持续稳定，到 1995 年产量达到 1 470 万吨，以后基本维持在 1 450 万～1 600 万吨水平（1996 年 1 500 万吨，1997 年 1 585 万吨，2002 年 1 560 万吨，2007 年 1 648 万吨，到 2014 年达到 1 900 万吨，比 1996 年增长 400 万吨），进入稳定成熟的发展阶段。

第二节　饲料质量管理制度

韩国饲料产业在持续发展的同时，为确保饲料质量和安全管理，依法在全国范围内实行饲料生产企业登记、饲料成分登记、设安全管理人等制度，逐步推行饲料工厂危害要素重点管理标准，禁止生产、进口、销售和使用有害饲料，确保"从饲料到餐桌"的食品安全。

一、饲料生产企业登记

饲料生产（包括饲料混合、配合、化合、加工）、销售或供应企业，按照《饲料管理法》及其施行规则规定实施登记制度。想要经营饲料生产的企业依法向特别市、广域市、道，或特别自治道（市道）提出登记申请。登记申请时，应向其所在地市道提交饲料制造业登记申请书，并附具设施概要书（单味饲料加工船生产设施具有移动性的，可向主事务所所在地或主要进港所在地市道提出）。市道收到饲料制造业申请后，组织相关人员检查其设施是否符合农林畜产食品部规定的设施标准，如果符合制造业设施标准，由登记机关发放制造业登记证。如果申请登记者想要变更制造设施的，应向市道提出变更申请。

饲料生产登记者如果停业、倒闭或停业后再登记的，要向市道提出再申请。

二、饲料成分登记及取消

饲料生产企业登记后或饲料进口前，应向市道登记想要生产或进口的饲料种类、成分及成分含量等有关事项（进口饲料最好在进口前事先进口少量样品，经鉴定认证机关成分分析后再进行成分登记）。市道收到饲料成分登记申请后，确认其内容是否符合饲料程序管理要求，如果符合，向申请人交付成分登记证。

饲料生产企业或进口经营者申请饲料成分登记时，应向所在市道提交饲料成分登记申请表（生产企业用或进口企业用）和记载使用原料名称的材料、配合饲料原料配方比例表、饲料工程说明书，尽量提供分析饲料检验成分的资料。审查机关确认饲料标准规格中规定的登记成分、成分含量是否在申请表中记载；确认是否含有有害物质或饲料限制使用物质；是否满足热处理标准、不纯物质含量、颗粒规格等。

如果发现饲料生产企业或进口企业有下列情形之一的，由市道取消其成分登记：

（1）以虚假或其他非法手段登记。

（2）无正当理由1年以上未生产或未进口成分登记饲料的。

（3）取消生产登记的（图20-1）。

图20-1　饲料成分登记业务处理流程图

三、饲料安全管理人

为了加强饲料质量安全管理，根据《饲料管理法》规定，在饲料制造业中微量矿物质饲料制造业要依法设1名以上饲料安全管理人。饲料安全管理人要具备下列资格条件：

（一）《高等教育法》规定的正规大学或专科学校畜牧学、兽医学、动物生命工程学、畜牧食品工程学、农化学、化学、化学工程学、药学领域科学或学科毕业，或具有同等水平以上学历者。

（二）具有畜牧技师、畜牧技术师、兽医师或药师资格者。

（三）在国外上述大学或学科毕业，或获畜牧技师、畜牧技术师、兽医师或药师资格，经农林畜产食品部认定者。

饲料安全管理人负责指导监督饲料制造业从业人员，加强原料产品及生产设施管理，确保饲料质量安全。其具体职责如下：

（一）加强生产设施管理，避免饲料安全性下降。

（二）确保饲料生产、使用及保存方法等符合法律规定的饲料工程。

（三）确保饲料成分等符合法律规定的成分登记。

（四）确保容器或包装的标示事项符合法律规定的标示标准。

（五）依法加强企业自检；强化从业人员饲料质量和安全教育。

（六）其他农林畜产食品部为了确保饲料质量安全管理认为必要的事项。

饲料安全管理人在指导、监督及管理过程中发现违反法律规定的事实时，应当要求生产者予以纠正，并将其内容报告所在市道。市道确认饲料生产者是否采取措施后，可以责令采取必要措施。

根据《饲料管理法》规定，设饲料安全管理人的生产企业不得妨碍饲料安全管理人的业务，如果饲料安全管理人提出履行业务必要的要求，饲料制造企业无正当理由应当予以满足。

四、饲料工程管理

饲料工程是饲料范围、饲料生产和使用及保存方法的标准和饲料成分规格及生产方法的统称。《饲料管理法》（第 11 条）规定，农林畜产食品部认定有必要确保饲料品质及安全性的，可以设定、变更或废止饲料生产、使用及保存方法的标准和饲料成分规格（即饲料工程）。依照《饲料管理法》规定，农林畜产食品部制定了饲料标准及规格，设定了动物范围及饲料范围（单味饲料、辅助饲料、配合饲料）和名称，饲料生产、使用、运输及保存方法的标准和饲料成分规格、成分登记及标示事项、有害物质范围和标准、饲料含量和混合限制、标准分析方法等一系列标准和规格。

设定、变更或废止饲料工程，由饲料生产企业向农林畜产食品部农村振兴厅国立畜产科学院提出申请。申请时，提交设定、变更或废止饲料工程申请书，并提供饲料工程有关文件、原料和试验所需要的特殊试剂。国立畜产科学院接到申请后，无特殊理由在 3 个月内，经饲料和家畜营养专家、饲养专家组成的饲料工程审议委员会审查后，将审查结果报农林畜产食品部公布（每年 6 月、12 月公布 2 次）。

五、饲料工厂危害要素重点管理标准

饲料工厂危害要素重点管理标准，是通过 HACCP 认证过程分析从饲料原料入库到加工、包装、流通、销售各阶段可能发生的危害要素，制定能够重点管理的标准，按标准实施认证，确保饲料的安全性。该项制度把"从农场到餐桌"的食品安全管理概念引入到饲料管理之中，以保证"从饲料到餐桌"的食品安全。韩国饲料工厂 HACCP 管理制度从 2000 年 7 月开始研究，2001 年 3 月在《饲料管理法》确立法律依据，2004 年 3 月把农协畜牧研究所和韩国饲料协会饲料技术研究所指定为 HACCP 教育培训机关，2004 年 9 月指定农林部国立兽医科学检疫院为饲料工厂 HACCP 指定机关，同年 12 月公布"饲料工厂危害要素重点管理标准"，从 2005 年正式开始实施，2009 年 3 月根据《饲料管理法》（17 条）规定，将承担机关变更为畜产品危害要素重点管理标准院。自 2005 年指定 35 家 HACCP 饲料工厂后，2006 年指定 21 家，2007 年 11 家，2008 年 9 家，2009 年 4 家，2010 年 5 家，截至 2014 年 12 月底指定 HACCP 饲料工厂 96 家。

为了防止危害物质在饲料原料管理、生产及流通过程中混入饲料或造成污染，农林畜产食品部制定饲料生产设施及流程管理程序或各个过程重点管理危害要素标准。该标准按照国际食品法典委员会（Codex Alimentarius Commission）的危害要素重点管理标准适用指南，包括下列内容：

（1）在饲料管理、生产及流通过程中可能发生卫生问题的生物、化学、物理的危害分析。

（2）为防止和消除危害发生应重点管理的阶段和流程（重要管理点）。

（3）重要管理点危害要素临界标准。

（4）重要管理点监视管理体系。

（5）重要管理点不符合临界标准应采取的措施。

（6）验证是否适用危害要素重点管理运用的方法。

（7）保持记录和文件制作的体系等。

农林畜产食品部按照法律规定把饲料生产企业中愿意遵守危害要素重点管理标准的饲料工厂指定为危害要素重点管理标准适用饲料工厂。想要通过危害要素重点管理标准认证的饲料工厂，应向农林畜产食品部指定的认证机关提交饲料工厂危害要素重点管理申请书，并附具饲料制造业登记证（复印件）、代表人或从业人员教育培训进修证（复印件）、近3个月生产实际情况（复印件）、为适用危害要素重点管理制定的卫生管理程序、自身危害要素重点管理标准、适用一个月以上的危害要素重点管理标准实际情况（复印件）。按照农林畜产食品部规定，企业自身适用危害要素重点管理标准至少一个月以后再提出申请。

申请危害要素重点管理标准认证企业应当具备如下要件：

（1）正在运用卫生管理程序。

（2）制定并运用自身危害要素重点管理标准。

（3）在农林畜产食品部指定的教育培训机关培训24小时以上。

危害要素重点管理标准认证机关收到适用饲料工厂指定申请书后，通过材料审查和现场调查确认是否遵守危害要素重点管理标准，并将结果报农林畜产食品部。农林畜产食品部认定申请者符合危害要素重点管理标准，向申请人颁发危害要素重点管理标准适用饲料工厂指定书。

为了有效运用危害要素重点管理标准，农林畜产食品部负责向希望获得指定危害要素重点管理标准适用饲料工厂或被指定的生产企业（从业人员）提供必要的技术、信息或进行必要的教育培训。教育培训由农林畜产食品部指定的农业协同组合中央会、韩国饲料协会、韩国单味饲料协会组织实施。教育培训内容包括：危害要素重点管理标准原则和程序；危害要素重点管理标准相关法律法规；危害要素重点管理标准适用方法；危害要素重点管理标准的审查和自身评价；与危害要素重点管理标准相关的饲料的安全性等。

危害要素重点管理适用饲料工厂要严格遵守危害要素重点管理标准的相关

规定，如果有下列形为之一的，农林畜产食品部可以取消其指定或责令改正：

（1）以虚假或其他不正当方法获得指定的。

（2）下达责令改正通知后，无正当理由拒不执行的。

（3）不遵守危害要素重点管理标准的。

（4）违反《饲料管理法》及其施行规则的有关规定，责令停止营业 2 个月以上的。

未被指定适用危害要素重点管理标准的饲料工厂，不能使用危害要素重点管理标准适用饲料工厂的名称。通过适用危害要素重点管理标准认证的饲料工厂，可以优先得到农林畜产食品部或市道改善生产设施的融资等支持。危害要素重点管理标准适用饲料工厂要严格遵守危害要素重点管理标准，并随时接受审查。

六、禁止使用饲料和限制使用物质

（一）禁止使用饲料

为了保证家畜产品的安全生产，严禁任何人生产、进口、销售或使用有害饲料。这里所说的有害饲料是指超过有害物质及动物药品残留标准，或混入限制饲料使用物质。有害物质主要包括砷、氟、铅、汞、镉等重金属；黄曲霉毒素 B1、B2、G1、G2、赭曲毒素 A、农药、放射性物质、游离棉酚、沙门氏等。

有害物质允许标准，按照不同饲料种类，确定不同的允许标准。例如果实类、动物性蛋白类、薯类、纤维质类、蔬菜类等单味饲料铅的允许标准为 10 毫克/千克；矿物质类、动物性无机物类、芝麻类、蔬菜类（叶菜类）、混合型单味饲料铅的允许标准为 30 毫克/千克；奶牛配合饲料和猪用配合饲料氟的允许标准分别为 50 毫克/千克和 150 毫克/千克，其他配合饲料氟的允许标准为 300 毫克/千克；水产动物配合饲料砷的允许标准为 20 毫克/千克，其他配合饲料砷允许量标准为 2 毫克/千克。超过允许标准的饲料一律禁止生产、进口、销售或使用。

（二）限制饲料使用物质

限制饲料使用物质是指给保持动物健康和生长带来障碍，明显降低畜产品生产的物质。这类物质主要有排泄物、肠容物、治疗（手术）后取出物；皮或皮革加工副产物（适合作为饲料加工的除外）；经农作物保护剂处理的种子或副产物；经木材保护剂处理的物质（树木、锯末）；下水或下水道粪便、谷壳（作为成型剂经灭菌处理的加工谷壳除外）、锯末、家畜粪便；塑料等农用包装材料；动物尸体（按照家畜传染病预防法处理的除外）；含三聚氰胺及其复合体的物质等。大麻根、茎、籽等属于麻药类不能作为饲料使用。

第三节 饲料进口申报制度

饲料进口申报制度是指进口企业进口饲料时，在通关结束前依法向农林畜产食品部申报的制度。根据《饲料管理法》及其施行规则规定，饲料进口企业进口申报时，在通关结束之前，要向农林畜产食品部委托的饲料团体（申报团体）提交进口饲料申报书及饲料成分登记证（复印件）、饲料检验证明书、韩文包装纸或韩文内容说明书、发票、其他农林畜产食品部认为动物预防必要的文件。

为了确保饲料安全和供需稳定，对担心因进口饲料给动物造成危害，或需要检验是否符合饲料工程及标示标准，或其他农林畜产食品部认为有必要检验的饲料，通关结束前农林畜产食品部要派有关公务员做必要的检验。检验分精密检验、随机抽样检验和文件审查。精密检验是用化学或微生物学的方法进行的检验。其检验对象包括：该年度首次进口的饲料；发现国内外流行有害物质问题的饲料；进口申报精密检查或随机抽样检查结果不合格被处理再次进口的饲料；在饲料检查中认定不合格的饲料；有用虚假文件等不正当方法获得合格认定进口的事实的饲料等。随机抽样检验是对精密检验以外的饲料按照农林畜产食品部抽样计划实施物理学、化学或微生物学的方法实施的检验。其检验对象包括：获得精密检验的饲料和同一公司同一产品；该公司产品生产用原料。文件审查是指审查申报材料，认定是否与申报材料相符的审查。其审查对象包括：用于科研调查的饲料；从政府、地方自治团体或代理机构进口的饲料；在精密检查中生产国、生产企业、生产品目及生产方法相同再进口的饲料；为博览会、展销会进口的饲料等。

进口申报饲料检验由申报团体负责。如果因检验设备或人力不足不能直接精密检验或随机样品检验，可以与饲料检验认定机关签订合同进行检验。试验样品的采集及处理，原则上要在进口申报者或进口物品的相关人参与下实施。检验结果合格，由申报团体发给饲料进口申报登记证书。检验结果不合格的饲料，要尽快将不合格通知书通报进口申报者、农林畜产食品部、管辖市道及海关。管辖市道接到通知后要责令进口申报人采取下列措施：①退回出口国或运送其他国；②改做饲料以外其他用途；③对该饲料检验结果轻微违反饲料工程中水分含量等行为的，认定采用加热、加工、限制用途等方法可以消除安全危害的，消除危害后再进口；④如果不能采取上述措施的，废弃处理。

申报团体要在进口申报受理台账上记载饲料进口内容，并于下月 15 日前将申报情况报农林畜产食品部。饲料进口申报实施计算机管理，申报团体应将申报事项输入计算机网络，饲料进口申报登记证通过计算机发放。

饲料通关业务相关部门通力合作。申报团体检验样品采集人向保税区提交证明采集检验的文件后，海关允许样品采集人进入保税区内直接采集精密检验样品或标本提取检验。依照关税法等其他法律扣留、没收的进口饲料，可以省略饲料进口申报书及附加材料。

第四节　饲料生产与流通

据有关材料记载，韩国 2010 年配合饲料产量 1 771 万吨，农家自给饲料241.4 万吨，粗饲料 503.3 万吨。在配合饲料中以畜牧养殖业为主，其产量为1 753.4 万吨，占配合饲料产量的 99%，其中鸡用饲料 465.8 万吨，占26.6%，猪用饲料 553.5 万吨，占 31.7%，育肥饲料 476.1 万吨，占 27.2%，奶牛饲料 129.2 万吨，占 7.4%，其他 128.7 万吨，占 7.3%。在配合饲料中鱼用和实验动物用饲料 11.6 万吨，占总产量的 0.65%。

截止到 2010 年，韩国畜牧业配合饲料加工厂 96 个，日产能力 29 105 吨，其中饲料协会会员工厂 62 个，日产能力 20 615 吨，农协会员工厂 23 个，日产能力 7 800 吨，未加入团体的其他工厂 11 个，日产能力 690 吨。日产 300吨以下小工厂 40 个，占 41.7%，日产 300~399 吨 28 个，400 吨以上大型加工厂 28 个。这些饲料工厂主要分布在京畿道和忠清南道（17 个），日产能力最大的地区为全罗北道 5 110 吨，其次是京畿道 4 972 吨。

韩国饲料加工以饲料协会会员工厂和农协会员工厂为主。2000 年饲料协会会员工厂生产量 1 094.4 万吨，占 73.29%，2011 年产量 1 124.9 万吨，占67.50%。农协会员工厂 2000 年产量 398.8 万吨，占 26.71%，2011 年产量541.5 万吨，占 32.50%。未加入团体的加工厂所占比重较少。

韩国饲料流通结构和体系大体分两种形态，即饲料加工厂直接向养殖户销售的"直接交易"方式和经过中间流通环节的"间接交易"方式。但实际上交易的流通形态根据销售条件更为复杂，具体来说可以细化为以下几种形态：

一是直接交易方式。即在配合饲料公司与养殖场直接交易的方式。这种方式交易简单，交易量大，可以减少中间费用等，它是通过当事人之间签订债权债务、运输等契约后完成交易的，是目前韩国饲料交易的主要方式之一，饲料协会会员采取直销方式占 65.6%。二是间接交易方式。即饲料公司通过中间代理店向养殖户提供配合饲料的方式。这种方式的优点是通过地区代理店可以开发地区内养殖户的市场，扩大交易量，减轻饲料公司赊账销售资金负担，一般情况下由代理店承担债务责任。但这种方式销售竞争最激烈，通常情况下，饲料公司要给代理店折扣 10％～15％，现金交易时追加 2％～3％折扣，大量购买时，加上奖金折扣率达到 15％～20％，或向代理店支付一定的销售手续费。随着养殖业向专业化和企业化方向发展，代理店不能承担所有债务，这种方式的交易量持续减少。通过代理店间接的销售方式占 18％。三是委托生产交易方式（又称 OEM 交易方式）。这种方式是大型农场或由饲料配合专家组成的先进养殖户，为了节约饲料成本和生产品牌畜产品，共同购买饲料，生产适合养殖户自身的配合比率，向饲料工厂订购生产饲料，提供原料费和配合比例的方式。四是农协（单位农协）交易方式。这种方式是农协中央会在民间饲料和一线农协的中间介绍饲料销售的方式，包括农协中央会介绍一般饲料公司生产的配合饲料的交易和介绍农协中央会的（株）农协饲料生产的配合饲料的交易。这种方式占 15％。五是零售店交易方式。即配合饲料从生产阶段开始经过零售阶段供给实际需要的养殖的流通途径，目前在韩国基本没有。

第五节　监督管理及法律责任

一、饲料监督检查

(一) 监督管理

农林畜产食品部或市道依法对饲料进行监督管理。监督管理时，可以行使下列职权：

1. 需要进行供需调节及质量管理时，可以要求饲料制造业、进口企业、其他相关人报告必要的情况或派公务员到饲料制造、进口、销售企业、饲料鉴定认证机关或饲料鉴定机关的事务所、工厂或仓库检查账簿、资料或其他物品。

2. 对禁止动物使用的禁止饲料，必要时可以派公务员赴农户进行检查。

3. 按上述规定的检查结果，认定有必要的，可以责令饲料制造、进口、销售企业、饲料鉴定认证机关、农户，改进完善设施、器械、装备。

(二) 饲料检查

1. 自我品质检查

为了加强饲料质量管理，确保饲料的安全性，饲料制造或进口企业要具备农林畜产食品部规定的设施，对生产或进口的饲料实施自我品质检查。自我品质检查的内容包括：是否符合饲料生产流程；是否与成分登记事项有差别；是否符合生产、进口、使用的禁止规定。自我品质检查可以委托农林畜产食品部指定的饲料鉴定认证机关鉴定。自我品质检查分配合饲料、单味饲料及辅助饲料、容器和包装的检查。配合饲料中的猪和鸡的氨基酸成分每 6 个月检查 1 次以上；有害物质每 6 个月检查 1 次；配合器的配合精密度每 6 个月检查 1 次；药残留每年检查 1 次以上；在配合饲料的登记成分中钙、磷、粗蛋白、粗脂肪、粗纤维、水分等每 3 个月检查 1 次以上。单味饲料和辅助饲料的保证成分或成分规格每 6 个月检查 1 次以上；此外对容器和包装每 3 个月检查 1 次以上。企业自我品质检查可以委托饲料审定认证机关审定。经饲料审定认证机关审定的，要向委托生产企业或进口企业发饲料审定证明书。企业自我检查记录要保存 2 年。

2. 饲料检查员

农林畜产食品部或市道在所属公务员中任命或在饲料相关团体所属职员中指定饲料检查员。饲料检查员要由具有畜产技师、畜产技术师、兽医师资格或在正规大学、专科学校畜产学、兽医学、动物生命工程学、畜产食品工程学学科或学部毕业者，或具有同等学力者；或从事饲料质量管理业务 2 年以上者担任。饲料检查员有如下职责：

（1）确认和检查是否符合法律规定的饲料生产企业设施标准。

（2）确认和检查是否符合标示标准。

（3）管束是否经营法律禁止的饲料。

（4）法律规定的检查及检查所需要的饲料抽样。

（5）确认是否履行法律规定的饲料废弃、回收等措施。

（6）确认是否履行法律规定的行政处罚。

（7）确认和指导生产、进口或销售业是否履行法律法规。

3. 饲料检查与再检查

饲料检查是饲料检查机关的检查员为了确保饲料的安全性和质量管理，依法进行实物检查或材料检查和生产企业的设施等检查。饲料检查由农林畜产食品部国立农产品质量管理院和市道组织实施。农林畜产食品部每年年初制定检查计划，按季度分配给各饲料检查机关。饲料检查机关按计划组织有关公务员或指定的饲料检查员实施检查。饲料检查分实物检查和材料检查两种方法。实物检查主要包括：是否符合饲料程、是否与成分登记事项有差别、是否符合标示标准、是否符合法律规定的有害物质允许标准、重量、担心饲料的安全性由农林畜产食品部公布的物质等事项。材料检查包括：登记产品配合率表（产品成分表、原料成分表等）、自我品质检查台账（原料及产品成分分析结果）、产品生产及销售台账等。检查机关可无偿从被检查企业采集最小检查数量的试验样品。试验样品由饲料检查员在饲料生产、进口或销售企业仓库、饲料代理店等饲料保存场所采集。

在饲料检查中，如果发现违反饲料工程或属于禁止生产、进口、销售或使用的饲料，农林畜产食品部或市道自接到之日起3天之内要将饲料鉴定机关（指为了饲料检查及进口饲料申报承担鉴定业务的机关）鉴定证明书通报被检查企业。被检查企业如果对检查结果有异议，自收到检查结果之日起10日内，可附具饲料鉴定证明书，委托农林畜产食品部或市道进行再检查。农林畜产食品部或市道收到再检查委托后，认为需要进行再检查的，立即责成指定饲料鉴定机关实施再鉴定，并将再检查结果自受委托再检查之日起20日内通知饲料生产或进口企业。再检查手续费和保税仓库储藏等费用由委托再检查者承担。在饲料检查和再检查中发现的问题，农林畜产食品部或市道要责成所属公务员采取必要措施，禁止生产、进口、销售或供给，或责令饲料生产、进口、销售企业采取必要措施，规定用途和处理方法，回收、废弃问题饲料，消除饲料的品质及安全性的危害。

二、法律责任

（一）刑罚

1. 违反《饲料管理法》规定，有下列情形之一的，处3年以下徒刑或1 500万韩元以下罚金：

（1）对人体或动物有害的物质超过允许标准以上的。

（2）动物药品残留超过允许标准以上的。

（3）通过人体或动物疾病原因的病原体污染，或明显腐败变质不能作为饲料使用的。

（4）除上述规定外，给保持动物健康或成长带来影响，明显降低畜产品生产，由农林畜产食品部公布的。

（5）未经成分登记，生产或进口的饲料。

（6）未依法申报进口的饲料。

（7）担心人体或农林畜产食品部公布的动物疾病原因，禁止作为饲料使用的动物副产品等农林畜产食品部公布的。

（8）违反法律规定给动物使用第（7）项规定的饲料的。

违反饲料法规定，有下列情形之一的，处1年以下徒刑或处500万韩元以下罚金：

（1）违反法律规定销售进口饲料者。

（2）违反法律规定未登记经营制造业或以虚假或其他不正当方法登记者。

（3）违反法律规定不设饲料安全管理人者。

（4）违反法律规定妨碍饲料安全管理人业务，或无正当理由拒不执行饲料安全管理人提出的要求者。

（5）违反法律规定不按照饲料工程生产、使用或保存饲料者。

（6）违反法律规定未进行成分登记，生产或进口饲料，或以虚假或不正当方法进行成分登记者。

（7）违反法律规定未标示标示事项，销售生产或进口的饲料。

（8）违反法律规定，虚假或夸大标示标示事项。

（9）违反法律规定的特定成分含量限制者。

（10）违反法律规定的物资和饲料的混合限制者。

（11）违反法律规定，未经申报进口饲料者。

（12）不依法检查，未依法鉴定者。

（13）拒不执行依法采取的责令废弃等措施者。

（14）违反责令停止营业的法律规定营业者。

（15）拒不执行法律规定的责令改善和完善生产、进口、饲料鉴定认证机关、饲料鉴定机关、农户设施、机械和装备等措施者。

（二）罚款

按照《饲料管理法》规定，有下列情形之一者，处 500 万韩元以下罚款：

（1）饲料安全管理人在指导、监督和管理过程中发现违反法律的事实未要求生产企业改正，或未向市道报告者。

（2）违反法律规定使用危害要素重点管理适用标准饲料工厂的名称者。

（3）拒绝、妨碍或逃避依法进行的饲料检查。

（4）饲料生产或进口企业或相关人不依法向农林畜产食品部或市道报告或拒绝、妨碍或逃避检查者。

违反上述规定，由农林畜产食品部或市道予以处罚。对依法处罚不服从者，可自收到处罚通知之日起 30 日内向处罚机关提出异议。如果被处罚者提出异议，处罚机关应当立即向管辖法院通报。管辖法院收到通报后，按照非诉讼程序法规定的罚款裁决。在规定时间内未提出异议，如果不交纳罚款，按国税或地方税滞纳处分征收。

（三）对公务员处罚

在饲料检验认证机关中从事检验业务的职员、依法从事检验业务的饲料检验机关的职员或依法从事委托业务的有关团体的职员，依照刑法有关规定予以处罚。

参 考 文 献

「韩」《农水产品质量管理法》(2014年5月20日法律第12 604号) 韩文

「韩」《农水产品质量管理法施行令》韩文

「韩」《农水产品质量管理施行规则》韩文

「韩」《农水产品和水产特产品质量认证具体标准》(农林水产检疫检查本部第2012-142号)

「韩」《水产品质量管理法释》(郑义方) 韩文

「韩」《水产品标准规格》(2007年1月22日制定, 国立水产品质量检查院公告2007-1号, 2011年6月15日修订, 农林水产检疫检查本部公告2001-91号) 韩文

「韩」《关于水产品质量认证及选定标准改编的研究》(2004年8月, 研究主管机关, 韩国海洋水产开发研究院) 韩文

「韩」《为强化国际竞争力而实施的水产食品政府认证制度改进方案》(2011年12月, 韩国海洋水产开发院, 朱闻裴、李玄东) 韩文

「韩」《亲环境农水产品》(法制处) 韩文

「韩」《食品药品安全处组织改编Q&A》韩文

「韩」《食品安全管理体系的政策改善方向》(首尔大学兽医科大学郑支援、兽医公众保健学校李东植、国立兽医科学检疫院畜产品卫生课李泳顺, 会员论坛) 韩文

「韩」《食品产业振兴法》(2011年7月21日修订) 韩文

「韩」《食品产业振兴法施行令》(2012年7月19日) 韩文

「韩」《食品产业振兴法施行规则》(2012年7月20日修订) 韩文

「韩」《水产传统食品标准规格》(农林水产检疫检查本部公告2012-229号) 韩文

「韩」《水产履历跟踪制度准则》(海洋水产部, 2006) 韩文

《香菇出口标准化手册》

HACCP体系与RFID技术相结合, 建立出口动物源性食品追溯与监管体系(陈雷、鲁刚——深圳出入境检验检疫局)

《台湾"产销履历"制度简介》, 上海农业网

「韩」《食品药品安全处及其所属机关编制施行规则》2013年3月23日执行总理令第1 010号制定) 韩文

「韩」《食品安全基本法》(2012年6月、2013年3月执行) 韩文

「韩」《肉中微生物检查办法》(2011年6月实行, 农林水产食品部公告第2011-54号) 韩文

「韩」《畜产品的加工标准及成分规格》韩文

「韩」《畜产品卫生和安全管理及畜产业发展对策》(农林水产食品部2008年5月29日)

韩文

百度文库 TTC 法检测牛奶中的抗菌药物，黄怡君、姜也文、胡松华（浙江大学动物医学，
　　杭州 310029）

「韩」《提高国民幸福指数的食品安全管理方案及营养服务构筑》（农食品消费安全战略课题
　　政策化方案研究，忠清大学责任研究员金香淑、江原大学吴德焕、朝鲜大学金正洙）
　　韩文

「韩」《国内外主要农食品标示制度介绍及运营状况》（农食品安全信息服务 2008 年 8 月）
　　韩文

「韩」《韩国和法国的食品安全法制比较研究》（朴均成、郑关先，庆熙法学第 47 卷第 3 号，
　　2012）韩文

「韩」《原乳质量高级化的经济分析及政策方向》（许德，韩国农村经济研究院责任研究员；
　　辛胜烈，韩国农村经济研究院责任研究员，研究报告 R358/1997.5）韩文

「韩」《为确保水产品安全而实施的长短期卫生方案》（研究报告书，韩国海洋水产开发院）
　　韩文

「韩」《应对贸易环境变化的有效的原产地制度改善的研究》（韩国贸易商务协会，2008 年
　　12 月）韩文

「韩」《食品安全政策成果评价和今后促进方向》（韩国保健社会研究院资深研究员郑基慧，
　　2013 年 5 月）韩文

我国原乳生产等级制度及乳质现状（http：//nongsa119.nonghyupi.com/xe/6342）
　　2012.02.15

「韩」《转基因食品（GMO）标示制度改进方案研究》（韩国消费者安全中心、消费者安全
　　局药品安全组，2014 年 2 月）韩文

「韩」韩国农村经济研究院《畜产品安全检查改进方案研究》（2014 年 10 月）韩文

「韩」《畜产品安全管理现状和课题》（李洪燮）韩文

「韩」《畜产食品安全战略开发研究》（研究责任人杨炳宇，全罗北道大学农业经济学教授
　　2003 年 8 月）韩文

「韩」《畜产品安全检查现状》（农产品安全信息服务，2009 年 5 月）韩文

「韩」韩国农村经济研究院《危害要素事先管理体系（GAP、HACCP）义务化方案研究》
　　（2012 年 6 月）韩文

「韩」《食用卵微生物及残留物质等检查办法》（食品药品安全处公告第 2013 - 93 号）韩文

「韩」《食品公典》（食品药品安全厅，2010）韩文

「韩」韩国食品药品安全处《HACCP 政策方向》（2014.5）韩文

「韩」《国内进口植物现状及病毒检疫》（国立植物检疫所病菌调查课植物病毒学专业李金）
　　韩文

「韩」《指定检疫物的检查方法及标准》（2013 年 3 月 23 日农林畜产检疫本部公告 2013 - 8
　　号，2013 年 3 月 23 日施行）（韩文）

「韩」《水产生物疾病管理法》（2015 年 9 月 28 日实施，法律 1369 号 2015 年 3 月 27 日修
　　订）韩文

「韩」《饲料主要问答事例集》（2015 年 1 月农林畜产食品部畜产经营课）韩文

「韩」《韩国饲料管理法》韩文

「韩」《韩国饲料管理法施行令》韩文

「韩」《韩国饲料管理法施行规则》韩文

「韩」《进口水产生物指定检疫物的出口国派遣检疫具体程序》（2013 年 3 月 25 日施行，国立水产品质量管理院公告第 2013 - 5 号韩文

「韩」《有机农业材料公示及质量认证标准》（2014 年 9 月 26 日施行，农村振兴厅公告第 2014 - 29 号）韩文

「韩」《按照食品安全基本法施行的农产品安全管理体系改进方向——以确立中央和地方政府的职责为中心》（韩国农村经济研究院副研究员黄润载、专门研究员韩在焕，研究报告）韩文

「韩」畜产品危害要素重点管理标准院《配合饲料工厂 HACCP 适用效果分析研究》（2012 年 8 月）韩文

「韩」主要国家的食品安全管理体系（韩文）

「韩」强化韩国社会基础的食品安全管理政策方向（郑基慧韩国保健研究院资深研究员，韩文）

附　录

附录1 韩国农水产品质量安全管理法

(1999 年 1 月 21 日制订〈法律第 5667 号〉，1997 年 7 月 1 日施行
2016 年 2 月 9 日修订，2017 年 3 月 1 日施行，〈法律第 14035 号〉)

第一章 总 则

第一条 目的

为了切实加强农水产品质量管理，确保农水产品的安全性，提高商品性，引导公正、透明交易，增加农民和渔民收入，制订本法。

第二条 定义

(一) 本法用语定义如下：

1. 农水产品，是指下列农产品和水产品：

(1) 所谓农产品，是指依照《农业农村及食品产业基本法》第三条第六款第一项规定的农产品；

(2) 所谓水产品，是指依照《水产业渔村发展基本法》第三条第一款第一项规定的在渔业活动中生产的产品（《盐业振兴法》第二条第一款所规定的盐除外）。

2. 所谓生产者团体，是指《农业农村及食品产业基本法》第三条第四项、《水产业农业农村发展基本法》第三条第五款的生产团体和其他农林畜产食品部令或海洋水产部令规定的团体。

3. 所谓物流标准化，是指使农水产品运输、保管、装卸、包装等物流的各阶段使用的器械、容器、设备、信息等规格化，顺利进行互换和联系。

4. 所谓农产品良好管理，是指为确保农产品（畜产品除外，下同）安全，保护农业环境，切实加强农产品生产、收获后管理（包括农产品储藏、清洗、干燥、分选、切割、调制、包装等）及流通各阶段残留在作物栽培耕地及农业用水等农业环境和农产品的农药、重金属、残留性有机污染物或有害生物等有害要素管理。

5. 删除（2012 年 6 月 1 日删除）。

6. 删除（2012 年 6 月 1 日删除）。

7. 所谓履历跟踪管理，是指从农水产品的生产到销售分阶段记录管理信息，在农水产品（畜产品除外）发生安全问题时，可以跟踪该农水产品，查明

原因，采取必要措施。

8. 所谓地理标示，是指农水产品或第十三项所指的农水产加工品的名声、质量及其他特征，本质上源于特定地区的地理特性时，表明该农水产品或农水产加工品在其特定地域生产、制作及加工的标示。

9. 所谓同音异义语地理标示，是指在同一品目的地理标示中，与他人的地理标示发音相同，但其地域不同的地理标示。

10. 所谓地理标示权，是指可以排他性使用按本法注册的地理标示（包括同音异义语地理标示，下同）的知识产权。

11. 所谓转基因农水产品，是指使人工分离或重组基因具有意图特征的农水产品。

12. 所谓有害物质是指农药、重金属、抗生物质、残留性有机污染物、病原性微生物、霉菌毒素、放射性物质、有毒性物质等残留或污染在食品上由总统令规定的能给人带来健康危害的物质。

13. 所谓农水产加工品，是指下列各项：

（1）农产加工品：以农产品为原料或材料加工的制品；

（2）水产加工品：依照总统令规定的原料或材料的使用比例或成分含量等标准加工水产品的制品。

14. 所谓水产特产品，是指在水产加工品中在特定地区生产或以特色水产品为原料制作、加工的制品。

（二）本法未另行定义的用语依照《农业农村及食品产业基本法》和《水产业渔村发展基本法》规定的执行。

第三条　农水产品质量管理审议会的设置

（一）为了审议本法所规定的农水产品及水产加工品的质量管理等事项，农林畜产食品部长或海洋水产部长下设农水产品质量管理审议会。

（二）审议会由60人以内委员组成，其中包括委员长及副委员长各1人。

（三）委员长在委员中推选，副委员长由委员长在委员中指名者担任。

（四）委员由下列人员担任：

1. 在教育部、产业通商资源部、环境部、食品药品安全处、农村振兴厅、山林厅、专利厅、公平交易委员会所属公务员中由所属机关负责人指名和农林畜产食品部所属公务员中由农林畜产食品部长指名，或海洋水产部所属公务员中由海洋水产部长指名者。

2. 下列各团体及机关负责人在所属干部、职员中指名者：

（1）依照《农业协同组合法》成立的农业协同组合中央会；

（2）依照《山林组合法》成立的山林协同组合中央会；

（3）依照《水产业协同组合法》成立的水产业协同组合中央会；

（4）依照《韩国农水产食品流通公司法》成立的韩国农水产食品流通公司；

（5）依照《食品卫生法》成立的韩国食品产业协会；

（6）依照《关于政府投资研究机关的设立、运营及培育的法律》成立的韩国农村经济研究院；

（7）依照《关于政府投资研究机关的设立、运营及培育的法律》成立的海洋水产开发院；

（8）依照《关于科学技术领域政府投资研究机关的设立、运营及培育的法律》成立的韩国食品研究院；

（9）依照《韩国保健产业振兴院法》成立的韩国保健产业振兴院；

（10）依照《消费者基本法》成立的韩国消费者院。

3. 由市民团体（指依照《非营利团体支援法》第 2 条成立的非营利民间团体）推荐，农林畜产食品部长或海洋水产部长委托者。

4. 在农水产品生产、加工、流通或消费领域具有专业知识或经验丰富者中由农林畜产食品部或海洋水产部长委托者。

（五）依照第四款第三项及第四项委托的委员任期三年。

（六）为了审议农水产品及农水产加工品的地理标示注册，审议会设立地理标示注册审议分科委员会。

（七）为了有效审议审议会业务中特定领域的事项，可以按总统令规定的领域设分科委员会。

（八）依照第六款成立的地理标示注册审议分科委员会及按照第七款成立的分科委员会审议事项，视为审议会审议。

（九）除第一款至第八款规定的事项外，审议会及分科委员会的构成和运营等必要事项由总统令规定。

第四条　审议会的职务

审议会审议下列事项：

（一）关于标准规格及物流标准化事项；

（二）关于农产品良好管理、水产品质量认证及履历跟踪管理事项；

（三）关于地理标示事项；

（四）关于转基因农水产品标示事项；

（五）关于农水产品（畜产品除外）安全调查及对安全调查结果采取的措施事项；

（六）关于农水产品（畜产品除外）及水产加工品的检查事项；

（七）关于农水产品安全及质量管理的信息提供由总理令、农林畜产食品部令或海洋水产部令规定的事项；

（八）关于出口水产品的生产加工设施及海域的卫生管理标准事项；

（九）关于水产品及水产加工品按照第七十条制定的危害要素重点管理标准事项；

（十）关于指定海域的指定事项；

（十一）在其他法律法规中规定的审议会审议的事项；

（十二）关于其他农水产品及水产加工品质量管理由委员长委托审议的事项。

第二章　农水产品标准规格及质量管理

第一节　农水产品的标准规格

第五条　标准规格

（一）为了提高农水产品（畜产品除外，下同）的商品性和流通效率，实现公正交易，农林畜产食品部长或海洋水产部长可以规定农水产品的包装规格和等级规格（以下称"标准规格"）。

（二）提供符合标准规格的农水产品（以下称"标准规格品"）者可以在包装表面进行标准规格品的标示。

（三）标准规格的制定标准、制定程序及标示方法等必要事项由农林畜产食品部令或海洋水产部令规定。

第二节　农产品良好管理

第六条　农产品良好管理的认证

（一）农林畜产食品部长应当制定公布农产品良好管理标准（以下称"良好管理标准"）。

（二）依照良好管理标准生产和管理农产品（畜产品除外，下同）者，或依照良好管理标准包装、流通、生产、管理的农产品者，可以从按照第九条指定的农产品良好管理认证机关（以下称"良好管理认证机关"）获得农产品良好管理的认证（以下称"良好管理认证"）。

（三）想要获良好管理认证者应当向良好管理认证机关提出良好管理认证申请。但是，有下列情形之一的，不能申请良好管理认证：

1. 依照第八条第一款取消良好管理认证后不满 1 年的；

2. 违反第一百一十九条或第一百二十条，确定罚金以上刑罚后不满一年的。

（四）依照第三款获得良好管理认证申请的，良好管理认证机关应当审查是否符合按照第 7 款制定的良好管理认证标准，告知其审查结果。

（五）良好管理认证机关按照第四款进行良好管理认证时，应当调查和检验获良好管理认证者是否遵守良好管理标准，必要时可以要求提供相关资料等。

（六）获良好管理认证者可以在依照良好管理认证标准生产和管理的农产品（以下称"良好管理认证农产品"）的包装、容器、发货单、交易明细表、广告牌、车辆上标示良好管理认证的标示。

（七）良好管理认证的标准、对象品目、程序及标示方法等良好管理认证必要的具体事项由农林畜产食品部令规定。

第七条　良好管理认证有效期

（一）良好管理认证有效期限自获良好管理认证之日起二年。根据品目特点有必要另行适用的，可以在十年范围内由农林畜产食品部令另行规定有效期。

（二）获良好管理认证者有效期满后想要继续保持良好管理认证的，应当在有效期满前接受良好管理认证机关的审查，更新良好管理认证。

（三）获良好管理认证者在第1款规定的有效期内相关品目上市未结束的，经有关良好管理认证机关的审查可以延长有效期限。

（四）按照第一款规定的良好管理认证有效期满前想要变更生产计划等由农林畜产食品部令规定的重要事项者，须事先申请良好管理认证的变更，经良好管理认证机关批准。

（五）良好管理认证的更新程序及有效期限的延长程序等必要的具体事项由农林畜产食品部令规定。

第八条　良好管理认证的取消等

（一）良好管理认证机关实施良好管理认证后，在依照第六条第五款规定进行的调查、检验、要求提供资料等过程中，如果确认下列各项事项，可以取消良好管理认证，或规定三个月内期限停止其良好认证的标示：

1. 以虚假或其他不正当手段获良好管理认证的；

2. 不遵守良好管理标准的；

3. 因转产、停业等难以生产良好管理认证农产品的；

4. 获良好管理认证者无正当理由不接受依照第六条第五款进行的调查、检验或要求提供资料的。

（二）良好管理认证机关按照第1款取消良好管理认证或停止其标示的，应当立即将其事实通知获良好管理认证者和农林畜产食品部长。

（三）良好管理认证取消标准、程序及方法等必要事项由农林畜产食品部令规定。

第九条　良好管理认证机关的指定

（一）农林畜产食品部长可以将具有良好管理认证所需要的人力和设施者指定为良好管理认证机关实施良好管理认证。对从外国进口的农产品进行良好管理认证的，具有农林畜产食品部长规定的标准的外国机关也可以指定为良好管理认证机关。

（二）想要获良好管理认证机关指定者，应当向农林畜产食品部长提出认证机关的指定申请。被指定为良好管理认证机关后，变更农林畜产食品部长规定的重要事项时，应当申报变更。按照第十条被取消良好管理认证机关的指定后不满二年的，不能申请。

第十条　良好管理认证机关的指定取消

（一）有下列情形之一的，农林畜产食品部长可以取消良好管理认证机关的指定，或规定六个月内的期限，责令停止良好管理认证业务。如果符合第 1 项至第 3 项规定之一的，应当取消良好管理认证机关的指定：

1. 以虚假或其他不正当手段获取指定的；

2. 在业务停止期间实施良好管理认证业务的；

3. 因良好管理认证机关解散、倒闭不能履行良好管理认证业务的；

4. 不按照第 9 条第二款正文规定变更申报，继续进行良好管理认证业务的；

5. 与良好管理认证业务有关，对良好管理认证机关负责人等干部、职员处罚金以上刑罚的；

6. 不具备第九条第五款规定的指定标准的；

7. 错误适用良好管理认证标准，错误进行良好管理认证业务的；

8. 无正当理由一年以上没有良好管理认证实际成绩的；

9. 违反第二十一条第三款，无正当理由拒不执行农林畜产食品部长要求的；

10. 因其他理由不能履行良好管理认证业务的。

（二）按照第一款制定的指定取消等具体标准由农林畜产食品部令规定。

第十一条　农产品良好管理设施的指定

（一）农产品收获后，农林畜产食品部长为了卫生安全管理，在下列各项设施中，可以将人力和设备等符合农林畜产食品部令规定的标准设施指定为农产品良好管理设施（以下称"良好管理设施"）：

1. 依照《粮谷管理法》第二十二条建设的米谷综合处理场；

2. 依照《关于农水产品流通及价格稳定的法律》建立的农水产品产地流通中心；

3. 其他作为农产品收获后进行管理的设施由农林畜产食品部长规定公告的设施。

（二）想要按照第一款作为良好管理设施指定者确定想要管理的农产品品目等，应当向农林畜产食品部长申请；被指定为良好管理设施后，变更农林畜产食品部令规定的重要事项时，应当申报变更。但是，依照第二条被取消良好管理设施指定后不满一年不能提出指定申请。

（三）良好管理设施经营者应当按照良好管理认证标准管理良好管理认证对象农产品或良好管理认证农产品。

（四）良好管理设施的指定有效期 5 年，为了保持良好设施指定的效力，有效期满前应当更新其指定。

（五）良好管理设施指定的标准及程序等必要的具体事项由农林畜产食品部令规定。

第十二条　良好管理设施的指定和取消

（一）良好管理设施有下列情形之一的，农林畜产食品部长可以取消其指定，或规定六个月内的期限，责令停止对良好管理认证对象农产品的农产品良好管理认证业务。符合第 1 项至第 3 项规定之一的，应当取消指定：

1. 以虚假或其他不正当手段获得指定的；

2. 在业务停止期间，继续从事农产品良好管理业务的；

3. 良好管理设施经营者因解散、破产，不能从事农产品良好管理业务的；

4. 不具备按照第十一条第一款规定的指定标准的；

5. 不按照第十一条第二款正文规定申报变更经营良好管理认证对象农产品（包括清洗等纯加工、包装、储藏、交易和销售）的；

6. 与农产品良好管理业务有关，对设施代表人等干部、职工确定罚金以上刑罚的；

7. 违反第十一条第 3 款，不按照良好管理标准管理良好管理认证对象农产品或良好管理认证农产品的；

8. 因其他原因不能履行农产品良好管理业务的。

（二）按照第 1 款规定的指定取消及业务的停止标准、程序等具体事项由农林畜产食品部令规定。

第十二条之二　农产品良好管理有关教育宣传

为了促进农产品良好管理，农林畜产食品部长可以向消费者、已经获得或想要获得良好管理认证者、良好管理认证机关等进行教育、宣传、咨询等工作。

第十三条　农产品良好管理有关报告及检验

（一）为了加强农产品良好管理，农林畜产食品部长认为有必要，可以让良好管理认证机关、良好管理设施经营者，或已获得良好管理认证者报告其有关业务事项（包括利用依照《关于促进信息通信网利用及信息保护的法律》建立的信息通信网报告的，下同）或提供资料（包括利用依照《关于促进信息通信网利用及信息保护的法律》建立的信息通信网提供的，下同），可以让有关公务员到事务所等检验设施和设备，调查有关台账或文书。

（二）按照第1款报告、提供资料、检验或调查时，良好管理认证机关、良好管理设施经营者及已获良好管理认证者，无正当理由不得拒绝、妨碍或逃避。

（三）按照第1款检验或调查时，应当事先将检验或调查的时间、目的、对象等通知被检验或调查对象。认为紧急的，或事先告知不能达到目的的，可以不通知。

（四）按照第1款检验或调查的有关公务员应当佩带标示其权限的标志，并向关系人出示标示姓名、前往时间、目的等文件。

第三节　水产品质量认证

第十四条　水产品质量认证

（一）海洋水产部长为了提高水产品和水产特产品质量，保护消费者，实施质量认证制度。

（二）想要获得按照第一款规定的质量认证（以下称"质量认证"）者，应当按照海洋水产部令规定向海洋水产部长申请。

（三）已获质量认证者可以在被质量认证的水产品和水产特产品（以下称"质量认证品"）的包装、容器上按照海洋水产部令规定标示质量认证品。

（四）质量认证的标准程序、标示方法及对象品目的选定等必要事项由海洋水产部令规定。

第十五条　质量认证的有效期

（一）质量认证的有效期自获质量认证之日起二年。因品目的特性有必要另行规定的，可以在四年范围内由海洋水产部令另行规定有效期。

（二）想要延长质量认证有效期的，应当在有效期满前按照海洋水产部令规定，向海洋水产部长提出延长申请。

（三）已获得第二款所规定的申请的，认定符合按照第十四条第四款规定的质量认证标准，海洋水产部长可以在第一款所规定的有效期范围内延长有效期限。

第十六条　质量认证的取消

已获质量认证者有下列情形之一的，海洋水产部长可以取消质量认证。如果符合第1款应当取消质量认证。

1. 以虚假或其他不正当手段获得认证的；
2. 明显不符合按照第十四条第四款规定的标准的；

3. 无正当理由不遵守按照第三十一条第 1 款采取的质量认证品标示的纠正令、禁止相关品目的销售或停止标示措施的；

4. 因转产、停业，断定难以生产质量认证品的。

第十七条　质量认证机关的指定

（一）作为以对水产品的生产条件、质量及安全的审查、认证为业务的法人或团体，海洋水产部长可以让已获海洋水产部长的指定者（以下称"质量认证机关"）代行按照第十四条至第十六条的规定进行的质量认证业务。

（二）为了能够提高渔民水产品质量，系统进行质量管理，海洋水产部长、特别市长、道知事、特别自治道知事（以下称道知事）或市长、郡首、区长（指自治区区长，下同），可以对按照第 1 款被指定为质量认证机关的下列各团体给予资金支持：

1. 水产品生产者团体（仅指渔民团体）；

2. 与水产加工品生产有关的法人（指依照《民法》第三十二条注册的法人）。

（三）想要获得质量认证机关指定者，应当具备质量认证业务必要的设施和人力，并向海洋水产部长申请，获得质量认证机关指定后，变更海洋水产部令规定的重要事项时，应当进行变更申报。按照第 18 条取消质量认证机关的指定后，不超过二年的，不能申请。

（四）质量认证机关的指定标准、程序及质量认证的业务范围等必要事项由海洋水产部令规定。

第十八条　质量认证管理机关的指定取消

（一）质量认证机关如果符合下列情形之一的，海洋水产部长可以取消其指定，或规定六个月以内的期限，责令全部或部分停止质量认证业务。符合第 1 项至第 4 项及第 6 项之一的，应当取消质量认证机关的指定：

1. 以虚假或其他不正当手段获得质量认证机关指定的；

2. 停止业务期间继续从事质量认证业务的；

3. 近 3 年受停止业务处分两次以上的；

4. 因质量认证机关停业或解散、关闭，不能履行质量认证业务的；

5. 不执行按照第十七条第三款正文规定的变更申报，进行质量认证业务的；

6. 未达到第十七条第四款规定的指定标准，已经责令改正，但自接到改正令之日起一个月内不履行的；

7. 违反第十七条第四款的业务范围进行质量认证业务的；

8. 让其他人使用自己的姓名或商号进行质量认证业务的；

9. 不诚实履行质量认证业务，给公众造成危害或伪造质量认证调查结果的；

10. 无正当理由 1 年以上没有质量认证实际成绩的。

（二）按照第 1 款进行的取消指定及停止业务的具体标准由海洋水产部令规定。

第十九条　质量认证报告及检验

（一）海洋水产部长为了质量认证，认为有必要，可以让质量认证机关或质量认证者报告相关业务事项或提供资料；让相关公务员到事务所等检验设施、设备等，并调查相关台账或文书。

（二）按照第 1 款进行的检验或调查遵照第十三条第二款及第三款执行。

（三）按照第 1 款检验或调查的有关公务员遵照第十三条第四款执行。

第四节　删除（2012 年 6 月 1 日删除）

第二十条到第二十三条　删除（2012 年 6 月 1 日删除）

第五节　履历跟踪管理

第二十四条　履历跟踪管理

（一）想要进行履历跟踪管理者，有下列情形之一的，应当向农林畜产食品部长注册：

1. 农产品生产者（畜产品除外，下同）；

2. 农产品流通或销售者（不变更标示、包装的流通和销售者除外，下同）。

（二）尽管第 1 款做出规定，但由总统令规定的农产品生产、流通或销售者，应当向农林畜产食品部长申请履历跟踪管理注册。

（三）按照第 1 款或第 2 款进行履历跟踪的注册者，变更农林畜产食品部长规定的注册事项的，应当自变更事由发生之日起一个月内向农林畜产食品部长申报。

（四）依照第 1 款进行履历跟踪管理的注册者，按照农林畜产食品部令规定，可以在该农产品进行履历跟踪管理的标示；按照第 2 款规定进行履历跟踪管理的注册者，应当在该农产品进行履历跟踪管理的标示。

（五）按照第 1 款注册的农产品及按照第 2 款注册的农产品（以下称"履历跟踪管理农产品"）生产或流通或销售者，应当遵守注册保存履历跟踪管理必要的入库、出库及管理内容等农林畜产食品部长制定的标准（以下称"履历跟踪管理标准"）。在履历跟踪管理农产品流通或销售者中由总统令规定的流动商贩和小摊贩等除外。

（六）农林畜产食品部长可以全部或部分支持按照第 1 款或第 2 款进行履

历跟踪管理注册者的履历跟踪管理必要的费用。

（七）履历跟踪管理的对象品目、注册程序、注册事项及其他注册必要的事项由总统令规定。

第二十五条　履历跟踪管理注册的有效期

（一）按照第二十四条第 1 款及第 2 款申请的履历跟踪管理注册的有效期自注册之日起三年。品目的特征上有必要另行适用的，在十年范围内可以由农林畜产食品部令另行规定有效期限。

（二）有下列情形之一的，应当在履历跟踪管理注册有效期满前更新履历跟踪管理的注册：

1. 按照第二十四条第 1 款进行履历跟踪管理的注册者，有效期满后想要继续对相关农产品实行履历跟踪管理的；

2. 按照第二十四条第 2 款进行履历跟踪管理的注册者，有效期满后想要继续生产或流通或销售相关农产品的。

（三）按照第二十四条第 1 款及第 2 款进行履历跟踪管理的注册者，在第一款的有效期内不能终结该品目上市的，经农林畜产食品部长审查可以延长履历跟踪管理注册的有效期。

（四）履历跟踪管理注册的更新及有效期延长的程序等必要具体事项由农林畜产食品部令规定。

第二十六条　履历跟踪管理资料的提供

（一）农林畜产食品部长可以要求履历跟踪管理农产品生产、流通或销售者提供农产品生产、入库、出库和其他履历跟踪管理必要资料。

（二）履历跟踪管理农产品生产、流通或销售者接到按照第 1 款提供的资料要求时，无正当理由应当遵从。

（三）按照第 1 款提供的资料范围、方法、程序等必要事项由农林畜产食品部令规定。

第二十七条　履历跟踪管理注册的取消

（一）依照第二十四条注册者有下列情形之一的，农林畜产食品部长可以取消其注册，或规定六个月以内期限，责令禁止履历跟踪管理的标示。如果符合第一项或第二项，应当取消注册。

1. 以虚假或其他不正当手段获得注册的；

2. 违反履历跟踪管理标示禁止令的；

3. 不依照第二十四条第 3 款规定的履历跟踪管理注册变更申报的；

4. 违反按照第二十四条第四项制定的标示方法的；

5. 不遵守履历跟踪管理标准的；

6. 违反第二十六条第 2 款无正当理由拒绝提供资料要求的。

（二）依照第 1 款制定的取消注册及禁止标示标准、程序等具体事项由农林畜产食品部令规定。

第六节　事后管理

第二十八条　地位继承

（一）具有因下列情形之一的事由发生的权利义务者死亡或转让其权利义务的，或法人合并的，继承人、转让人或合并后继续存在的法人或因合并设立的法人，可以继承其地位：

1. 依照第九条进行的良好管理认证机关的指定；

2. 依照第十一条进行的良好管理设施的指定；

3. 依照第十七条进行的质量认证机关的指定。

（二）想要依照第 1 款继承地位者，应当自继承事由发生之日起一个月内按照农林畜产食品部令或海洋水产部令的规定分别向指定机关申报。

第二十九条　虚假标示的禁止

（一）任何人不得违反下列各项标示、广告行为：

1. 在不是标准规格品、良好管理认证农产品、质量认证品、履历跟踪管理农产品（以下称"良好标示品"）的农水产品（不是良好管理认证农产品的农产品的，包括不是按照第七条第四款规定批准的农产品），或农水产加工品标示良好标示品的标示或类标示的行为；

2. 将不是良好标示品的农水产品（不是良好管理认证农产品的农产品的，包括没有按照第七条第四款规定批准的农产品）或农水产品加工品作良好标示品广告，或者能够误认良好标示品的广告行为。

（二）任何人不得有下列行为：

1. 将不是标准规格的农水产品或农水产加工品混同依照第五条第二款标示标准规格品的农水产品销售，或以混合销售为目的保存或陈列的行为；

2. 将不是良好管理认证农产品的农产品（包括不是按照第七条第四款规定审批的农产品）或农产品加工品混同按照第六条第六款标示良好管理认证的农产品销售，或以混合销售为目的保存或陈列的行为；

3. 将不是质量认证品的水产品或水产加工品混同按照第十四条第三款标示质量认证品的水产品或水产特产品销售，或以混合销售为目的保存或陈列的行为；

4. 删除（2012 年 6 月 1 日删除）；

5. 将不是履历跟踪管理注册的农产品或农产品加工品混同按照第二十四条第四款标示履历跟踪管理的农产品销售，或以销售为目的保存或陈列的行为。

第三十条　良好标示品的事后管理

（一）为了保持良好标示品的质量水平，保护消费者，必要时可以让有关公务员实施下列各项调查：

1. 调查良好标示品的标示规格、质量或认证、注册标准的适合性等；

2. 查阅相关标示者的有关台账或文书；

3. 采集良好标示品的试验样品。

（二）按照第 1 款调查、查阅或采集样品的有关公务员遵照第十三条第 2 款及第 3 款执行。

第三十一条　良好管理标示品的改正措施

（一）标示规格品、质量认证品或履历跟踪管理农产品有下列情形之一的，农林畜产食品部长或海洋水产部长可以采取措施，按照总统令规定责令改正或禁止销售、停止标示（履历跟踪管理农产品除外）：

1. 达不到标示的规格或其认证注册标准的；

2. 因转产、停业等难以生产相关品目的；

3. 违反相关标示方法的。

（二）依照第三十条进行的调查结果，良好管理认证农产品符合第一款或第三款，农林畜产食品部长可以按照总统令规定采取责令改正或禁止销售的措施；如果符合第八条第一款情形之一的，可以要求良好管理认证机关按照第八条取消良好管理认证或停止标示。

（三）良好管理认证机关按照第二款提出要求的，应当从其要求，处分后立即向农林畜产食品部长报告。

（四）在第 2 款情况下（仅限符合第八条第 1 款情形之一的）按照第十条取消良好管理认证机关的指定后，按照第九条第四款未被指定新的良好管理认证机关时，农林畜产食品部长可以取消良好管理认证指定或停止其标示。

第三章　地理标示

第一节　注　　册

第三十二条　地理标示

（一）农林畜产食品部长或海洋水产部长为了提高具有地理标示的农水产品或农水产加工品质量，培育地区重点产业，保护消费者，实施地理标示制度。

（二）按照第 1 款规定的地理标示注册只由特定地区具有地理特征的农水产品或农水产加工品生产或制作加工者组成的法人可以申请。具有地理特征的农水产品或农水产加工品的生产者或加工业者只是一人的，不是法人也可以申请。

（三）作为符合第二款者，想要获得按照第1款实施的地理标示注册者，应当将农林畜产食品部令或海洋水产部令规定的注册申请书及其附属材料按照农林畜产食品部令或海洋水产部令规定，提交给农林畜产食品部长或海洋水产部长。

（四）如果想要按照第三款得到注册申请，经按照第三条第六款设立的地理标示注册审议分科委员会的审议，没有按照第九款规定的拒绝注册理由的，农林畜产食品部长或海洋水产部长应当公告决定（以下称"公告决定"）地理标示注册申请。在这种情况下，农林畜产食品部长或海洋水产部长应当对申请的地理标示是否违反《商标法》规定的他人商标（包括地理标示、团体标志，下同）事先听取专利厅的意见。

（五）农林畜产食品部长或海洋水产部长公告决定时，将其决定内容在政府公告和因特网上公告，使普通人自公告之日起两个月可以阅览地理标示注册申请文书及其附属材料。

（六）自第五款规定的公告之日起两个月内，任何人都可以附具记载异议事由的文书及证据，向农林畜产食品部长或海洋水产部长提出异议申请。

（七）有下列情形的，农林畜产食品部长或海洋水产部长决定地理标示的注册应当通知申请人：

1. 收到按照六款提出的异议申请的，经按照第三条第六款设立的地理标示注册审议分科委员会的审议认定无拒绝的正当理由的；

2. 在按照第六款规定的时间内无异议申请的。

（八）农林畜产食品部长或海洋水产部长，在地理标示注册时应当向地理标示权人交付地理标示注册证书。

（九）农林畜产食品部长或海洋水产部长按照第三款申请注册的地理标示有下列情形之一的，决定拒绝注册，应当通知申请人。

1. 依照第三款先申请注册或与按照第七款注册的他人的地理标示相同或相似的；

2. 依照《商标法》先申请或与他人注册的商标相同或相似的；

3. 与在国内广为人知的他人的商标或地理标示相同或相似的；

4. 相当于普通名称（指农水产品或农水产加工品的名称作为发源地，虽然与产地或销售场所有关，但长期使用普通名词化的名称）的；

5. 不符合依照第二条第一款第八项规定的地理标示，或同款第九项所规定的同音异义地理标示定义的；

6. 对申请地理标示注册者禁止以生产、制作或加工可以使用其地理标示的农水产品或农水产加工品为职业者团体加入或规定难以加入条件实际上不允许的。

（十）按照第一款至第九款规定的地理标示注册的对象品目、对象地区、申请资格、审议的公告程序、异议申请程序及拒绝注册事由的具体标准等必要事项由总统令规定。

第三十三条　地理标示账户

（一）农林畜产食品部长或海洋水产部长在地理标示账户注册保存地理标示权的设定、转移、变更、消灭、恢复事项。

（二）按照第1款规定的地理标示账户可以全部或部分使用电子制作和管理。

（三）按照第1款规定的地理标示账户的注册保存及制作管理必要事项由农林畜产食品令或海洋水产部令规定。

第三十四条　地理标示权

（一）依照第三十二条第七款获得地理标示注册者（以下称"地理标示权人"）对注册的品目具有地理标示权。

（二）地理标示权符合下列各项之一的，对各项利害当事人相互间不产生效力。

1. 同音异义地理标示。但是，消费者明确认识该地理标示是标示特定地区的商品，将该商品的原产地与其他地区混同为原产地的除外；

2. 提出地理标示注册申请书前，依照《商标法》注册的商标或申请审查中的商标；

3. 提出地理标示注册申请书前，依照《种子产业法》及《植物新品种保护法》注册的品目名称或审查中的品目名称；

4. 作为按照第三十二条第七款获地理标示注册的农水产品或农水产加工品（以下称"地理标示品"）和用于同一品目的地理名称，在注册对象地区生产的农水产品或农水产加工品使用的地理名称。

（三）地理标示权人可以按照农林畜产食品部或海洋水产部令规定，在地理标示品上进行地理标示。在地理标示品中按照《人参产业法》标示的人参类的，除农林畜产食品部令规定的标示方法外，可以在人参类及其容器、包装上使用"高丽人参"、"高丽红参"、"高丽太极参"或"高丽白参"等加入"高丽"用语进行地理标示。

第三十五条　地理标示权的转移及继承

地理标示权不能转移他人或继承。如果有下列情形之一的，事先经农林畜产食品部长或海洋水产部长批准可以转移或继承：

1. 以法人资格注册的地理标示权人修改或合并法人名称的；

2. 以个人资格注册的地理标示权人死亡的。

第三十六条　权利侵害的禁止请求权

（一）地理标示权人可以对侵害自身的权利人或可能侵害人请求禁止或预防其侵害；

（二）有下列情形之一的行为，视为侵害地理标示权：

1. 无地理标示权人把和注册的地理标示相同或相似的标示（同音异义地理标示的，只适合消费者明确认识该地理标示是标示特定地区的商品，使消费者把该商品的原产地和其他的地区混同为原产地的地理标示）使用在和注册品目相同或相似的品目的制品、包装、容器、宣传品或相关资料上的行为；

2. 伪造或仿造注册的地理标示的行为；

3. 以伪造或仿造注册的地理标示为目的的交付、销售、持有的行为；

4. 其他侵害地理标示名称，用直接或间接的方法商业性使用在和注册的地理标示品相同或相似的品目上的行为。

第三十七条　损害赔偿请求权

（一）地理标示权人可以向故意或过失侵害自身的地理标示权利的人请求损害赔偿。在这种情况下，对侵害地理标示权人的地理标示权的人，对其侵害行为推断知道其地理标示已经注册的事实。

（二）按照第1款规定的损害额的推断等遵照《商标法》第一百一十条及第一百一十四条执行。

第三十八条　虚假标示的禁止

（一）任何人不得在非地理标示品的农水产品或农水产加工品的包装、容器、宣传品及有关资料上标示地理标示或相似的标示。

（二）任何人不得在地理标示品上混合销售非地理标示品的农水产品或农水产加工品，或以混合销售为目的的保存或陈列。

第三十九条　地理标示品的事后管理

（一）为了保持地理标示品的质量水平，保护消费者，农林畜产食品部长或海洋水产部长可以指示有关公务员进行下列各项调查等：

1. 调查地理标示品注册标准的适合性；

2. 查阅地理标示的所有者、占有者或管理人等相关台账或材料；

3. 采集地理标示试验样品调查，或委托专门试验机关进行试验。

（二）按照第1款实施的调查、查阅或采集样品遵照第十三条第二款及第三款执行。

（三）按照第1款调查、查阅或采集样品的有关公务员遵照第十三条第四款执行。

第四十条　地理标示品的标示纠正

地理标示品有下列各项之一的，农林畜产食品部长或海洋水产部长可以按照总统令规定，责令纠正或禁止销售、停止标示或取消注册：

1. 未达到依照第三十二条规定的注册标准的；

2. 违反依照第三十四条第三款规定的标示方法的；

3. 认定该地理标示品生产量锐减等难以履行地理标示品生产计划的。

第四十一条　《专利法》的适用

（一）地理标示适用《专利法》第三条至第五条、第六条［仅限第一款（放弃专利申请的除外）、第五款、第七款及第八款］、第七条、第七条之二、第八条、第九条、第十条（第三款除外）、第十一条（第一款第一项至第三项、第五及第六项除外）、第十二条至第十五条、第十六条（第一款但书除外）、第十七条至二十六条、第二十八条（第二款但书除外）、第二八条之二至第二十八条之五及第四十六条。

（二）在第一款的情况下，《专利法》第六条第七项及第十五条第一项中"第一百三十二条之十七"视为"《农水产品质量管理法》第四十五条"，《专利法》第十七条第一项中"第一百三十二条之十七"视为"《农水产品质量管理法》第四十五条"，同条第二款中"第一百八十条第一项"视为"按照《农水产品质量管理法》第五十五条适用的《专利法》第一百八十条第一款"，《专利法》第四十条第三款中"第八十二条"视为"《农水产品质量管理法》第一百一十三条第八项及第九项"。

（三）在第一款的情况下，"专利"视为"地理标示"，"申请"视为"注册申请"，"专利权"视为"地理标示权"，"专利厅"、"专利厅长"及"审查官"视为"农林畜产食品部长或海洋水产部长"，"专利审判员"视为"地理标示审判委员会"，"审查长"视为"地理标示审判委员会委员长"，"审判官"视为"审判委员"，"产业通商资源部令"视为"农林畜产食品部令或海洋水产部令"。

第二节　地理标示审判

第四十二条　地理标示审判委员会

（一）为了审判下列事项，农林畜产食品部长或海洋水产部长下设地理标示审判委员会（以下称"审判委员会"）：

1. 关于地理标示的审判及再审；

2. 拒绝依照第三十二条第九款规定的地理标示注册，或取消按照第四十条规定的注册审判及再审；

3. 其他地理标示事项中总统令规定的事项。

（二）审判委员会由包括委员长 10 名以内的审判员（以下称"审判委员"）组成。

（三）审判委员会委员长由农林畜产食品部长或海洋水产部长在审判委员中产生。

（四）审判委员由农林畜产食品部长或海洋水产部长在相关公务员和知识产权领域或地理标示领域的学识和经验丰富的人员中委托。

（五）审判委员任期三年，只能连任一次。

（六）委员会的构成和管理及其他必要事项由总统令规定。

第四十三条　地理标示的无效审判

（一）有下列情形之一的，地理标示的利害关系人或依照第三条第六款成立的地理标示注册审议分科委员会可以请求无效审判。

1. 尽管符合依照第三十二条第九款规定的注册拒绝事由，还是注册的；

2. 依照第三十二条地理标示注册后，其地理标示在原产地国家中断保护或不被使用的。

（二）按照第1款请求的审判，如果有请求的利益，任何时候都可以请求。

（三）如果依照第1款第一项判决地理标示无效，从开始就视为无地理标示权；如果依照第2款判决地理标示无效，从符合第一款第二项时视为无地理标示权。

（四）如果审判委员会委员长请求第一款的审判，应将其意图通知相关地理标示权人。

第四十四条　地理标示的取消审判

（一）地理标示有下列情形之一的，可以请求其地理标示的取消审判：

1. 地理标示注册后，禁止地理标示注册者以生产或制作、加工可以使用地理标示的农水产品或农水产加工品为职业者团体加入，或规定难以加入条件等实际上不允许团体加入的，或对不能使用地理标示者允许注册团体加入的；

2. 地理标示注册团体或其所属团体成员通过使用地理标示使消费者误认商品质量或混淆地理出处的。

（二）依照第一款请求的取消审判自符合取消事由的事实消失之日起超过3年后不可以请求。

（三）依照第一款请求取消审判的，请求后符合其审判请求事由的事实消失的，不影响取消事由。

（四）依照第一款提出的取消审判任何人都可以请求。

（五）确定取消标示注册审判时，其地理标示权自确定之时起消灭。

（六）第一款的审判请求遵照第四十三条第四款执行。

第四十五条　对拒绝注册的审判

依照第三十二条第九款被通知拒绝地理标示注册者，或依照第四十条被取消注册者，如果有异议可以自被通告拒绝注册或取消注册之日起30天内请求审判。

第四十六条　审判请求方式

（一）想要请求对地理标示的无效审判、取消审判或取消地理标示注册的审判者，应当向审判委员会委员长提出记载下列各项内容的审判请求书并附具申请资料：

1. 当事人的姓名和住址（是法人的，其姓名、代表人姓名及营业所地址）；

2. 有代理人的，其代理人的姓名、地址或营业所地址（代理人是法人的，其名称、代表人姓名及营业所地址）；

3. 地理标示名称；

4. 地理标示注册日期及注册号码；

5. 决定取消注册日期（仅限对取消注册的审判请求）；

6. 请求目的及其理由。

（二）想要请求对地理标示注册拒绝的审判者，应当向审判委员会委员长提出记载下列事项的审判书并附具申请材料：

1. 当事人的姓名和地址（是法人的，其姓名、代表人姓名及营业所地址）；

2. 有代理人的，其代理人的姓名、住址或营业所地址（代理人是法人的，其名称、代表人姓名及营业所地址）；

3. 申请注册日期；

4. 决定拒绝注册时间；

5. 请求目的及其理由。

（三）按照第一款和第二款提出的审判申请书的，不能变更其要点。但是，第一款第六项和第二款第五项的请求理由可以变更。

（四）审判委员会委员长依照第一款或第二款请求的审判包括依照第三十二条第六款规定的地理标示异议申请的事项，应当将其意图通知地理标示的异议申请人。

第四十七条　审判方法

（一）如果按照第四十六条第一款或第二款请求审判，审判委员会委员长依照第四十九条审判。

（二）由审判委员独立审判。

第四十八条　审判员的指定

（一）审判委员会委员长按照审判请求件数指定依照第四十九条组成合议厅的审判员审判。

（二）在第一款的审判委员中如果有担心损害审判公正的人，审判委员会委员长可以让其他审判委员审判。

（三）审判委员会委员长应当按照第一款在被指定的审判委员中指定 1 名

审判长。

（四）按照第三款指定的审判长主管审判委员会委员长指定的审判案件的事务。

第四十九条　审判的合议厅

（一）审判由 3 名审判委员组成的合议厅审判。

（二）第一款的合议厅的合议超过半数赞成通过。

（三）审判的合议不公开。

第五十条　《专利法》的适用

（一）审判员适用《专利法》第一百三十九条、第一百四十一条（第一款第二项第一小项限定本法适用的事项，下同）、第一百四十二条、第一百四十七条至一百五十三条、第一百五十三条之二、第一百五十四条至第一百六十六条、第一百七十一条、第一百七二条及第一百七十六条。

（二）在第一款的情况下，在《专利法》第一百三十九条第一款中"第一百三十三条第一款、第一百三十四条第一款和第二款或第一百三十七条第一款的无效审判，或第一百三十五条第一款和第二款的权利范围确认审判"视为"对《农水产品质量管理法》第四十三条第一款的无效审判、同法第四十四条第一款的取消审判及同法第四十五条拒绝注册的审判"；《专利法》第一百四十一条第一款中"第一百四十条第一款和第三款至第五款或第一百四十条之二第一款"视为"《农水产品质量管理法》第四十六条第一款或第二款"；《专利法》第一百四十一条第一款第二项第二小项中"第八十二条"视为"《农水产品质量管理法》第一百一十三条"；专利法第一百六十一条第二款中"第一百三十二条第一款的无效审判或第二百三十五条的权利范围确认审判"视为"《农水产品质量管理法》第四十三条第一款的无效审判"；《专利法》第一百六十五条第一款中"第一百三十三条第一款、第一百三十四条第一款和第二款、第一百三十五条及第一百三十七条第一款"视为"《农水产品质量管理法》第四十三条第一款、第四十四条第一款"；《专利法》第一百六十五条第三款中"第一百三十二条之十七、第一百三十六条或第一百三十八条"视为"《农水产品质量管理法》第四十五条"；《专利法》第一百七十六条第一款中"第一百三十二条之十七"视为"《农水产品质量管理法》第四十五条"。

（三）在第一款的情况下，用语遵照第四十一条第三款执行，"专利审判委员长"视为"地理标示审判委员会委员长"，"代办人"视为"代理人"。

第三节　再审及诉讼

第五十一条　再审的请求

（一）审判当事人如果对审判委员会确定的审理判决有异议，可以请求再审判。

（二）第一款的再审请求适用《民事诉讼法》第四百五十一条及第四百五十三条第一款。

第五十二条　不服从欺诈判决的请求

（一）审判当事人共谋以侵害第三者权利或利益为目的审理判决的，第三者可以请求对确定的审理判决再审判。

（二）依照第一款提出的再审请求，将审理判决的当事人作为共同被请求人。

第五十三条　通过再审恢复的地理标示权的效力限制

有下列情形之一的，地理标示权的效力在该审理判决确定后，再审请求注册前不涉及善意的行为：

（一）地理标示权无效后通过再审恢复其效力的；

（二）对有不接受拒绝注册审判请求的审判的地理标示注册，通过再审有地理标示权的设定注册的。

第五十四条　对审理判决的诉讼

（一）对审理判决的诉讼由专利法院专属管辖。

（二）依照第一款提起的诉讼，当事人、参加人，或虽然申请参加该审判或再审，但是只能由被拒绝申请者提出。

（三）按照第一款提起的诉讼应当自收到送达审判或决定的复印件之日起60天内提出。

（四）第三款的时间为不变时间。

（五）关于可以请求审判事项的诉讼，如果不是对审判的诉讼不能提出。

（六）对专利法院的判决可以上诉到大法院。

第五十五条　《专利法》的适用

（一）地理标示再审程序及再审请求适用《专利法》第一百八十条、第一百八十四条及《民事诉讼法》第四百五十九条第一款。

（二）地理标示诉讼适用《专利法》第一百八十七条、第一百八十八条及第一百八十九条。在这种情况下，用语依照第四十一条第三款及第五十条第三款；《专利法》第一百八十七条正文中"依照第一百八十六条第一款提起诉讼的"视为依照"《农水产品质量管理法》第五十四条提起诉讼的"；《专利法》第一百八十七条但书中"第一百三十三条第一款、第一百三十四条第一款和第二款、第一百三十五条第一款和第二款、第一百三十七条第一款或第一百三十八条第一款和第三款"视为"《农水产品质量管理法》第四十三条第一款或第四十四条第一款"；《专利法》第一百八十九条第一款中"第一百八十六条第一款"视为"《农水产品质量管理法》第五十四条第一款"。

第四章　转基因农水产品标示

第五十六条　转基因农水产品标示

（一）转基因农水产品生产者、销售者或以销售为目的保存或陈列者应当按照总统令规定在相关农水产品上标示转基因农水产品。

（二）依照第一款标示的转基因农水产品标示对象、标示标准及标示方法等必要事项由总统令规定。

第五十七条　虚假标示的禁止

应当依照第五十六条规定标示转基因农水产品者（以下称"转基因农水产品标示者"）不得有下列行为：

（一）虚假标示转基因农水产品的标示或担心使其混淆的标示行为；

（二）以混淆转基因农水产品的标示为目的损坏、变更其标示的行为；

（三）在标示转基因农水产品混同销售其他农水产品或以混淆为目的保存或陈列的行为。

第五十八条　转基因农水产品的标示调查

（一）为了确认是否依照第五十六条及第五十七条规定标示转基因农水产品、标示事项及标示方法等是否正确、是否违反标示，食品药品安全处长应当按照总统令规定派有关公务员采样检验或调查转基因标示对象农水产品。农水产品流通量明显增加时期等必要时可以随时采样检验或调查。

（二）依照第一款规定的采样检验或调查遵照第十三条第二款及第三款执行。

（三）依照第一款采样检验或调查的有关公务员遵照第十三条第四款执行。

第五十九条　违反转基因农水产品的标示处分

（一）对违反第五十六条或第五十七条者，食品药品安全处长可以做出下列各项之一的处分：

1. 责令履行、变更、删除转基因农水产品标示等；

2. 禁止违反转基因标示的农水产品销售等交易行为。

（二）对违反第五十七条者依照第一款确定处分的，食品药品安全处长可以责令被处分者公布受处分的事实。

（三）转基因农水产品义务标示人违反第五十七条，食品药品安全处长依照第一款确定处分的，应当按照总统令规定，将处分内容、营业所和农水产品名称及处分有关事项在因特网上公布。

（四）依照第一款确定的处分和依照第二款下达的公布命令及依照第三款在因特网公布的标准方法等必要事项由总统令规定。

第五章　农水产品安全调查

第六十条　安全管理计划

（一）为了提高农水产品（畜产品除外，下同）质量，确保农水产品安全、生产、供给，食品药品安全处长每年应当制定安全管理计划并组织实施。

（二）市、道知事及市长、郡首、区长为确保管辖区域内生产流通的农水产品安全，应当制定具体的推进计划并组织实施。

（三）依照第一款制定的安全管理计划及依照第二款制定的具体推进计划应当包括依照第六十一条进行的安全调查、依照第六十八条进行的危害评价及残留调查、对农民和渔民的教育等其他由总理令规定的事项。

（四）删除（2013 年 3 月 23 日删除）。

（五）食品药品安全处长可以让市道知事及市长、区长报告依照第二款制定的具体推进计划及其实施结果。

第六十一条　安全调查

（一）为了农水产品安全管理，食品药品安全处长或市道知事应当对农水产品或农水产品生产的耕地、渔场、用水、材料等进行下列各项调查（以下称"安全调查"）。

1. 农产品

（1）生产阶段：是否符合总理令规定的安全标准；

（2）流通销售阶段：是否超过依照《食品卫生法》等有关法令制定的有害物质的残留允许标准等。

2. 水产品

（1）生产阶段：是否符合总理令规定的安全标准；

（2）储藏阶段及上市交易前阶段：是否超过依照《食品卫生法》等有关法令制定的残留允许标准等。

（二）食品药品安全处长在依照第一款第一小项制定生产阶段安全标准时，应当与有关中央行政机关协商。

（三）安全调查的品目选定、对象地域及程序等必要的具体事项由总理令规定。

第六十二条　试验样品采集

（一）为了安全调查、依照第六十八条第一款规定的危害评价或同条第三款规定的残留调查，如果有必要，食品安全药品处长或市道知事可以让有关公务员进行下列各项样品采集和调查。在这种情况下，可以无偿采集试验样品：

1. 农水产品和农水产品生产的耕地、用水、材料等试验样品采集及调查；

2. 相关农水产品生产、储藏、搬运或销售（仅适合农产品）者的有关台账或文书。

（二）依照第一款实施的采样、调查或查阅，遵照第十三条第二款和第三款执行。

（三）依照第一款采样、调查或查阅的有关公务员，遵照第十三条第四款执行。

第六十三条　按照安全调查结果采取的措施

（一）对为生产过程的农水产品或农水产品的生产而利用或使用的耕地、渔场、用水、材料等实施安全调查结果，违反生产阶段安全标准的，食品药品安全处长或市道知事可以对农水产品生产者或所有者采取下列各项措施：

1. 废弃相关农水产品或改变用途、延期上市等；

2. 改良或禁止使用生产相关农水产品的耕地、渔场、用水、材料等；

3. 其他总统令规定的措施。

（二）食品药品安全处长或市道知事对流通或销售中的农产品及在储藏中或上市交易前的水产品实施安全调查结果，确认违反依照《食品卫生法》制定的有害物质残留允许标准的，应当将其事实通知相关行政机关，以便能够采取切实可行的措施。

第六十四条　安全调查机关的指定

（一）为了专门有效地履行部分安全调查业务和试验分析业务，食品药品安全处长可以指定安全检查机关代行安全调查和分析业务。

（二）依照第一款被指定为安全检查机关者，应当具备安全调查和试验分析必要的设施和人力，向食品药品安全处长提出申请。

（三）依照第一款及第二款规定的安全检查的指定标准及程序和业务范围等必要事项由总理令规定。

第六十五条　安全检查机关的指定与取消

（一）依照第六十四条第一款指定的安全检查机关有下列情形之一的，食品药品安全处长可以取消指定或规定六个月以内的期限责令停止业务。如果适用第一款或第二款，应当取消指定：

1. 以虚假或其他不正当手段获取指定的；

2. 违反业务停止令进行安全调查及试验分析的；

3. 出具虚假检查结果证书的；

4. 其他违反总统令规定的安全调查规定的。

（二）依照第一款规定的指定取消等具体标准由总统令规定。

第六十六条　农水产品安全教育

（一）为了确保农水产品的安全生产和消费者的健康消费活动，食品药品安全处长或市道知事应当对生产者、流通从业者、消费者及有关公务员等进行必要的宣传教育。

（二）食品药品安全处长可以委托依照第三条第四款组成的团体、机关及依照同款第三项组成的市民团体（限定与农水产品安全生产和健康的消费活动有关的团体）对生产流通业者、消费者进行宣传教育。在这种情况下，可以在预算范围内支援宣传教育必要的经费。

第六十七条　分析方法等技术研究及普及

为了提高农水产品的安全管理，快速进行国内外流行的农水产品的有害物质残留的安全调查，食品药品安全处长或市道知事应当制定研究开发和普及安全分析方法等技术措施。

第六十八条　农产品危险评价

（一）为了确保农产品有效的安全管理，食品药品安全处长可以请求下列食品安全有关机关评价因农产品或农产品生产的耕地、用水、材料等有害物质残留造成的危害：

1. 农村振兴厅；

2. 山林厅；

3. 删除（2013 年 3 月 23 日删除）；

4. 依照《关于科学技术领域政府投资研究机关等的设立、运营及培育的法律》成立的韩国食品研究院；

5. 依照《韩国保健产业振兴院法》成立的韩国保健产业振兴院；

6. 大学的研究机关；

7. 其他农林畜产食品部长认为必要的研究机关。

（二）食品药品安全处长应当公布依照第一款进行的危险评价请求事实和评价结果。

（三）为了加强农产品科学的安全管理，食品药品安全处长可以实施农产品有害物质残留现状调查（以下称"残留调查"）。

（四）公布依照第二款进行的危险评价请求和结果事项由总统令规定，残留调查方法及程序等残留调查具体事项由总理令规定。

第六章　指定海域的指定及生产加工设施的注册与管理

第六十九条　卫生管理标准

为了履行与外国的协定或遵守外国一定的卫生管理标准，由海洋水产部长制定公布出口水产品生产加工设施及水产品生产海域的卫生管理标准（以下称"卫生管理标准"）。

第七十条　危害要素重点管理标准

（一）在与外国的协定上规定或出口相对国提出要求的情况下，为了防止出口水产品及水产加工品掺进或残留有害物质或污染水产品及水产加工品，海洋水产部长制定公布以生产和加工等各阶段为重点管理的危害要素重点管理标准。

（二）为了提高国内生产的水产品质量，确保安全的生产供给，海洋水产部长负责制定以防止生产阶段、储藏阶段（指生产者储藏的，下同）及上市交易前阶段掺进或残留有害物质或污染水产品为目的的危害要素重点管理标准。

（三）海洋水产部长可以让依照第七十四条第一款注册的生产加工设施经营者遵守按照第一款及第二款制定的危害要素重点管理标准。

（四）海洋水产部长可以按照海洋水产部令规定，向依照第一款及第二款制定的危害要素重点管理标准履行者发放证明履行其事实的文件。

（五）为了有效遵守依照第一款及第二款制定的危害要素重点管理标准，海洋水产部长可以对依照第七十四条第一款注册者（包括其从业者）和想要依照同款注册者（包括从业者）提供履行危害要素重点管理标准必要的技术信息或教育培训。

第七十一条　指定海域的指定

（一）海洋水产部长可以将符合卫生管理标准的海域指定公告为指定海域。

（二）依照第一款指定的指定海域（以下称"指定海域"）的指定程序等必要事项由海洋水产部令规定。

第七十二条　指定海域卫生管理综合措施

（一）海洋水产部长应当制定为保存和管理指定海域采取的指定海域卫生管理综合措施（以下称"综合措施"）并组织实施。

（二）综合措施应当包括下列事项：

1. 指定海域的保存及管理的基本方向；

2. 为保存及管理指定海域所采取的具体推进措施；

3. 其他海洋水产部长认为保存及管理指定海域必要事项。

（三）为了制定综合措施，如果有必要，海洋水产部长可以听取下列人员的意见。在这种情况下，海洋水产部长可以要求有关机关负责人提供必要的资料：

1. 海洋水产部所属机关负责人；

2. 管辖指定海域的地方自治团体负责人；

3. 依照《水产业协同组合》成立的组合及中央会负责人。

（四）海洋水产部长制定综合措施应当通知有关机关负责人。

（五）为了实施依照第四款通知的综合措施，如果有必要，海洋水产部长可以要求有关机关负责人采取必要的措施。在这种情况下，有关机关负责人无特殊理由应当服从其要求。

第七十三条　指定海域及周边海域的限制或禁止

（一）任何人不得在指定海域及距指定海域 1 公里以内海域（以下称"周边海域"）有下列之一的行为：

1. 尽管《海洋环境管理法》第二十二条第一款第一项至第三项及同条第二款做出规定，但仍排放依照同法第二条第十一款规定的污染物质的行为；

2. 从为依照《水产业法》第八条第一款第四项规定的鱼类等养殖渔业（以下称"养殖渔业"）设置的养殖渔场设施（以下称"养殖设施"）中排放《海洋环境管理法》第二条第十一款规定的污染物质的行为；

3. 在养殖渔业的养殖设施中饲养（包括放置家畜的）依照《关于家畜粪便的管理利用的法律》第二条第一款规定的家畜（包括狗和猫，下同）的行为。

（二）为了防止在指定海域生产的水产品的污染，海洋水产部长可以限制或禁止养殖渔业的渔业权者（包括按照《水产业法》第十九条获得认可，渔业权被转移、分割或变更者和负责养殖设施管理者）在指定海域及周边海域内的养殖设施中使用《药事法》第八十五条规定的动物药品。

（三）如果限制或想要禁止依照第二款使用动物药品的行为，海洋水产部长应当考虑指定海域生产的水产品的上市集中时间，在 3 个月范围内，分指定海域（包括周边海域）规定限制或想要禁止使用的时间。

第七十四条　生产加工设施等的注册

（一）经营履行符合卫生管理标准的水产品的生产加工设施和依照第七十条第一款或第二款规定的危害要素重点管理标准的设施（以下称"生产加工设施等"）者，可以向海洋水产部长申请注册生产加工设施等。

（二）依照第一款注册者（以下称"生产加工业者"），可以在其生产加工设施等生产加工上市的水产品、水产加工品或其包装上标示符合卫生标准的事实，或履行依照第七十条第一款及第二款制定的危害要素重点管理标准。

（三）生产加工业者如果想要变更总统令规定的事项，应当向海洋水产部长申报。

（四）生产加工设施等的注册程序、注册方法、变更申报程序等必要事项由海洋水产部令规定。

第七十五条　卫生管理事项的报告

（一）海洋水产部长可以让生产加工业者报告生产加工设施等的卫生管理事项。

（二）海洋水产部长可以让依照第一百一十五条获得委任或委托权限的机关负责人报告实施指定海域卫生调查和检查的事项。

（三）依照第一款及第二款规定的报告程序等必要事项由海洋水产部令

规定。

第七十六条　调查检验

（一）海洋水产部长应当调查和检验作为指定海域指定的海域和被指定为指定海域的海域是否符合卫生管理标准。

（二）海洋水产部长应当调查检验是否符合生产加工设施等卫生管理标准和依照第七十条第一款或第二款制定的危害要素重点管理标准。

（三）为了符合下列之一的事项，必要时，海洋水产部长可以派有关公务员到相关营业所、事务所、仓库、船舶、养殖设施等查阅有关台账或文书，检验设施装备等，或采集少量的试验样品：

1. 依照第一款及第二款进行的调查和检验；

2. 确认调查是否依照第七十三条限制或禁止的污染物质的排放、家畜的饲养行为及动物药品的使用。

（四）依照第三款规定的查阅、检验或采样遵照第十三条第二款及第三款执行。

（五）依照第三款查阅、检验或采样的有关公务员遵照第十三条第四款执行。

（六）生产加工设施等全部具备下列各项要件的，海洋水产部长按照生产加工业者的请求，可以要求有关行政机关负责人共同调查和检验：

1. 作为《食品卫生法》及《畜产品卫生管理法》等食品有关法律法规的调查和检验对象的；

2. 以类似目的成为6个月2次以上调查和检验对象的。但是调查和检验是否履行与外国的协定事项或纠正措施的，和收到对违法事项的申报或掌握违法事项的信息调查检验的除外。

（七）除第三款至第五款规定的事项外，依照第一款和第二款提出的调查检验、程序和方法等必要事项由海洋水产部令规定；依照第六款提出的共同调查、检验的要求方法等必要事项由总统令规定。

第七十七条　指定海域生产限制及指定解除

如果指定海域不符合卫生管理标准，海洋水产部长可以按照总统令规定，限制在指定海域的水产品生产或解除指定海域的指定。

第七十八条　生产加工的中止

生产加工设施等或生产加工业者，如果有下列情形之一的，海洋水产部长可以按照总统令规定下达纠正、限制、中止生产、加工、上市、搬运命令，下达改善、维修生产加工设施命令，或取消注册。如果符合第一款应当取消其注册：

（一）以虚假或其他不正当手段依照第七十四条进行注册的；

（二）不符合卫生标准的；

（三）不履行或不诚实履行依照第七十条第一款及第二款制定的危害要素重点管理标准的；

（四）拒绝、妨碍或逃避依照第七十六条第二款及第三款第一项（限定符合第二款的部分）实施的调查、检验的；

（五）在生产加工设施等生产的水产品及水产加工品被检查出有害物质的；

（六）接到纠正、限制、中止生产、加工、上市、搬运命令或改善、维修生产加工设施命令后拒不服从的。

第七章　农水产品等的检查及检验

第一节　农产品检查

第七十九条　农产品检查

（一）为了确立公正的流通秩序，保护消费者，政府收购或进出口的农产品等由总统令规定的农产品（畜产品除外，下同）是否符合农林畜产食品部长制定公布的标准等应当接受农林畜产食品部长的检查。蚕卵及蚕茧应当接受市道知事的检查。

（二）如果想要更换依照第一款检查的农产品的包装、容器或内容物应当再次接受农林畜产部长检查。

（三）依照第一款及第二款规定的检查项目、标准、方法及申请程序等必要事项由农林畜产食品部令规定。

第八十条　农产品检查机关的指定

（一）农林畜产食品部长可以将农产品生产团体或依照《关于公共机关的管理的法律》第四条成立的公共机关（以下称"公共机关"）或农业有关法人等指定为农产品检查机关，代行依照第七十九条第一款规定的检查。

（二）想要作为依照第一款规定的农产品检查机关指定者，应当具备检查所需要的设施和人力，向农林畜产食品部长申请。

（三）依照第一款规定的农产品检查机关的指定标准、指定程序及检查业务范围等必要事项由农林畜产食品部令规定。

第八十一条　农产品检查机关的指定取消

（一）农林畜产食品部长依照第八十条指定的农产品检查机关有下列情形之一的，可以责令取消其指定，或规定 6 个月内的时间全部或部分停止检查业务：

1. 以虚假或其他不正当手段获得指定的；

2. 业务停止期间从事检查业务的；

3. 不符合依照第八十条第三款制定的指定标准的；

4. 虚假或不诚实检查的；

5. 无正当理由不进行指定检查的。

（二）依照第一款制定的停止、取消等具体标准，考虑其违反行为的类型及违反程度等由农林畜产食品部令规定。

第八十二条　农产品检查官的资格

（一）负责依照第七十九条实施的检查或依照第八十五条实施的再检查（包括按照异议申请实施的再检查）业务的人（以下称"农产品检查官"）符合下列条件之一者，为国立农产品质量管理院长实施的录取考试合格者。具有总统令规定的农产品检查有关资格或学位者，可以按照总统令规定全部或部分免除录取考试：

1. 从事农产品检查有关业务 6 个月以上的公务员；

2. 从事农产品检查有关业务者。

（二）分谷类、特种作物、薯类、水果、蔬菜、蚕丝类等赋予农产品检查官的资格。

（三）依照第八十三条被取消农产品检查官资格，自取消资格之日起不超过一年不能参加依照第一款规定的录取考试，或不能取得农产品检查官的资格。

（四）为了提高农产品检查官的检查技术和素质，国立农产品质量管理院长可以实施培训。

（五）为了依照第一款规定的录取考试的出题及评分，国立农产品质量管理院长可以任命和委托考试委员会。在这种情况下，可以在预算范围内给考试委员支付补贴。

（六）依照从第一款到第四款规定实施的农产品检查官的录取考试的区分、方法、合格者的决定、农产品检查官培训等必要的具体事项由农林畜产食品部令规定。

第八十三条　农产品检查官的资格取消

（一）如果出现下列情形之一的，国立农产品质量管理院长可以命令农产品检查官取消其资格，或规定 6 个月以内的期限停止其资格：

1. 以虚假或其他不正当手段检查或再检查的；

2. 违反本法或按照本法下达的命令进行明显不合格的检查或再检查，大幅降低政府或农产品检查机关公信力的。

（二）依照第一款规定的取消及停止资格必要的具体事项由农林畜产食品部令规定。

第八十四条　检查证明书发放

依照第七十九条第一款规定检查时，农产品检查官应当按照农林畜产食品部令在农产品的包装、容器或标签上标示检查日期、等级等检查结果或者向被检查者发放检查证明书。

第八十五条　再检查

（一）对依照第七十九条实施的检查结果有异议者，可以向现场检查的检查官请求再检查。在这种情况下，农产品检查官应当马上再检查并告知其结果。

（二）对依照第一款实施的再检查结果有异议者，可以自再检查之日起 7 日内向检查官所属的农产品检查机关负责人提出异议申请；收到异议申请的机关负责人应当自收到申请之日起 5 日内再行检查，将其结果通知异议申请人。

（三）依照第一款实施的再检查结果与依照第七十九条第一款实施的检查结果不相同的，应当遵照第八十四条替换检查结果的标示或重新发放检查证明书。

第八十六条　检查判定的实效

依照第七十九条第一款获得检查的农产品有下列情形之一的，检查判定丧失实效：

（一）超过农林畜产食品部令规定的检查有效期的；

（二）依照第八十四条规定的检查结果的标示消失或不明确的。

第八十七条　检查判定的取消

依照第七十九条实施的检查或依照第八十五条实施的再检查的农产品有下列情形之一的，农林畜产食品部长可以取消检查判定：

（一）确认以虚假或其他不正当手段获得检查事实的；

（二）确认伪造或编造检查或再检查结果的标示或证明书的；

（三）确认改变接受检查或再检查的农产品的包装或内容物的。

第二节　水产品及水产加工品的检查

第八十八条　水产品检查

（一）有下列情形之一的水产品及水产加工品应当接受海洋水产部长是否符合质量规格和是否掺进有害物质等检查：

1. 政府收购储藏的水产品及水产加工品；

2. 按照与外国的协定或出口相对国的要求需要检查的，由海洋水产部长规定的水产品及水产加工品。

（二）有对第一款以外的水产品及水产加工品检查申请的，海洋水产部长应当检查。无检查标准等由海洋水产部令规定的除外。

（三）如果改换依照第一款或第二款接受检查的水产品或水产加工品的包装或内容物，应当再接受海洋水产部长检查。

（四）不管第一款到第三款的规定，有下列情形之一的，海洋水产部长可以省略部分检查：

1. 在指定海域生产、加工符合卫生管理标准的水产品及水产加工品；

2. 在依照第七十四条第一款注册的生产加工设施中生产、加工符合卫生管理标准或危害要素重点管理标准的水产品及水产加工品；

3. 使用下列各小项之一的渔船在海外水域捕捞现场直接出口的水产品及水产加工品（应当履行与外国的协定或应当遵守外国的一定卫生管理标准、危害要素重点管理标准的除外）：

（1）获得依照《远洋产业发展法》规定的远洋渔业许可渔船；

（2）依照《食品产业振兴法》第十九条之五申报水产品加工业（限定总统令规定的业种）者直接经营的渔船。

4. 省略部分检查也能达到检查目的的，由总统令规定的。

（五）依照第一款到第三款的规定接受检查的检查种类和对象、检查标准、程序及方法、依照第四款部分省略的，其程序及方法等由海洋水产部长规定。

第八十九条　水产品检查机关的指定

（一）海洋水产部长可以将能够履行依照第八十八条实施的检查业务，或依照第九十六条实施的检查业务的生产团体，或者依照《关于科学技术领域政府投资研究机关等的成立运营及培育的法律》成立的食品卫生有关机关指定为水产品检查机关，代行检查或再检查业务。

（二）想要获得依照第一款规定的水产品检查机关的指定者，应当具备检查必要的设施和人力，向海洋水产部长申请。

第九十条　水产品检查机关的指定取消

（一）依照第八十九条指定的水产品检查机关有下列情形之一的，海洋水产部长可以取消其指定，或规定 6 个月以内的期限命令全部或部分停止检查业务：

1. 以虚假或其他不正当手段获得指定的；

2. 业务停止期间从事检查业务的；

3. 达不到依照第八十九条第三款规定的指定标准的；

4. 虚假或不诚实检查的；

5. 无正当理由不进行指定检查的。

（二）依照第一款规定的指定取消的具体标准，考虑其违反行为的类型及违反程度等由海洋水产部令规定。

第九十一条　水产品检查官的资格

（一）承担依照第八十八条规定的水产品检查业务，或依照第九十六条规定的再检查业务者（以下称"水产检查官"）有符合下列条件之一的，由总统令规定的国家检疫检查机关（以下称"国家检疫检查机关"）负责人实施的录取考试合格者担任：

1. 在国家检疫检查机关从事水产品检查有关业务 6 个月以上的公务员；

2. 从事水产品检查有关业务一年以上者。

（二）依照第九十二条被取消水产品检查官资格者，自被取消之日起不超过 1 年不能参加依照第一款组织实施的录取考试或取得水产检查官的资格。

（三）为了提高水产品检查官的检查技术和素质，国家检疫检查机关负责人可以实施培训。

（四）国家检疫检查机关负责人可以任命和委托考试委员依照第一款实施的录取考试出题和评分。在这种情况下，可以在预算范围内向考试委员支付补贴。

（五）依照第一款到第三款的规定实施的录取考试的区分、方法、合格者的决定、水产品检查官培训等必要事项由海洋水产部令规定。

第九十二条　水产品检查官的资格取消

（一）水产品检查官如果发生下列情形之一的，国家检疫检查机关负责人可以取消其资格，或规定 6 个月内的期限责令停止资格：

1. 以虚假或其他不正当手段检查或再检查的；

2. 违反本法或依照本法下达的命令，检查或再检查明显不合格，大幅降低政府或水产检查机关公信力的。

（二）依照第一款规定的取消及停止检查资格必要的具体事项由海洋水产部令规定。

第九十三条　检查结果的标示

依照第八十八条检查的结果或依照第九十六条再检查的结果，有下列情形之一的，水产品检查官应当在其水产品或水产加工品标示检查结果，活水产品等不能标示的除外：

（一）检查申请者提出申请的；

（二）政府收购和储备的水产品或水产加工品的；

（三）海洋水产部长认定有必要标示检查的；

（四）检查不合格的水产品及水产加工品依照第九十五条第二款应当向有关机关申请废弃或停止销售等处分的。

第九十四条　检查证明书的发放

依照第八十八条接受的检查结果或依照第九十六条接受的再检查结果，海洋水产部长可以向符合检查标准的水产品及水产加工品和符合第八十八条第四款的水产品及水产加工品的检查申请人，按照海洋水产部令的规定，发放证明其事实的检查证明书。

第九十五条　废弃或禁止销售

（一）海洋水产部长应当向依照第八十八条接受的检查或依照第九十六条接受的再检查中被判定不合格的水产品或水产加工品的检查申请人通知检查不合格的事实。

（二）海洋水产部长应当依照《食品卫生法》的规定，要求管辖特别自治道知事、市长、郡首、区长废弃或禁止销售依照第一款判定不合格的水产品及水产加工品检出有害物质可能对人体有害的水产品及水产加工品。

第九十六条　再检查

（一）不服从依照第八十八条检查的结果者，自收到其结果通知之日起 14 日内可以向海洋水产部长申请再检查。

（二）依照第一款申请的再检查只符合下列情形之一的，可以再行检查。在这种情况下，除水产品检查官不足等不得已的情况以外，应当让不是初次检查的水产品检查官的其他水产品检查官检查：

1. 水产品检查官认定为检查采集的试验样品或检查方法错误的；

2. 专门机关（指海洋水产部长规定的食品卫生有关专门机关）检查提出与水产品检查机关检查结果不同的结果的。

（三）依照第一款进行的再检查结果不能因相同原因申请再检查。

第九十七条　检查审判的取消

依照第八十八条检查或依照第九十六条检查的水产品或水产加工品，如果有下列情形之一的，海洋水产部长可以取消判定。如果符合第一项应当取消检查判定：

（一）确认以虚假或其他不正当手段获得检查的事实的；

（二）确认仿造或编造检查或再检查结果的标示或检查证明书的事实的；

（三）确认改换获得检查或再检查的水产品或水产加工品包装或内容物的事实的。

第三节　检　　验

第九十八条　检验

（一）为了顺利进行农水产品及农水产加工品的交易及进出口，农林畜产食品部长或海洋水产部长可以实施下列各项检验：

1. 农产品及农产品加工品的品位、成分及有害物质等；

2. 水产品的质量、规格、成分、残留物质等；

3. 农水产品生产的耕地、渔场、用水、材料等的品位、成分及有害物质等。

（二）农林畜产食品部长或海洋水产部长收到检验申请时，如果没有检验人力或检验装备不足等难以实施检验的事由，应当实施检验并将检验结果通报申请人。

（三）按照第一款规定的检验项目、申请程序及方法等必要事项由农林畜产食品部令或海洋水产部令规定。

第九十八条之二　按照检验结果采取的措施

（一）依照第九十六条第一款第一项及第二项实施检验的结果检出有害物质，农林畜产食品部长或海洋水产部长应当让生产者或所有者废弃或禁止购买认定可能有害人体健康的农水产品及农水产加工品。

（二）生产者或所有者不履行第一款的命令或发生农水产品及农水产加工品卫生危害的，农林畜产食品部长或海洋水产部长应当按照农林畜产食品部令或海洋水产部令公布检验结果。

第九十九条　检验机关的指定

（一）农林畜产食品部长或海洋水产部长可以指定具有检验所需要的人力和设施的机关（以下称"检验机关"）代行依照第九十八条进行的检验。

（二）想要指定为检验机关者，应当具备检验必要的人力和设施，向农林畜产食品部长或海洋水产部长申请。被指定检验机关后，变更农林畜产食品部令或海洋水产部令规定的重要事项时，应当按照农林畜产食品部令或海洋水产部令的规定变更申报。

（三）依照第一百条被取消检验机关后不满 1 年不能申请检验机关的指定。

（四）依照第一款及第二款规定的检验机关的指定标准及程序和业务范围等必要事项由农林畜产食品部令或海洋水产部令规定。

第一百条　检验机关的指定取消

（一）检验机关如果有下列情形之一的，农林畜产食品部长或海洋水产部长可以取消指定，或规定 6 个月内的期限责令停止相关检验业务。如果符合第一款或第二款的，应当取消指定：

1. 以虚假或其他不正当手段获得指定的；

2. 在业务停止期间从事检验业务的；

3. 出具虚假检查结果的；

4. 未依照第九十九条第二款后部分规定的变更申报，进行检验业务的；

5. 不符合依照第九十九条第四款规定的指定标准的；

6. 违反其他农林畜产食品部长或海洋水产部长规定的检验规定的。

（二）依照第一款规定的指定取消及停止的具体标准由农林畜产食品部令或海洋水产部令规定。

第四节　禁止行为及确认、调查、检验

第一百零一条　不正当行为的禁止

依照第七十九条、第八十五条、第八十八条、第九十六条及第九十八条获

得的检查、再检查及检验，任何人不得有下列行为：

（一）以虚假或其他不正当手段获得检查、再检查或检验的行为；

（二）应当依照第七十九条或第八十八条获得检查的农水产品或水产加工品未获检查的行为；

（三）伪造或编造检查或检验结果的标示、检查证明书及检验证明书的行为；

（四）违反第七十九条第二款或第八十八条第三款不接受检查，改换包装、容器或内容物，销售、出口农水产品或水产加工品或以销售、出口为目的保存或陈列的行为；

（五）对检验结果做虚假广告或夸大广告的行为。

第一百零二条　确认、调查、检验

（一）农林畜产食品部长或海洋水产部长可以让有关公务员到政府收购或进口的农水产品或水产加工品等总统令规定的农水产品及水产加工品的保管仓库、加工设施、飞机、船舶及其他必要场所无偿采集少量确认、调查、检验等必要的样品或查阅有关台账或文书。

（二）依照第一款规定的试验样品采集或查阅等遵照第十三条第三款执行。

（三）依照第一款前往的有关公务员遵照第十三条第四款执行。

第八章　补　　则

第一零三条　信息提供

（一）农林畜产食品部长、海洋水产部长或食品药品安全处长认为在农水产品安全调查等农水产品安全、质量信息中有必要让国民知道的信息，应当在《关于公共机关的信息公开的法律》允许范围内向国民提供。

（二）农林畜产食品部长、海洋水产部长或食品药品安全处长想要依照第一款向国民提供信息的，应当建立与农水产品安全和质量有关的信息收集和管理信息系统（以下称"农水产品安全信息系统"）。

（三）农水产品安全信息系统的建立和运营及信息提供等必要事项由农林畜产食品部令或海洋水产部令规定。

第一百零四条　农水产品名誉监察员

（一）为了确立公正的农水产品流通秩序，农林畜产食品部长或海洋水产部长或市道知事可以委托消费者团体或会员、职员等为农水产品名誉监察员，对农水产品的流通秩序进行监察、指导和启蒙。

（二）农林畜产食品部长或海洋水产部长或市道知事可以在预算范围内向名誉监察员支付必要的监察活动经费。

（三）依照第一款委托的农水产品名誉监察员的资格、委托方法、任务等必要事项由农林畜产食品部令或海洋水产部令规定。

第一百零五条　农产品质量管理师及水产品质量管理师

为了提高农产品及水产品质量，促进流通效率，农林畜产食品部长或海洋水产部长建立农产品质量管理师及水产品质量管理师制度。

第一百零六条　农产品质量管理师或水产品质量管理师的职务

（一）农产品质量管理师履行下列各项职务：

1. 农产品等级认定；

2. 农产品生产及收获后质量管理技术指导；

3. 农产品上市时间调节、质量管理技术的建议；

4. 其他提高农产品质量和促进有效流通等由农林畜产食品部令规定的业务。

（二）水产品质量管理师履行下列各项职务：

1. 水产品等级认定；

2. 水产品的生产及收获后质量管理技术指导；

3. 水产品上市时间调节、质量管理技术的建议；

4. 其他提高水产品质量和促进有效流通等由海洋水产部令规定的业务。

第一百零七条　农产品质量管理师或水产品质量管理师的教育、资格赋予

（一）想要成为农产品质量管理师或水产品质量管理师者，应当经农林畜产食品部长或海洋水产部长实施的农产品质量管理师或水产品质量管理师的资格考试及格。

（二）自依照第一百零九条取消农产品质量管理师或水产品质量管理师资格之日起不满两年的，不能参加依照第一款规定的农产品质量管理师或水产品质量管理师资格考试。

（三）农产品质量管理师或水产品质量管理师资格考试的实施计划、应试资格、考试科目、考试方法、合格标准及资格证发放等必要事项由总统令规定。

第一百零七条之二　农产品质量管理师或水产品质量管理师的教育

（一）为了提高业务能力及素质，农林畜产食品部令或海洋水产部令规定的农产品质量管理师或水产品质量管理师应当接受必要的培训。

（二）依照第一款规定的培训方法及实施机关等必要事项由农林畜产食品部令或海洋水产部令规定。

第一百零八条　农产品质量管理师或水产品质量管理师的遵守事项

（一）农产品质量管理师或水产品质量管理师应当诚实守信，认真履行职务，提高农水产品质量，促进有效流通，能够让生产者和消费者受益。

（二）农产品质量管理师或水产品质量管理师不得让他人使用其名义或借

用其资格证。

第一百零九条　农产品质量管理师或水产品质量管理师的资格取消

有下列情形之一的，农林畜产食品部长或海洋水产部长应当取消农产品质量管理师或水产品质量管理师的资格：

（一）以虚假或不正当手段取得农产品质量管理师或水产品质量管理师资格的；

（二）违反第一百零八条让他人使用农产品质量管理师或水产品质量管理师的名义或借给他人资格证书的。

第一百一十条　资金支持

为了提高农水产品质量，促进农水产品的标准化及物流标准化，政府可以在预算范围内，对符合下列各项之一者给予包装材料、设施及自动化装备等的购买及农产品质量管理师或水产品质量管理师使用等必要的资金支持：

（一）农民和渔民；

（二）生产者团体；

（三）获良好管理认证者、良好管理认证机关、为农产品收获后卫生安全管理提供设施的经营者或实施良好管理认证培训的机关团体；

（四）履历管理或地理标示注册者；

（五）雇佣农产品质量管理师或水产品质量管理师等为提高农水产品质量而努力的产地、消费地、流通设施经营者；

（六）依照第六十四条指定的安全检查机关或依照第六十八条指定的履行危险评价机关；

（七）依照第八十条、第八十九条及九十九条指定的农水产品检查及检验机关；

（八）其他农林畜产食品部令或海洋水产部令规定的农水产品流通有关经营者或团体。

第一百一十一条　优先购买

（一）为了促进农水产品及水产加工品顺利流通，提高产品质量，如果有必要，农林畜产食品部长或海洋水产部长可以让良好标示品、地理标示品等在依照《关于农水产品流通价格认定的法律》建立的农水产品批发市场或农水产品销售场优先上市交易。

（二）国家、地方自治团体或公共机关购买农水产品或农水产加工品时，可以优先购买良好标示品、地理标示品等。

第一百一十二条　补助金

食品药品安全处长在预算内可以按照总统令规定，向主管机关或调查机关举报违反第五十六条或第五十七条者支付补偿金。

第一百一十三条　手续费

符合下列情形之一者，应当按照总理令、农林畜产食品部令或海洋水产部令的规定支付手续费。政府收购或进出口的农水产品，按照总理令、农林畜产食品部令或海洋水产部规定，可以减免手续费：

（一）按照第六条第三款申请良好管理认证，或按照第七条规定的良好管理认证的更新审查、按同条第三款规定的为延长有效期进行的审查，或按同条第四项规定的良好管理认证变更申请者；

（二）按照第九条申请良好管理认证机关的指定或想要按照同条第三款更新者；

（三）按照第十一条第二款申请良好管理设施的指定，或按照同条第四款规定的更新申请者；

（四）按照第十四条第二款申请质量认证或按照第十五条第二款申请延长质量认证有效期者；

（五）按照第十七条第三款申请质量认证机关的指定者；

（六）删除（2012 年 6 月 1 日删除）；

（七）按照第三十二条第三款申请地理标示注册，或按照第四十一条被适用的按照《专利法》第十五条规定的期限延长申请，或按照同法第二十二条规定的继承申请者；

（八）按照第四十三条第一款规定的地理标示无效审判、按照第四十四条第一款规定的地理标示的取消审判、对按照第四十五条进行的地理标示的注册拒绝、取消的审判，或按照第五十一条第一款进行的再审判者；

（九）按照第四十六条第三款补正或按照第五十条适用的按照《专利法》第一百五十一条规定的除斥、回避申请，按照同法第一百五十六条规定的参加申请，按照同法第一百六十五条规定的费用决定的请求，按照同法第一百六十六条规定的有执行力的正本请求者。在这种情况下，包括按照第五十五条第一款适用的按照《专利法》第一百八十四条规定的再审查中的申请请求等；

（十）按照第六十四条第二款申请安全检查机关的指定者；

（十一）按照第七十四条第一款申请生产加工设施等的注册者；

（十二）申请按照第七十九条规定的农产品检查或按照第八十五条规定的再检查者；

（十三）按照第八十条第二款申请农产品检查机关的指定者；

（十四）按照从第八十八条第一款到第三款接受的水产品或水产加工品的检查，或按照第九十六条第一款申请再检查者；

（十五）按照第八十九条第二款申请水产品检查机关的指定者；

（十六）申请按照第九十八条实施的检验者；

（十七）按照第九十九条第二款申请检验机关的指定者。

第一百一十四条　听证

（一）农林畜产食品部长、海洋水产部长或食品药品安全处长如果想要做出下列之一处分，应当听证：

1. 取消按照第十条实施的良好管理认证机关的指定；

2. 取消按照第十二条实施的良好管理设施的指定；

3. 取消按照第十六条实施的质量认证；

4. 取消按照第十八条实施的质量认证机关的指定或停止质量认证业务；

5. 删除（2012 年 6 月 1 日删除）；

6. 取消按照第二十七条实施的履历跟踪管理注册；

7. 禁止购买或停止标示（履历跟踪管理农产品的除外）依照第三十一条第一款纠正的标准规格品、质量认证品或履历管理农产品；禁止购买按照同条第二款纠正的良好管理认证农产品，或取消或停止标示按照同条第四款规定的良好管理认证；

8. 禁止购买、停止标示或取消注册依照第四十条责令纠正的地理标示品；

9. 取消按照第六十五条取消的安全性检查机关的指定；

10. 依照第七十八条下达的纠正、限制、中止生产加工设施等或生产加工业者等的生产、加工、上市、搬运的命令，改善、维修生产加工设施等命令，或取消注册；

11. 取消按照第八十一条取消的农产品检查机关的指定；

12. 取消按照第八十七条取消的检查判定；

13. 取消按照第九十条取消的水产品检查机关的指定、或者取消检查业务；

14. 取消按照第九十七条取消的检查判定；

15. 取消按照第一百条取消的检验机关的指定；

16. 取消按照第一百零九条取消的农产品质量管理师或水产品质量管理师资格。

（二）国立农产品质量管理院想要按照第八十三条取消农产品检查官的资格应当进行听证。

（三）国家检疫检查机关负责人按照第九十二条取消水产品检查官的资格应当进行听证。

（四）良好管理认证机关想要按照第八条第一款取消良好管理认证应当给获良好管理认证者提出意见的机会。

（五）质量认证机关想要按照第十六条取消质量认证应当给获质量认证者提出意见的机会。

（六）关于依照第四款及第五款提出意见的机会遵照《行政程序法》第二

十二条第四款到第六款及第二十七条执行。在这种情况下，"行政厅"及"管辖行政厅"分别视为"良好管理认证机关"或"质量认证机关"。

第一百一十五条　权限委任和委托

（一）依照本法规定的农林畜产食品部长或海洋水产部长或食品药品安全处长的权限可以按照总统令的规定将部分委任给所属机关负责人、农村振兴厅长、山林厅长、市道知事或市长、郡守、区长。

（二）依照本法规定的农林畜产食品部长或海洋水产部长或食品药品安全处长的业务可以按照总统令的规定，将部分委托给下列各项者：

1. 生产团体。

2. 依照《关于公共机关管理的法律》成立的公共机关。

3. 依照《关于政府投资研究机关等的设立培育的法律》成立的政府投资研究机关，或依照《关于科学技术领域政府投资研究机关的设立、运营及培育的法律》成立的科学技术领域政府投资研究机关。

4. 依照《关于农渔业经营体培育及支援的法律》成立的农业组合法人及渔业组合法人等农林或水产有关法人或团体。

第一百一十六条　适用罚则时的公务员的拟制

符合下列情形之一者，适用依照《刑法》第一百二十九条到第一百三十二条的规定实施的罚则时视为公务员：

（一）依照第三条设立的审议会议委员中不是公务员的委员；

（二）依照第九条从事良好管理认证业务的良好管理认证机关的干部、职员；

（三）依照第十七条从事质量认证业务的质量认证机关的干部、职员；

（四）依照第四十二条设置的审判委员中不是公务员的审判委员；

（五）依照第六十五条从事安全调查和试验分析业务的安全性检查机关干部、职员；

（六）依照第八十条及第八十五条从事农产品检查、再检查及异议申请业务的农产品检查机关干部、职员；

（七）依照第八十九条及第九十六条从事检查及再检查业务的水产品检查机关干部、职员；

（八）依照第九十九条从事检验业务的检验机关干部、职员；

（九）依照第一百一十五条第二款从事受委托业务的生产者团体等干部、职员。

第九章　罚　　则

第一百一十七条　有下列情形之一的，处 7 年以下徒刑或处 1 亿元以下罚金。在这种情况下，判刑和罚金可以并处。

（一）违反第五十七条第一款虚假标示转基因农水产品标示，或有担心混同标示的转基因农水产品义务标示者；

（二）违反第五十七条第二款以混淆转基因农水产品标示为目的损坏、变更其标示的转基因农水产品义务标示者；

（三）违反第五十七条第三款在标有转基因农水产品标示的农水产品混同销售其他农水产品，或以混同销售为目的保存或陈列的转基因农水产品义务标示者。

第一百一十八条　罚则

违反第七十三条第一款或第二款排放依照《海洋环境管理法》第二条第五款规定的油者处 5 年以下徒刑或处 5 000 万韩元以下罚金。

第一百一十九条　罚则

有下列情形之一的，处 3 年以下徒刑或处 3 000 万韩元以下罚金：

（一）违反第二十九条第一款在非良好标示品的农水产品（非良好管理认证农产品的，包括未依照第七条第四款批准的农水产品）或农水产加工品标示良好标示品或类似标示者。

第（一）款之二　违反第二十九条第一款第二项将非良好标示品的农水产品（不是良好管理认证农产品的，包括未按照第七条第四款批准的农水产品）或农水产加工品做良好标示品广告，或能错误认识良好标示品广告。

（二）违反第二十九条第二款有下列之一的行为者：

1. 在依照第五条第二款标示标准规格品的农水产品混合销售非标准规格品的农水产品或农水产加工品，或以混合销售为目的保存或陈列的行为；

2. 在依照第六条第六款标示良好管理认证的农产品混合销售非良好农产品（包括未按照第七条第四款批准的农水产品）或农产加工品，或以混合销售为目的保存或陈列的行为；

3. 在依照第十四条第三款标示质量认证品的水产品或水产特产品混合销售非质量认证品的水产品或水产加工品，或以混合销售为目的保存或陈列的行为；

4. 删除（2012 年 6 月 1 日删除）；

5. 在依照第二十四条第四款进行履历跟踪管理标示的农产品混合销售未进行履历跟踪管理注册的农产品或农产加工品，或以混合销售为目的保存或陈列的行为。

（三）违反第三十八条在非地理标示品的农水产品或农水产加工品的包装、容器、宣传品及有关文书上标示地理标示或类似标示者；

（四）违反第三十八条第二款在地理标示品混合销售非地理标示的农水产品或农水产加工品，或以混合销售为目的保存或陈列者；

（五）违反第七十三条第一款或第二款，依照《海洋环境管理法》第二条第四款所指的废弃物、同条第七款所指的有害液体物质，或同条第八款所指的包装有害物质排放者；

（六）违反一百零一条第一款，以虚假或其他不正当手段获得依照第七十九条进行的农产品检查、依照第八十五条进行的农产品再检查、依照第八十八条进行的水产品及水产加工品检查、依照第九十六条进行的水产品及水产加工品的再检查及依照第九十八条进行的检验者；

（七）违反第一百零一条第二款，对应当接受检查的水产品或水产加工品不接受检查者；

（八）违反第一百零一条第三款，伪造或编造检查及检验结果的标示、检查证明书者；

（九）违反第一百零一条第五款，对检验结果做虚假广告或夸大广告者。

第一百二十条　罚则

有下列行为之一者，处1年以下徒刑或处1 000万韩元以下罚金：

（一）违反第二十四条第二款不进行履历跟踪管理注册者；

（二）不服从依照第三十一条第一款或第四十条下达的纠正令（依照第三十一条第一款第三项或依照第四十条第二款下达的标示方法的纠正令除外）、禁止销售，或停止标示处分者；

（三）不服从依照第三十一条第二款（对按照第三十一条第一款第三项规定的标示方法的纠正令除外）下达的纠正令或禁止销售者；

（四）不履行依照第五十九条第一款确定的处分者；

（五）不履行依照第五十九条第二款下达的公布命令者；

（六）不履行依照第六十三条第一款采取的措施者；

（七）不服从限制或禁止使用依照第七十三条第二款规定的动物药品者；

（八）不服从依照第七十七条采取的指定海域水产品的生产限制措施者；

（九）违反依照第七十八条下达的纠正、限制、中止生产、加工、上市及搬运的命令，或不履行改善、维修生产加工设施等的命令者；

第（九）款之二、不履行依照第九十八条第二款采取的措施者

（十）违反第一百零一条第二款，应当受检查的农产品不接受检查者；

（十一）违反第一百零一条第四款，不经检查销售出口相关农水产品或水产加工品，或以销售出口为目的保存或陈列者；

（十二）违反第一百零八条，让他人使用农产品质量管理师或水产品质量管理师的名义或借其资格证者。

第一百二十一条　过失犯

因过失犯罪，违反第一百一十八条者，处3年以下徒刑或3 000万韩元以下罚金。

第一百二十二条　两罚规定

法人代表人或法人，或个人的代理人、受雇者、其他从业人员，关于其法人或个人业务，如果有违反第一百一十七条到第一百二十一条之一的行为，除处罚行为人外，对法人或个人也处相关条款的罚金刑罚。法人或个人为了防止其违反行为，对相关业务相当注意，未放松监督的除外。

第一百二十三条　罚款

（一）对有下列情形之一的，处 1 000 万韩元以下罚款：

1. 拒绝、妨碍或逃避依照第十三条第一款、第十九条第一款、第三十条第一款、第三十九条第一款、第五十八条第一款、第六十二条第一款、第七十六条第三款、第一百零二条第一款规定的采集、调查、查阅者；

2. 依照第二十四条第二款注册者违反同一条第三款不进行变更申报者；

3. 依照第二十四条第二款注册者违反同一条第四款不进行履历跟踪管理标示者；

4. 依照第二十四条第二款注册者违反同一条第五款不遵守履历跟踪管理标准者；

5. 不服从依照第三十一条第一款第三项、第二款（限定第三十一条第一款第三项的）或第四十条第二款下达的标示方法的纠正命令者；

6. 违反第五十六条第一款不标示农水产品的标示者；

7. 违反依照第五十六条第三款规定的转基因农水产品的标示方法者。

（二）对有下列情形之一的，处 100 万韩元以下罚款：

1. 违反第七十三条第一款第三项，在养殖设施饲养家畜者；

2. 不依照第七十五条第一款规定报告或虚假报告的生产、加工业者。

（三）依照第一款及第二款所处的罚款，按照总统令规定由农林畜产食品部长、海洋水产部长、食品药品安全处长或市道知事征收。

附则（法律第 10885 号，2011 年 7 月 21 日）。

第一条　本法自公布之日起 1 年后施行。

第二条　水产品质量管理法废止。

译者注：

1.《韩国农水产品质量管理法》，1999 年 1 月 21 日制订（法律第 5667 号），韩国国会通过，1997 年 7 月 1 日施行。

2. 本书译本为 2016 年 2 月 9 日修订本（因其他法律修改重新修订，2017 年 3 月 1 日施行，〈法律第 14035 号〉）。

3. 附则部分只译两条，其余部分没有翻译。

附录 2　韩国畜产品卫生管理法

法律第 12672 号（2014 年 5 月 21 日部分修改）

第一章　总　　则

第一条　目的

为了加强畜产品的卫生管理，提高畜产品质量，通过规定家畜饲养、屠宰、处理和畜产品加工流通及检查等必要事项，确保畜产业的健康发展和公众卫生的提高，制定本法。

第二条　定义

本法中使用的用语定义如下：

（一）所谓家畜，是指牛、马、羊（包括山羊、羚羊等，下同）、猪（包括饲养的野猪，下同）、鸡、鸭、其他以食用为目的由总统令规定的动物。

（二）所谓畜产品，是指食用肉、包装肉、原乳、食用卵、肉食加工品、乳制品、蛋制品。

（三）所谓食用肉，是指以食用为目的的家畜的胴体、精肉、内脏及其他部位。

（四）所谓包装肉，是指以销售（包括向不特定多数人无偿提供的，下同）为目的，将食用肉切断（包括细切或粉碎）包装后冷藏或冷冻，不添加化学合成品等添加剂或其他食品。

（五）所谓原乳，是指以销售或为销售进行的处理、加工为目的的挤奶状态的牛乳和羊乳。

（六）所谓食用卵，是指由总理令所规定的以食用为目的的家畜的卵。

（七）所谓集乳，是指收集、过滤、冷却或储藏的原乳。

（八）所谓肉食加工品，是指为销售而加工的火腿类、香肠类、培根类、干燥储存肉类、调料肉类、其他以食用肉为原料加工的由总统令规定的肉类食品。

（九）所谓乳制品，是指为了销售而加工的牛乳类、奶粉类、发酵乳类、奶油类、奶酪类、其他以原乳为原料加工的由总统令规定的乳加工食品。

（十）所谓蛋制品，是指为销售而生产的蛋黄、蛋清、蛋粉、其他以蛋为原料加工的由总统令规定的蛋加工食品。

（十一）所谓作业场，是指屠宰场、集乳场、畜产品加工厂、食用肉包装处理车间或畜产品保管场所。

（十二）所谓不能站立，是指不能起立或行走的症状。

第三条　与其他法律的关系

除本法关于畜产品有规定的以外，遵从《食品卫生法》。

第二章　畜产品的标准规格及标示

第三条之二　畜产品卫生审议委员会的设置

（一）为了调查、审议畜产品卫生的主要事项，食品药品安全处长下设畜产品卫生审议委员会（以下称"委员会"）。

（二）委员会负责调查、审议下列事项：

1. 关于畜产品的病原性微生物检查标准及防止污染事项；

2. 关于为防止畜产品的抗生物质、农药等有害物质残留进行的技术指导及培训事项；

3. 关于畜产品加工、包装、保存、流通标准及成分规格的事项；

4. 关于依照第九条规定的安全管理认证标准的事项；

5. 关于依照第十五条之二第一款或第三十三条之二第二款采取的禁止畜产品进口、销售等措施的事项；

6. 其他食品药品安全处长认为重要，提交审议的事项。

（三）为了调查研究畜产品的国际标准及规格等，可以在委员会设研究委员会。

（四）除第一款到第三款规定的事项外，委员会的构成和运营必要事项由总统令规定。

第四条　畜产品的标准及规格

（一）畜产品屠宰、处理及集乳的标准由总理令规定。

（二）在公众卫生方面必要的情况下，食品药品安全处长可以规定下列事项：

1. 关于畜产品的加工、包装、保存及流通方法的标准（以下称"加工标准"）；

2. 关于畜产品的成分的规格（以下称"成分规格"）；

3. 关于畜产品的卫生等级的标准。

（三）食品药品安全处长让畜产品加工业经营者对未规定其加工标准及成分规格的畜产品，提出加工标准及成分规格，经过依照《关于食品药品领域考试检查等法律》第六条第二款第二项成立的畜产品考试、检查机关研究，在依照第二款规定的事项公告之前，可以暂时认定其加工标准及成分规格。

（四）为出口制定的畜产品的标准、加工标准及成分规格，不管第一款及第二款规定，可以遵从进口国提出的标准、加工标准及成分规格。

（五）家畜的屠宰、处理、集乳和畜产品加工、包装、保存、流通遵从依照第一款至第三款的规定制定的标准、加工标准及成分规格。

（六）不得销售或为销售而保管、搬运或陈列不符合依照第一款至第三款的规定制定的标准、加工标准及成分规格的畜产品。

第五条　容器的规格等

（一）为了畜产品的卫生处理，食品药品安全处长如果认为有必要，可以规定畜产品的容器、器具、包装或检疫（验）印讫用色素（以下称"容器等"）的规格等必要事项。

（二）依照第一款规定规格的，应当使用符合其规格的容器等。

第六条　畜产品的标示标准

（一）食品药品安全处长可以规定为销售而生产的畜产品的标示标准。在这种情况下，可以区分规定对依照《畜产法》第二条第一项之二规定的土著家畜的标示。

（二）依照第一款规定有关标示的标准的畜产品，应当做符合其标准的标示。为销售而进口的畜产品也按此规定执行。

（三）依照第一款规定有关标示标准的畜产品，如果没有依照第二款规定的标示，不得销售或为销售而加工、包装、保管、搬运或陈列。

第三章　畜产品的卫生管理

第七条　家畜的屠宰等

（一）应当在依照第二十二条第一款获得许可的作业场进行家畜屠宰、处理、集乳、畜产品加工、包装及保管。但是有下列情形之一的，不按此规定执行：

1. 为了学术研究用屠宰、处理的；

2. 特别市长、广域市长、特别自治市长、知事或特别自治道知事（以下称"市、道知事"）在除牛、马以外的分家畜种类规定公告的地区，为自家消费家畜屠宰、处理的；

3. 市、道知事在除牛、马、猪及羊以外的分家畜种类规定公告的地区，为了让所有者在相关场所直接烹饪销售给消费者而屠宰、处理的。

（二）依照第一款第一项屠宰、处理者应当按照总理令的规定向市、道知事申报。

（三）依照第一款第一项屠宰、处理的家畜的食用肉，可以按照总理令的规定作为食用使用或销售。

（四）依照第一款第三项屠宰、处理除牛、马、猪及羊以外的家畜者，应当按照食品药品安全处长规定卫生屠宰、处理。

（五）第一款各项以外的部分尽管正文做出规定，除受伤等总统令规定以外的不能站立的家畜屠宰、处理，不得作为食用使用或销售。

（六）国家及地方自治团体对依照第五款屠宰、处理的不能站立家畜实施疾病检查后，应当采用切实的方法废弃处理；对于由此产生的家畜所有者的损失，应当进行正当的补偿。

（七）第五款的适用对象家畜及依照第六款进行的家畜疾病检查事项及检查方法、补偿标准、程序和补偿价格计算及废弃方式等必要事项由总统令规定。

第八条　卫生管理标准

（一）依照第二十二条获得许可或依照第二十四条申报者（以下称"经营者"）及其从业人员在作业场或企业应当遵守的卫生管理标准（以下称卫生院"管理标准"）由总理令规定。

（二）符合下列各项的经营者依照卫生管理标准在相关的作业场或企业应当制定经营者及从业人员应当遵守的卫生管理标准：

1. 依照第二十一条第一款第一项规定的屠宰场的经营者；

2. 依照第二十一条第一款第三项规定的畜产品加工业经营者；

3. 依照第二十一条第一款第四项规定的食用肉包装处理业经营者；

4. 其他认定应当制定自身卫生管理标准由总理令规定的经营者。

（三）依照第二款规定的自身卫生管理标准的制定和运营等必要事项由总理令规定。

第九条　安全管理认证标准

（一）食品药品安全处长为了防止从家畜饲养到畜产品的原料管理、处理、加工、包装、流通及销售的全过程对人体造成危害的物质混入畜产品或畜产品受其物质污染，按照总理令规定，分各个过程规定安全管理认证标准（以下称"安全管理认证标准"）及其适用的事项。

（二）依照第二十一条第一款第一项规定的屠宰业经营者、依照同款第二项规定的集乳业经营者及同款第三项规定的畜产品加工业经营者中由总理令规定的经营者，应当依照安全管理认证标准制定和执行适用相关作业场的自身安全管理认证标准（以下称"自身安全管理认证标准"）。如果是在总理令规定的岛屿地区的经营者的，不执行本规定。

（三）有愿意遵守安全管理认证标准获得认证者（依照第二款正文规定的经营者除外）的，食品药品安全处长审查其是否遵守安全管理认证标准，可以将该作业场、企业或农场认证为安全管理认证作业场、安全管理认证企业或安全管理认证农场。

（四）依照《农业协同组合法》成立的畜产业协同组合等由总理令规定者，在家畜饲养、畜产品处理、加工、流通及销售等所有阶段一并遵守安全管理认证标准，想要申请获得认证的，食品药品安全处长审查是否遵守和该申请者签订家畜上市或原料供给等契约的作业场、企业或农场的安全管理认证标准等认证要件，可以将申请者认证为安全管理合并认证业体。在这种情况下，该作业场、企业或农场分别被看作依照第三款认证的安全管理认证作业场、安全管理认证企业或安全管理认证农场获得认证。

（五）依照第三款或第四款后部分作为安全管理认证作业场、安全管理认证企业或安全管理认证农场获得认证或视为获得认证者、作为依照第四款前部分规定的安全管理合并认证业体获得认证者，想要变更获得认证的事项中总理令规定的事项的，应当获得食品药品安全处长的变更认证。

（六）食品药品安全处长应当向依照第三款或第四款后部分作为安全管理认证作业场、安全管理认证企业或安全管理认证农场获得认证或视为获得认证者、作为依照第四款前部分规定的安全管理合并认证业体获得认证者及依照第五款获得变更认证者发放证明认证或变更认证事实的文件。

（七）未获得依照第六款发放的认证或变更认证事实证明文件者，不能使用安全管理认证作业场、安全管理认证企业、安全管理认证农场或安全管理合并认证业体（以下称"安全管理认证作业场"）的名称。

（八）食品药品安全处长，市、道知事或市长、郡守、区长（指自治区的区长，下同），为了有效运用安全管理认证标准，可以向符合下列情形之一者提供遵守安全管理认证标准必要的技术、信息或实施教育培训：

1. 应当制定和运用自身安全管理认证标准的经营者（包括从业人员）；

2. 依照第三款或第四款想要获得安全管理认证作业场的认证者及获得认证者（包括从业人员）。

（九）食品药品安全处长，市、道知事或市长、郡守、区长可以优先支持获得安全管理认证作业场等认证者改善设施的融资等。

（十）下列各项事项由总理令规定：

1. 依照第三款及第四款进行的安全管理认证作业场等的认证要件及程序；

2. 依照第五款进行的变更认证程序；

3. 依照第六款规定的证明文件的发放；

4. 依照第八款实施的教育培训、实施费用及内容等。

施行日期：在第九条第二款中对集乳场经营者的改正规定之日如下：

1. 日平均集乳量 150 吨以上的集乳场：2014 年 7 月 1 日；

2. 日平均集乳量 75 吨以上不足 150 吨的集乳场：2015 年 1 月 1 日；

3. 日均集乳量不足 75 吨的集乳场：2016 年 1 月 1 日。

第九条之二　认证有效期

（一）依照第九条第三款或第四款获得的认证有效期自认证之日起 3 年；依照同条第五款获得的变更认证的有效期为当初认证有效期剩余的期限。

（二）想要延长依照第一款规定的认证有效期者，应当按照总理令的规定向食品药品安全处长提出延长申请。

（三）食品药品安全处长收到依照第二款规定的延长申请时，认定符合安全管理认证标准的，可以延长其期限。在这种情况下，每次延长的期限不能超过 3 年。

第九条之三　是否遵守安全管理认证标准的评价等

（一）食品药品安全处长每年应当对安全管理认证作业场等是否遵守安全管理认证标准进行 1 次以上调查和评价。

（二）食品药品安全处长每年应当对适用自身安全管理认证标准的经营者自身安全管理认证标准及适用正确性进行 1 次以上调查和评价。

（三）食品药品安全处长可以对依照第二款做出的评价结果的经营者在行政和财政上优先予以支持。

（四）食品药品安全处长应当通过安全管理认证标准的适当性检验，稳定和持续发展安全管理认证制度。

（五）食品药品安全处长为了实施依照第四款规定的检验，可以派有关公务员到相关作业场、企业或农场调查。调查时，有关公务员应当持标示权限的证件，并向关系人出示其证件。

（六）获得安全管理认证作业场等的认证者（包括从业人员）和适用自身安全管理认证标准的经营者（包括从业人员）不得妨碍或逃避依照第一款、第二款及第五款实施的现场调查。

（七）食品药品安全处长在依照第二款进行的调查和评价过程中，发现违反自身安全管理认证标准时，可以让市、道知事对该作业场的经营者采取依照第二十七条第一款规定的措施。

（八）下列各项事项由总统令规定：

1. 依照第一款及第二款进行的调查、评价的方法及程序；

2. 依照第四款进行的适当性检验的方法等。

施行日期：对第九条之三第二款中，集乳场的经营者的改正规定之日如下：

（1）日平均集乳量在 150 吨以上的集乳场：2014 年 7 月 1 日；

（2）日平均集乳量在 75 吨以上不足 150 吨的集乳场：2015 年 1 月 1 日；

（3）日平均集乳量在 75 吨以下的集乳场：2016 年 1 月 1 日。

施行日期：对第九条之三第二款中，企业的畜产品加工的经营者的改正规定如下：

(1) 年销售额 20 亿元以上，从业人员 51 名以上的企业：2015 年 1 月 1 日；

(2) 年销售额 5 亿元以上，从业人员 21 名以上的企业：2016 年 1 月 1 日；

(3) 年销售额 1 亿元以上，从业人员 6 名以上的企业：2017 年 1 月 1 日；

(4) 年销售额不足 1 亿元，或从业人员 5 名以下的企业：2018 年 1 月 1 日。

第九条之四　认证的取消等

安全管理认证作业场等有下列情形之一的，食品药品安全处长可以按照总理令的规定，责令纠正或取消认证。符合第一项或第五项的，应当取消其认证：

1. 以虚假或其他不正当手段获取认证的；

2. 不遵守安全管理认证标准的；

3. 未获得依照第九条第五款规定的变更认证的；

4. 违反第四条第五款、第六款、第五条第二款、第八条第二款、第十二条第二款和第三款、第十八条、第三十二条第一款或第三十三条第一款，或违反依照第三十六条第一款或第二款下达的命令，依照第二十七条接到停止营业两个月以上（部分停止营业的除外）命令或将其改换受到征收附加税处分的；

5. 一年内受到 2 次以上的纠正令，又不履行纠正命令的；

6. 拒绝、妨碍或逃避依照第九条之三第一款和第五款进行的调查和评价的；

7. 其他以第二项和第四项为准由总理令规定的。

第九条之五　畜产品安全管理认证的取消等

(一) 食品药品安全处长为了有效地履行安全管理认证作业场的认证业务，设农畜产品安全管理认证员（以下称"认证员"）。

(二) 认证员为法人。

(三) 认证员在其主要的事务所所在地通过注册成立。

(四) 认证员为了达到第一款的目的履行下列各项业务：

1. 依照第四十四条第一款受委托可以进行的安全管理认证作业场等的认证、变更认证及证明文件发放业务；

2. 对是否遵守依照第四十四条第一款受委托可以进行的安全管理认证作业场等的安全管理认证标准的调查、评价业务；

3. 关于畜产品卫生及安全管理认证标准运用的考试和研究业务；

4. 关于畜产品卫生及安全管理认证标准的培训业务；

5. 关于安全管理认证标准及自身安全管理认证标准的技术支持业务；

6. 被附加在第一项到第五项业务的业务；

7. 受地方自治团体委托的业务；

8. 依照其他法律履行的业务。

（五）食品药品安全处长可以部分或全部支援履行第四款的业务必要的费用。

（六）食品药品安全处长按照总理令的规定，可以对认证员实行第四款业务的监督，并让其进行必要的报告。

（七）除本法关于认证员规定的事项外，适用《民法》中关于社团的规定。

第十条　不正当行为的禁止

任何人不得有强行给家畜灌水，或采取给肉注水等不正当手段增加重量或容量的行为。

第十条之二　畜产品的包装

（一）食品药品安全处长为了畜产品的安全管理，可以让经营者包装管理、保管、搬运、陈列及销售畜产品。

（二）依照第一款规定的包装对象、畜产品的种类及经营者等必要事项由总统令规定。

第四章　检　　查

第十一条　家畜的检查

（一）依照第二十一条第一款规定的屠宰业经营者，应当接受依照第十三条第一款任命或委托的检查官（以下称"检查官"）对屠宰场屠宰处理的家畜的检查。

（二）市、道知事可以让检查官对奶牛或奶羊进行检查。

（三）奶牛或奶羊的所有者或管理者不得拒绝、妨碍或逃避依照第二款进行的检查。

（四）依照第一款及第二款进行的检查项目、方法、标准、程序等由总理令规定。

施行之日：在第十一条第一款中对屠宰场的改正规定的施行日期如下：

1. 家畜的日平均屠宰量超过 8 万头以上的屠宰场：2014 年 7 月 1 日；

2. 家畜的日平均屠宰量不足 5 万头以上，8 万头以下的屠宰场：2015 年 1 月 1 日；

3. 家畜的日平均屠宰量不足 5 万头的屠宰场：2016 年 1 月 1 日。

第十二条　畜产品的检查

（一）依照第二十一条第一款营业的屠宰场经营者应当接受检查官对屠宰

场处理的食用肉的检查。

（二）依照第二十一条第一款营业的集乳业经营者应当接受检查官，或依照第十三条第三款指定的责任兽医师的原乳检查。

（三）依照第二十一条第一款营业的畜产品加工业经营者应当依照总理令的规定，检查其加工品是否符合加工标准及成分规格。

（四）市、道知事认定作业场因装备、设施不足等原因，不符合依照第二款或第三款进行的检查时，可以委托《关于食品药品领域考试检查等法律》第六条第二款第二项规定的畜产品考试检查机关检查。

（五）食品药品安全处长或市、道知事可以让检查官对食用卵进行检查。

（六）依照第一款到第三款规定的检查项目、方法、标准及其他必要的事项由总理令规定。

施行日期：在第十二条第一款中对屠宰场的改正规定的施行日期如下：

1. 家畜的日平均屠宰量超过 8 万头的屠宰场：2014 年 7 月 1 日；

2. 家畜的日平均屠宰量 5 万头以上，8 万头以下的屠宰场：2015 年 1 月 1 日；

3. 家畜的日平均屠宰量不足 5 万头的屠宰场：2016 年 1 月 1 日。

第十二条之二　家畜上市前遵守事项

（一）有下列从业者应当遵守上市前停食、禁止投药时间等总理令规定的事项：

1. 家畜饲养者；

2. 拟将家畜送到屠宰场者；

3. 拟将原乳等总理令规定的畜产品送到作业场者。

（二）依照第十一条或第十二条规定的检查结果有下列情形之一的，食品药品安全处长，市、道知事或市长、郡守、区长可以对其经营者进行必要的指导，改善家畜饲养方法及卫生上市等。

1. 第一款规定的从业者上市的家畜或畜产品，按照第十一条第四款或第十二条第六款不符合总理令规定的检查标准的；

2. 第一款规定的从业者被判定不遵守依照第一款规定的遵守事项的。

第十二条之三　畜产品的再检查

（一）食品药品安全处长或市、道知事，依照第十二条、第十五条第二款及第十九条检查畜产品的结果不符合加工标准及成分规格的，为了切实检查，有必要的，应当将检查结果事先通知该经营者。

（二）依照第一款的规定接到通知的经营者，如果对其检查结果有异议，可以附具食品药品安全处长认定的国内外检查机关发放的检查成绩书或检查证明书，向食品药品安全处长或市、道知事申请再检查。

（三）食品药品安全处长或市、道知事接到依照第二款实施的再检查申请后，应当依照总统令的规定决定是否再检查，并通知该经营者。

（四）食品药品安全处长或市、道知事决定依照第三款实施的再检查时，应当立即再检查并将检查结果通知该经营者。

（五）依照第一款、第二款及第四款检查的通知内容及通知期限等由总统令规定。

第十三条　检查官及责任兽医师

（一）食品药品安全处长或市、道知事，为了实施本法规定的检查，依照总统令规定，在具有兽医师资格的人员中任命或委托检查官。

（二）依照第十一条第一款及第十二条第一款实施检查的检查官，符合第三十三条第一款第一项至第四项的，判定通过采取必要的措施能够消除其危害要素时，可以立即让屠宰经营者采取消除危害等必要措施，或责令中止作业；经营者无正当理由应当遵从。在这种情况下，经营者采取的措施结果，如果认定消除危害要素，检查官应当立即解除中止作业，或通过采取其他必要措施，可以继续作业。

（三）在第十二条第二款的情况下，该经营者为了实施本法规定的检查，应当依照总统令的规定，经市、道知事批准，在所属兽医师中指定责任兽医师。

（四）依照第三款指定责任兽医师的经营者，不得妨碍责任兽医师的业务；接到责任兽医师履行业务的必要要求的，无正当理由，不得拒绝其要求。

（五）食品药品安全处长或市、道知事，应当考虑总统令规定的检查官的标准业务量，尽力将适当的人员安排在该作业场。

（六）检查官及责任兽医师的资格和任务、标准业务量等由总统令规定。

施行日期：在第十三条第三款中对屠宰场的改正规定的施行日期如下：

1. 家畜日平均屠宰量超过 8 万头的屠宰场：2014 年 7 月 1 日；

2. 家畜日平均屠宰量 5 万头，不足 8 万头的屠宰场：2015 年 1 月 1 日；

3. 家畜日平均屠宰量不足 5 万头的屠宰场：2016 年 1 月 1 日。

第十四条　检查员

（一）为了协助第十二条第一款规定的检查官的检查业务，食品药品安全处长可以录用安排检查员。

（二）在依照第二十二条第一款获得许可者中，获得由总统令规定的作业场许可者为了协助责任兽医师的检查业务，应当按照总统令规定设检查员。

（三）依照第一款及第二款设置的检查员资格、任务及培训和其他必要事项由总统令规定。

第十五条　进口畜产品的申报等

（一）为了销售或经营，想要进口畜产品者应当依照总统令规定向食品药品安全处长申报。

（二）如果是总统令规定的，通关流程结束前，食品药品安全处长应当让检查官对依照第一款申报的畜产品实施必要的检查。在这种情况下，如果获得食品药品安全处长认定的国内外检查机关的检查，提供其检查成绩书或检查证明书，可以以此代替依照前部分实施的检查，或调整其检查项目；在确认检查结果前，或完善违反事项之前，可以附加禁止使用或销售等的条件受理申报。

（三）想要依照第一款进口申报者或进口申报者不得有下列行为：

1. 以虚假或其他不正当手段进口申报的行为；

2. 依照第一款规定的申报内容和作为其他用途使用或销售进口畜产品的行为。但是，获得依照第二十二条规定的畜产品加工及肉食包装业经营许可者，或依照《食品卫生法》第三十六条经营的食品制造、加工业经营申报者，将畜产品作为本公司产品的制造用原料进口申报后，依照总统令获得变更用途批准的除外；

3. 依照第二款实施的检查结果受到不合格处分，返回出口国或返回其他国家的行为；

4. 违反依照第二款后部分规定的进口申报条件的行为；

5. 在依照第四条第二款公布的成分规格中，尽管知道或能知道是违反总理令规定的安全标准的畜产品，仍然进口申报该产品的行为。

（四）依照第二款规定的检查项目、方法、标准等由总理令规定。

第十五条之二　禁止进口销售等

（一）食品药品安全处长在特定国家或地区查明屠宰、处理、加工、包装、流通、销售的畜产品是有危害或认定可能有危害的，可以禁止进口、销售该畜产品，或以销售为目的加工、包装、保管、搬运或陈列。

（二）食品药品安全处长如果拟依照第一款做出禁止，应当事先听取有关中央行政机关的意见，经过委员会的审议决定。但是，担心严重危害国民健康，应当有必要迅速禁止的，可以先禁止。在这种情况下，事后应当经过委员会的审议决定。

（三）依照第二款经过委员会审议的，总统令规定的利害关系人可以出席委员会陈述意见或提出书面意见。

（四）食品药品安全处长认定依照第一款禁止进口和销售的畜产品无危害，或有利害关系的国家或进口经营者如果查明该畜产品有危害或可能有危害的原因或提出改善事项，可以部分或全部解除依照第一款做出的禁止规定。

（五）食品药品安全处长为了决定是否解除依照第四款做出的禁止规定，必要时可以让相关公务员进行现场调查。

第十六条　合格标示

检查官、责任兽医师或经营者依照第十二条检查的结果，应当依照总理令规定对检查合格的畜产品（原乳除外）进行合格标示。

第十七条　禁止未检查产品的运出

经营者不得将未接受依照第十二条检查的畜产品（以下称"未检查品"）运出作业场外。

第十八条　检查不合格产品的处理

经营者或者以销售为目的或以经营为目的进口畜产品者，应当按照总统令规定处理依照第十一条、第十二条或第十五条规定的检查不合格的家畜或畜产品。

第十九条　现场取样检查

（一）食品药品安全处长，市、道知事或市长、郡守、区长，必要时可以让经营者报告畜产品的检查结果及进出口实际情况等；或者让检查官或有关公务员到经营场所检查设施、文书或生产等情况；无偿抽取检查所需要的少量畜产品。

（二）食品药品安全处长，市、道知事或市长、郡守、区长，为了调查未检查产品或符合第三十三条第一款的畜产品，必要时可以让检查官或有关公务员到依照《食品卫生法》成立的食品制作和加工企业、食品服务业或集体食堂检查未检查产品的处理、加工、使用、保管、搬运、陈列或销售状况等；可以无偿抽取检查所需要的少量畜产品。

（三）依照第一款或第二款取样检查的检查官或有关公务员应当向关系人出示标示其权限的证件。

（四）依照第一款及第二款营业的经营场所、食品制作和加工企业、食品服务业及集体食堂的所有者或管理者不得拒绝、妨碍或逃避依照第一款或第二款进行的取样检查。

第十九条之二　消费者的卫生检查等要求

（一）食品药品安全处长，市、道知事或市长、区长，依照总统令规定的一定数量以上的消费者、消费者团体，或依照《关于食品药品领域考试检查等的法律》第六条指定的考试检查机关中总理令规定的考试检查机关（以下在本条称"考试检查机关"），要求对畜产品或营业场所等依照第十九条第一款及第二款实施的现场、检查、取样（以下本条称"卫生检查"）时，应当遵从本规定。但是有下列情形之一的除外：

1.同一消费者、消费者团体或考试检查机关，为妨碍特定经营者的营业，反复要求同一内容的卫生检查的；

2.食品药品安全处长，市、道知事或市长、郡守、区长认定因技术、设施或资金来源等原因不能进行卫生检查的。

（二）按照第一款服从卫生检查要求的，食品药品安全处长，市、道知事或市长、郡守、区长在 14 日内进行卫生检查，并将检查结果按照总统令规定，通知要求卫生检查的消费者、消费者团体或考试检查机关，并在因特网上公布。

（三）依照第一款规定的卫生检查的要求、要件及程序等必要事项由总统令规定。

第二十条　删除（2013 年 7 月 30 日删除）

第二十条之二　畜产品卫生监视员

（一）为了指导依照第十九条第一款到第三款的规定实施检查的有关公务员的职责或其他畜产品的卫生，食品药品安全处长（包括总统令规定的所属机关）在特别市、广域市、特别自治市、道、特别自治道或市、郡、自治区设畜产品卫生监视员。

（二）依照第一款设立的畜产品卫生监视员的资格、任命、职责范围由总统令规定。

第二十条之三　名誉畜产品卫生监督员

（一）食品药品安全处长，市、道知事或市长、郡守、区长，为了加强畜产品卫生管理的指导等，可以设名誉畜产品卫生监视员（以下称"名誉监视员"）。

（二）关于名誉监视员的委托、解除委托、业务范围和津贴的支付由总统令规定。

第五章　营业许可及申报等

第二十一条　经营的种类及设施标准

（一）想要从事下列各项之一的经营者应当具备总理令规定的标准设施：

1. 屠宰场；

2. 集乳业；

3. 畜产品加工业；

4. 肉食包装处理业；

5. 畜产品保管业；

6. 畜产品搬运业；

7. 其他总统令规定的经营。

（二）依照第一款规定的经营具体种类和范围由总统令规定。

第二十二条　营业许可

（一）想要依照第二十一条第一款到第三款规定经营的屠宰业、集乳业或畜产品加工业者，应当依照总理令的规定，分生产类别获得市、道知事的许可；拟依照同款第四项经营的肉食包装处理业或依照同款第五项经营的畜产品保管业的经营者，应当按照总理令的规定，分作业场类别获得特别自治道知事、市长、郡守、区长的许可。

（二）获得依照第一款规定的许可者，如果想要变更下列之一的事项，应当按照总理令的规定，分作业类别获得市、道知事或市长、郡守、区长的许可：

1. 变更营业场所所在地的；

2. 第二十一条第一款第一项的屠宰业经营者有下列情形之一的：

（1）在同一作业场变更屠宰、处理的家畜种类的；

（2）在同一作业场变更为屠宰、处理不同种类的家畜而设置的设施的。

3. 变更其他总统令规定的重要事项的。

（三）市、道知事或市长、郡守、区长除有下列情形之一的，应当依照第一款或第二款获得许可：

1. 其设施不符合依照第二十条第一款规定的标准的；

2. 依照第二十七条第一款或第二款注解许可未超过1年的，拟在同一场所被注销的许可和相同种类许可的。但是，未获得依照第二款规定的变更许可，拆除全部营业设施，注销营业许可的除外；

3. 依照第二十七条第一款或第二款注销许可后不满2年者（法人的，包括其法人代表），想要获得被注销的许可相同种类的许可的；

4. 想要获得许可者，是被成年监护人或被宣告破产未恢复者除外；

5. 想要获得许可者，违反本法被判刑，其刑期未满或未确定服刑者的；

6. 依照《屠宰场结构调整法》第十条第一款支付屠宰场结构调整金后关闭的屠宰场，在所在的同一场所（指依照第二十一条第一款第一项获得屠宰许可的占地），自关闭之日起超过10年之前想要经营屠宰业的；

7. 依照第二十七条第一款被停止营业处分后未超过停止时间前，想要在同一场所开展同类经营的；

8. 依照第二十七条第一款被停止经营处分后未超过停止时间（包括法人代表）者，想要开展同种经营的；

9. 依照第三十三条之二第五款获食品药品安全处长许可、保留、申请的；

10. 其他违反本法或其他法令规定限制的。

（四）依照第一款经市、道知事或市长、郡守、区长许可时，为了加强畜产品卫生管理，提高畜产品质量，可以附加必要的条件。

（五）依照第一款获得许可者，在暂时停业、再开业或关闭，或被许可的事项中，拟变更第二款各项中规定的事项以外的轻微事项的，应当依照总理令规定向市、道知事或市长、郡守、区长申报。

第二十三条 删除（2007年12月21日删除）

第二十四条　营业的申报

（一）想要依照第二十一条第一款第六项到第八项的规定营业的经营者，依照总统令规定应当具备依照第二十一条第一款规定的设施，向特别自治道知事、市长、郡守、区长申报。但是，在第二十一条第一款第七项的畜产品销售业中想要进口销售畜产品的经营者，应当具备依照第二十一条第一款规定的设施，向食品药品安全处长报告。

（二）按照第一款申报者想要变更暂时停业、再开业，或关闭或申报的内容的，应当按照总理令的规定，向食品药品安全处长或特别自治市、市长、郡守、区长申报。

（三）有下列情形之一的，可以依照第一款规定进行营业申报：

1. 依照第二十七条第一款或第二款被责令关闭营业场所超过 6 个月之前，想要在同一场所进行同一种类的营业的。但是，未依照第二款规定变更申报，全部撤除营业设施被责令关闭营业场所的除外；

2. 依照第二十七条第一款或第二款被责令关闭营业场所超过 2 年之前，同一人（法人的，含其法人代表）想要进行被责令关闭的营业和同一种类的营业的；

3. 依照第二十一条受停止营业处分超过停止时间前，想要在同一场所进行同一种类的营业的；

4. 依照第二十七条受停止营业处分未超过停止时间者（是法人的，含其法人代表）想要进行被停止的营业和相同的营业的。

（四）营业者（只限依照第一款申报营业者）依照《附加值税法》第五条向管辖税务署长申报停业，或管辖税务署长注销营业者登记的，食品药品安全处长或特别自治道知事、市长、郡守、区长，可以在职权内注销申报事项。

第二十五条　品名制作的报告

依照第二十二条第一款获畜产品加工许可者，加工畜产品或获肉食包装处理业许可者，包装处理食用肉的，应当向市、道知事或市长、郡守、区长报告其品名的制作方法说明书等总理令规定的事项。在报告事项中变更总理令规定的重要事项的，按此规定办理。

第二十六条　营业的继承

（一）营业者死亡或转让经营，或法人经营者合并时，其继承人或营业转让人合并后存续的法人，或因合并设立的法人（以下称"转让人"）继承其营业者的地位。

（二）按下列情形之一的程序全部接受营业用设施者继承其营业者的地位：

1. 依据《民事执行法》规定的拍卖；

2. 依据《关于债务人回生及破产的法律》规定的兑换；

3. 依据《国税征收法》、《国税法》或《地方税法》规定的扣押财产的变卖；

4. 其他以第一项到第三项的规定为准的程序。

（三）依照第一款或第二款继承经营地位者，应当按照总统令的规定，自继承之日起30天内向食品药品安全处长，市、道知事或市长、郡守、区长报告其事实。

（四）关于依照第一款及第二款规定的继承，遵从第二十二条第三款及第二十四条第三款。

第二十七条 许可的注销等

（一）经营者有下列情形之一的，食品药品安全处长、市道知事或市长、郡守、区长可以按照总统令规定注销其许可，或规定6个月内的期限，责令全部或部分停止营业，或责令关闭营业场所（仅限依照第二十四条申报的经营，以下本条相同）。但是，符合第三项的，应当责令注销或关闭营业场所。

1. 违反第四条第五款、第六款，第五条第二款，第六条第二款、第三款，第八条第二款，第九条第二款，第九条之三第六款，第十条、第十一条第一款，第十二条第一款到第三款，第十三条第二款到第五款，第十四条第二款，第十五条第一款、第三款，第十六条，第十七条，第十八条，第十九条第四款，第二十一条，第二十二条第五款，第二十四条第二款，第二十五条，第二十九条第二款、第三款，第三十条第五款、第六款，第三十一条，第三十一条之二第一款和第二款，第三十二条第一款，第三十三条第一款或第三十四条的；

2. 违反第二十二条第二款未获得变更许可或违反依照同一条第四款规定的条件的；

3. 适用第二十二条第三款或第二十四条第三款各项之一的；

4. 违反依照第三十五条、第三十六条第一款、第二款，第三十七条第一款或第四十二条下达的命令的；

5. 违反《畜产法》第三十五条第五款从屠宰场运出未获得等级判定的畜产品的（仅适用屠宰场的经营者）；

6. 违反《畜产法》第三十八条第三款，拒绝、妨碍或逃避等级认定业务的。

（二）如果经营者违反依照第一款规定的责令停止营业，继续营业，食品药品安全处长，市、道知事或市长、郡守、区长可以注销营业许可或责令关闭营业场所。

（三）适用下列情形之一的，食品药品安全处长，市、道知事或市长、郡守、区长，可以注销营业许可或责令关闭营业场所：

1. 经营者无正当理由连续停业六个月以上的；

2. 经营者（仅适用依照第二十二条获得营业许可者）依照《附加值税法》第五条向管辖税务署长申报停业，或事实上停业，管辖税务署长注销经营者登记的。

（四）依照第一款到第三款的规定进行的处分效果，自处分期限满之日起，继承人继承一年，正在履行处分程序时，可以对继承人等履行处分程序。但是，继承人等接收、继承或合并时，证明不知道其处分或违反事实的除外。

（五）依照第一款下达的处分的具体标准，根据违反行为的类型及违反程度由总理令规定。

第二十八条　代替停止营业等处分给予的罚款处分

（一）适用第二十七条第一款各项之一的，食品药品安全处长，市、道知事或市长、郡守、区长停止其营业给其利用者带来严重不便，或担心损害其他公益时，可以代替停止营业处分，处 2 亿韩元以下罚款。但是，违反第四条第五款、第六款，第六条第二款、第三款，第八条第二款、第九条第二款，第十七条、第三十二条第一款或第三十三条第一款的，由总统令规定的，除外。

（二）依照第一款缴纳罚款的违反行为的种类和程度给予的罚款金额和其他必要事项由总统令规定。

（三）为了收缴罚款，必要时食品药品安全处长，市、道知事或市长、郡守、区长可以通过记载下列各项事项的文件请求税务署长提供关税信息：

1. 纳税人的人力事项；

2. 关税信息的使用目的；

3. 罚款缴纳标准的销售金额。

（四）依照第一款规定的缴纳罚款者，如果到缴纳期不缴纳罚款，食品药品安全处长，市、道知事或市长、郡守、区长，按照总统令规定取消依照第一款规定的罚款处分，全部或部分停止依照第二十七条第一款规定的营业处分，或按照国税滞纳处分的案例或《关于征收地方税外收入的法律》收缴。但是因依照第二十二条第五款、第二十四条第二款规定的停业等，或不能全部或部分停止依照第二十七条第一款规定的营业处分的，按照国税滞纳处分的案例或《关于征收地方税外收入的法律》征收。

第二十八条之二　依照危害畜产品销售规定的罚款

（一）有下列情形之一的，食品药品安全处长，市、道知事或市长、郡守、区长，将其销售的畜产品零售价格的金额作为罚款收缴：

1. 违反第三十二条第一项，按照第二十七条受 2 个月以上处分、注销营业许可处分或责令关闭营业场所者；

2. 违反第三十二条第一款第二项、第三项、第五项、第七项、第九项，按照第二十七条受停止营业2个月以上处分、注销营业许可处分或责令关闭营业场所者。

（二）依照第一款规定的罚款的计算金额，按照总统令规定决定缴纳。

（三）在期限内不按照第二款缴纳罚款的，或按照第二十二条第五款、第二十四条第二款停业的，按照国税滞纳处分案例或《关于征收地方税外收入的法律》征收。

（四）食品药品安全处长，市、道知事或市长、郡守、区长为了收缴罚款必要时，可以通过记载下列各项事项的文书，要求管辖税务署长提供课税信息：

1. 纳税人的人事事项；

2. 课税信息的使用事项；

3. 罚款处罚标准的销售金额。

第二十九条　健康诊断

（一）总理令规定的经营者及从业人员应当接受健康诊断。但是，按照其他法令接受相同的内容的健康诊断的，视为接受依照本法规定的健康诊断。

（二）作为应当按照第一款接受健康诊断的经营者，未接受健康诊断，或健康诊断结果可能会给其他人造成危害的疾病的人，不得营业。

（三）经营者作为应当依照第一款接受健康诊断的从业人员，不得让未接受健康诊断，或健康诊断结果可能会给其他人造成危害的疾病的人从事其营业。

（四）依照第一款规定的健康诊断实施方法和依照第二款或第三款规定的疾病种类、其他必要事项由总理令规定。

第三十条　卫生培训等

（一）依照第十一条第一款或第十二条第一款，在屠宰场检查的检查官应当按照总理令规定，每年接受屠宰检查的培训。

（二）想要依照第二十一条第一款各项营业的经营者和受到依照第二十七条及第二十八条规定的处分者（被取消营业许可或被责令关闭营业所的营业者除外）应当接受畜产品卫生的培训。

（三）依照第十二条第二款检查的责任兽医师和总理令规定的经营者、从业人员每年应当接受畜产品卫生培训。

（四）应当依照第二款或第三款接受培训者不直接从事经营或在2处以上的场所营业的，可以在从业人员中指定卫生责任人代替经营者接受培训。

（五）作为应当依照第二款或第三款接受培训的经营者，未接受培训的经营者不得营业。

（六）经营者作为应当依照第三款接受培训的责任兽医师或从业人员，不得让未接受培训者从事其检查业务或营业。

（七）因不得已的理由，不能依照第一款到第三款的规定接受培训的，尽管第五款或第六款做出规定，也可以依照总理令的规定营业后或从事检查业务或营业后，接受其培训。

（八）依照第一款到第三款的规定进行的培训的实施机关职员、实施费用、内容、时间及方法（包括免于培训、缩短培训时间）等由总理令规定。

施行日：第三十条第一款、第六款中对屠宰场的改正规定为下列各项规定之日：

1. 家畜的日平均屠宰量超过 8 万头的屠宰场：2014 年 1 月 1 日；

2. 家畜的日平均屠宰量超过 5 万头以上、8 万头以下的屠宰场：2015 年 1 月 1 日；

3. 家畜的日平均屠宰量不足 5 万头的屠宰场：2016 年 1 月 1 日。

第三十一条　营业者和遵守事项

（一）依照第二十条第一款或第二款经营的屠宰业或集乳业的经营者无正当理由不得拒绝家畜的屠宰、处理或集乳的要求。

（二）为了维持卫生管理和交易秩序，经营者及从业人员，营业时下列各项应当遵守总理令规定的事项：

1. 关于家畜的屠宰、处理及集乳的事项；

2. 关于家畜和畜产品的检查及卫生管理事项；

3. 关于作业场的设施及卫生管理事项；

4. 关于畜产品的卫生性加工、包装、保管、搬运、流通、陈列、销售等事项；

5. 对于畜产品的交易详细说明书的发放和交易清单的填写、保管事项；

6. 其他经营者及其从业人员为了维持家畜及畜产品的卫生管理和交易秩序应当遵守的事项。

第三十一条之二　危害畜产品的回收

（一）经营者或以经营为目的进口畜产品者知道相关畜产品违反第四条、第五条或第三十三条的事实（与畜产品的危害无关的违反事项除外）的，应当立即收回流通中的畜产品或采取回收必要的措施。

（二）依照第一款回收畜产品，或应当采取回收必要措施者，应当事先将回收计划报告食品药品安全处长；接到依照其回收计划报告回收结果的市、道知事或市长、郡守、区长，应当立即将其结果报告食品药品安全处长。

（三）食品药品安全处长，市、道知事或市长、郡守、区长，对依照第一款回收或诚实履行回收必要的措施的经营者，可以按照总统令规定，减免因该畜产品受到的依照第二十七条给予的行政处分。

（四）依照第一款及第二款进行的回收对象畜产品、回收计划、回收程序及回收结果报告等由总理令规定。

第三十二条　虚假标示的禁止

（一）任何人不得在畜产品的名称、制作方法、成分、营养价值、原材料、用途及品质和其包装上做有下列情形之一的虚假、夸大、诽谤的标示和广告或夸大包装。

1. 对预防和治疗疾病有疗效，或可能有以药品或健康功能食品误导和混同的内容的标示、广告；

2. 夸大事实或与事实不符的标示、广告；

3. 欺骗消费者或可能有误导、混同的标示、广告；

4. 诽谤其他企业或其产品的广告。

（二）依照第一款禁止的虚假标示、夸大广告、诽谤广告或夸大包装的范围和其他必要事项由总理令规定。

第三十三条　禁止销售

（一）不能销售或以销售为目的处理、加工、包装、使用、进口、保管、搬运或陈列有下列情形之一的畜产品。但是符合食品安全处长规定的标准的除外：

1. 腐烂变质可能损害人体健康的；

2. 侵入或可能侵入有毒有害物质的；

3. 被病原性微生物污染或可能被污染的；

4. 不干净，或混入或添加其他物质，或因其他原因可能有害人体健康的；

5. 禁止进口的，或应当依照第十五条第一款进口申报未申报进口的；

6. 未依照第十六条进行合格标示的；

7. 应当按照第二十二条第一款及第二款获得许可的，或应当按照第二十四条申报的，未获得许可或未申报者处理、加工或制作的；

8. 超过标示畜产品的流通期限的；

9. 按照第三十三条之二第二款禁止销售的。

（二）依照《食品卫生法》规定的食品制作加工业、食品餐饮业或集体食堂的经营者，销售或以销售为目的加工、使用、保管、搬运或陈列未获得依照第十二条第一款规定的检查的食用肉，或违反第四条第五款、第六款，第六条第二款、第三款或本条第一款的畜产品的，食品药品安全处长，市、道知事或市长、郡守、区长可以要求该营业的许可机关或申报机关取消其营业许可、停止营业或采取其他必要的纠正措施；许可机关或申报机关无正当理由不得拒绝其要求。

第三十二条之二　危害评价

（一）虽然国内外尚未切实判明危害性，但作为含有可疑的危害性的物质流传等提出可能危害的畜产品，被怀疑符合第三十三条第一款情形之一的畜产品的，食品药品安全处长应当迅速评价该畜产品的危害要素，决定是否有危害。

（二）食品药品安全处长在依照第一款实施的危害评价结束前，为了国民健康，对有必要迅速采取预防措施的畜产品，可以暂时禁止销售其畜产品或为销售畜产品而处理、加工、包装、使用、进口、保管、搬运或陈列。

（三）食品药品安全处长拟采取依照第二款规定的暂时禁止措施的，事先应当经过委员会的审议。但是，可能发生对国民健康造成重大危害，需要迅速采取禁止措施的，可以事后经过委员会的审议。

（四）委员会按照第三款审议的，应当听取总统令规定的利害关系人的意见。

（五）按照第二款采取暂时禁止措施的，食品药品安全处长可以要求依照第二十二条第一款规定的许可权人将屠宰业、集乳业、畜产品加工业、肉食包装处理业或畜产品保管业的许可保留至该禁止措施解除时为止。

（六）食品药品安全处长认定依照第一款实施的危害评价结果没有危害，或依照第三款但书进行的审议结果，认定没有必要采取暂时禁止措施的畜产品，应当立即解除依照第二款规定的暂时禁止措施。在这种情况下，食品药品安全处长要求保留依照第五款规定的许可时，应当将解除暂时禁止措施事实通知依照第二十二条第一款规定的许可权人。

（七）依照第一款实施的危害评价对象、方法及程序等必要事项由总统令规定。

第三十四条　生产情况的报告

按照第二十二条获得屠宰业、集乳业、畜产品加工业或肉食包装处理业的经营者，应当按照总理令的规定，向市、道知事或市长、郡守、区长报告屠宰、集乳、畜产品加工品或包装肉的生产情况；市、道知事或市长、郡守、区长应当向食品药品安全处长报告上述情况。在这种情况下，市长、郡守、区长应当经过市、道知事。

第三十五条　设施改善

营业设施不符合依照第二十一条第一款规定的标准的，食品药品安全处长，市、道知事或市长、郡守、区长可以责令经营者限期改善设施。

第三十六条　扣押、废弃及回收

（一）有下列情形之一的，食品药品安全处长，市、道知事或市长、郡守、区长可以让检查官或依照第二十条之二任命的畜产品卫生监视员（以下称"畜产品卫生监视员"）扣押或废弃该畜产品，或责令该畜产品所有者或管理者指定用途、处理方法等，采取必要措施，避免发生公众卫生危害：

1. 违反第四条第五款或第六款的畜产品；

2. 违反第五条第二款的畜产品；

3. 违反第六条第二款或第三款的畜产品;

4. 未依照第十五条第一款规定申报的畜产品;

5. 未获得第二十二条第一款及第二款规定的许可,屠宰、处理、集乳、加工、包装或保管的畜产品;

6. 未依照第二十四条规定申报,搬运或销售的畜产品;

7. 违反第三十二条第一款的畜产品;

8. 符合第三十三条第一款情形之一的畜产品。

(二)食品药品安全处长,市、道知事或市长、郡守、区长认定发生或可能发生公众卫生危害的,可以责令经营者回收或废弃流通中的畜产品或变更畜产品原料、制作方法、成分或其配方比例。

(三)按照第一款扣押或废弃的检查官或畜产品卫生监视员,应当向关系人出示标示其权限的证件。

(四)符合第一款第一项、第二项、第三项、第七项或第八项,受到废弃处分的畜产品所有者或管理者不履行该命令的,食品药品安全处长,市、道知事或市长、郡守、区长,可以按照《行政代执行法》代执行,向违反命令者征收代执行费用。

(五)依照第一款或第二款扣押、回收、废弃必要事项由总理令规定。

第三十七条 公开发布

有下列情形之一的,食品药品安全处长,市、道知事或市长、郡守、区长可以责令公开发布其事实:

1. 按照第三十一条之二第二款报告回收计划的;

2. 按照第三十六条第二款责令回收的。

(二)食品药品安全处长,市、道知事或市长、郡守、区长判明经营者违反第四条第五款、第六款、第五条第二款或第三十三条第一款的,可以公开发布该畜产品及经营者的信息。但是,发生畜产品卫生危害的,应当公开发布。

(三)食品药品安全处长按照第三十三条之二第一款的危害评价决定该畜产品有危害的,应当公开发布该畜产品及经营者的信息。

(四)食品药品安全处长,市、道知事或市长、郡守、区长应当公开发布按照第二十七条、第二十八条、第三十六条或第三十八条确定行政处分的经营者的处分内容、营业所和畜产品的名称等与处分有关的详细信息。

(五)除在第一款到第四款中规定的事项外,公开方法、程序等由总统令规定。

第三十七条之二 信息系统的建立和运营

(一)为了有效管理畜产品检查、调查、废弃、回收及公开发布等有关信息,食品药品安全处长应当建立信息系统。

（二）为了建立和运营第一款的信息系统，必要时食品药品安全处长可以要求市、道知事及市长、郡守或区长输入或提供必要的资料；市、道知事及市长、郡守或区长无特殊理由应当予以协助。

（三）依照第一款及第二款规定的信息系统的建立和运营及资料的提供由总理令规定。

第三十八条　关闭措施

（一）有下列情形之一者，食品药品安全处长，市、道知事及市长、郡守或区长可以让公务员关闭该营业所：

1. 违反第二十二条第一款及第二款，未获得许可或违反第二十四条第一款未申报营业者；

2. 按照第二十七条第一款到第三款的规定被取消许可或被责令关闭营业所后继续营业者。

（二）食品药品安全处长，市、道知事及市长、郡守或区长，为了采取第一款的关闭措施可以让有关公务员采取下列措施：

1. 清除或消除该营业所的招牌等营业标志物；

2. 张贴告知该营业所为非法营业所的布告；

3. 粘贴不让该营业所的设施和营业器具使用的封条。

（三）食品药品安全处长，市、道知事及市长、郡守或区长按照第二款第三项查封后，没有必要继续查封，或该营业者或其代理人承诺关闭该营业所，或听取其他正当理由，要求开启封条的，可以解除查封。依照第二款第二项张贴布告的，也照此办理。

（四）食品药品安全处长，市、道知事及市长、郡守或区长如果拟按照第一款关闭营业所，应当事先书面通知该经营者或其代理人。但是有总统令规定的紧急事由的，不按此办理。

（五）依照第二款采取的措施使其不能营业，应当控制在最小范围内。

（六）按照第一款及第二款关闭营业所的有关公务员应当向关系人出示标示其权限的证件。

第三十九条　奖金

食品药品安全处长可以按照总统令的规定，给向有关行政机关或搜查机关举报、揭发或检举违反第四条第五款、第六款，第七条第一款、第五款，第十条，第二十二条第一款，第二十四条第一款或第三十三条第一款，或加工、包装、使用、管理、搬运、陈列，或销售未获得依照第十二条第一款实施的检查的食用肉者的人及协助检举者支付奖金。

第四十条　补助金

（一）国家或地方自治团体可以在预算范围内向经营者全部或部分补助畜

产品的卫生处理、加工、包装及流通必要的费用。

（二）国家在预算范围内可以向地方自治团体或卫生培训实施机关全部或部分补助下列各项费用：

1. 畜产品的取样检验必要的费用；

2. 删除（2013 年 7 月 30 日删除）；

3. 畜产品卫生监视员及名誉监视员的运营必要费用；

4. 依照第三十条进行的培训费用；

5. 依照第三十六条规定的扣押、废弃或回收必要的费用。

第四十条之二　家畜以外的动物检查

（一）在除家畜以外的动物中，把总理令规定的动物作为食用的目的屠宰、处理者，可以委托检查官检查该动物和其胴体、精肉、内脏及其他部分。

（二）检查官实施第一款的检查时，应当按照总理令的规定，向委托人发放检查证明书。

（三）检查官对依照第二款检查不合格的动物或胴体、精肉、内脏及其他部位，应当让委托人通过焚烧、掩埋等方法进行废弃等总理令规定的方法处理。

（四）委托者对依照第二款检查不合格的动物或胴体、精肉、内脏及其他部位，应当依照第三款按照检查官指示处理。

（五）依照第一款检查的申请程序、申请要件、检查方法和标准及检查结果的标示方法等必要事项由总理令规定。

第四十一条　手续费

有下列情形之一的，应当按照总理令的规定交纳手续费：

1. 申请依照第九条第三款及同条第四款前半部分进行的认证或依照第九条第五款进行的变更认证者；

2. 按照第九条第八款获得技术．信息提供或接受教育培训者；

3. 申请依照第九条之二延长认证有效期者；

4. 获得依照第十一条第一款及第十二条第一款检查的检查者；

5. 获得依照第十一条第二款检查的检查者；

6. 按照第十二条第二款获得检查官的检查者；

7. 获得依照第十二条第四款检查的检查者；

8. 获得第十二条之三第四款检查的再检查者；

9. 依照第十五条第一款申报的申报者；

10. 获得依照第十条第二款检查的检查者；

11. 删除（2013 年 7 月 30 日删除）；

12. 获得依照第二十二条第一款及第二款许可的许可者；

13. 依照第二十二条第五款规定的变更申报者；

14. 依照第二十四条规定的申报者；

15. 依照第二十六条规定的营业继承申报者；

16. 获得依照第四十条之二检查的检查者。

第四十二条　危害公众卫生时的措施

食品药品安全处长认定可能发生公众卫生危害时，可以责令经营者采取必要防止措施。

第四十三条　听证

食品药品安全处长，市、道知事或市长、郡守、区长拟做出下列情形之一的处分，应当听证：

1. 依照第九条第四款取消安全管理认证作业场的认证；

2. 删除（2013 年 7 月 30 日删除）；

3. 依照第二十七条第一款到第三款的规定取消营业许可或责令关闭营业所。

第四十四条　权限委任及委托

（一）依照本法规定的食品药品安全处长的权限，可以按照总统令的规定将部分委任给所属机关长或市、道知事；依照本法规定的业务，可以将部分委托给依照总统令规定的法人或团体。但是，关于农场、屠宰场及集乳场的卫生、疾病、质量管理、检查及危害要素重点管理标准运营的事项，按照总统令规定委托给农林畜产食品部长。

（二）依照本法规定的市、道知事的权限，可以按照总统令规定将部分委任给市长、郡守、区长；依照本法规定的业务，可以将部分委托给按照总统令规定的法人或团体。

第四十四条之二　罚则适用时的公务员拟制

有下列情形之一的，适用依照《刑法》第一百二十九条和第一百三十二条的规定处罚的罚则时，视为公务员：

1. 认证员的职员；

2. 责任兽医师；

3. 删除（2013 年 7 月 30 日删除）。

第八章　罚　　则

第四十五条　罚则

（一）有下列情形之一者处 10 年以下徒刑或处 1 亿韩元以下罚金：

1. 违反第七条第一款，在未获得许可的作业场屠宰、处理家畜者；

2. 违反第七条第五款屠宰、处理家畜作为食用使用或销售者；

3. 违反第十条，对家畜或食用肉有不正当行为者；

4. 违反第十一条，未接受检查官对家畜的检查者；

5. 违反依照第十五条之二第一款采取的禁止措施，进口、销售或以销售为目的加工、包装、保管、搬运或陈列畜产品者；

6. 违反第二十二条第一款未获得营业许可，或违反第二十二条第二款未获得变更许可营业者；

6之2. 违反第三十二条第一款第一项者；

7. 违反第三十三条第一款销售或以销售为目的处理、加工、包装、使用、进口、保管、搬运或陈列畜产品者。

（二）因第一款第六之二、第七项之罪被处监禁以上刑罚，判刑后5年内再次犯第一款第六之二、第七项之罪者处1年以上10年以下徒刑。在这种情况下，销售相关畜产品的，处相当于零售价格4倍以上10倍以下的罚金。

（三）违反第三十二条第一款（第一项除外）进行虚假标示、夸大广告、或夸大包装者，处5年以下徒刑或5 000万韩元以下罚金。

（四）有下列情形之一者处3年以下徒刑或5 000万韩元以下罚金：

1. 违反第四条第五款屠宰、处理家畜，集乳、畜产品加工、包装、保存或流通者；

2. 违反第四条第六款销售或以销售为目的保管、搬运或陈列者；

3. 违反第五条第二款使用不合格的容器者；

4. 违反第七条第一款在未获得许可的作业场集乳或加工、包装或保管者；

5. 违反第十二条第一款或第二款未接受检查官对食用肉的检查或未接受检查官或兽医师对集乳的原乳检查者；

6. 违反第十五条第一款未进行畜产品的进口申报者；

6之2. 符合第十五条第三款各项违反行为者；

7. 违反第十七条，将未检查品运到作业场外者；

8. 违反第十八条，处理检查不合格家畜或畜产品者；

9. 删除（2013年7月30日删除）；

10. 违反第二十七条第一款到第三款规定下达的命令者；

11. 违反第三十一条第二款第一项到第四项或第六项，不遵守经营者及其从业人员应当遵守的事项者。但是，不遵守总理令规定的轻微的事项者除外；

12. 违反第三十一条第二款第五项，未开具或假开具交易明细者；

13. 违反第三十一条第二款第五项不填写和保管或虚假填写交易明细书者；

14. 删除（2014年5月21日删除）；

15. 违反依照第三十六条第一款、第二款或第三十七条第一款下达的命令者；

16. 违反第四十条之二第四款处理检查不合格的动物者。

（五）有下列情形之一者，处3年以下徒刑或3000万韩元以下罚金：

1. 违反第十三条第三款，未指定责任兽医师者；

2. 违反第十三条第四款，妨碍责任兽医师的业务或无正当理由拒绝责任兽医师的要求者；

3. 违反第十六条，未做畜产品的合格标示或做虚假合格标示者；

4. 除去或损坏依照第三十八条第二款规定的招牌或封条者。

（六）有下列情形之一者，处1年以下徒刑或2000万韩元以下罚金：

1. 违反第六条第二款，不标示或虚假标示符合标准的标示者，但是，未适当标示总理令规定的轻微事项除外；

2. 违反第六条第三款，销售或以销售目的加工、包装、保管、搬运或陈列未标示的畜产品；

3. 违反第十一条第三款，拒绝、妨碍或逃避检查者；

4. 违反第十二条第三款，未检查或虚假检查者；

5. 拒绝依照第十五条第二款，第十九条第一款、第二款或第三十六条第一款规定的检查、出口、取样、扣押、废弃措施者；

6. 违反第十九条第一款，不报告或虚假报告者；

7. 违反依照第二十一条第一款规定的标准或依照第二十二条第四款规定的条件者；

8. 违反第二十二条第五款未申报者；

9. 违反第二十四条第一款未申报者；

10. 违反第二十六条第三款未申报者；

11. 拒绝、妨碍或逃避依照第三十八条第一款采取的营业所关闭措施者；

12. 拒绝、妨碍或逃避依照第三十八条之二第一款，出口、调查、检查者。

（二）从第一款到第五款的，可以判刑和罚金并处。

第四十六条　两罚规定

法人代表或法人或个人代理人、使用人、其他从业人员，关于法人或个人业务，如果有第四十五条规定的违反行为，除处罚其行为者外，对其法人或个人也处相关条款的罚金。但是，法人或个人为了防止其违法行为，加强业务监督管理的除外。

第四十七条　罚款

（一）对有下列情形之一者处1000万韩元以下罚款：

1. 按照第六条第二款应当标示的事项中，未切实标示总理令规定的轻微事项者；

2. 违反第七条第二款未申报者；

3. 违反第七条第四款屠宰、处理者；

4. 违反第八条第二款未制定或运用自身卫生管理标准者；

5. 违反第九条第二款未制定或运用自身卫生管理认证标准者。

（二）有下列情形之一者，处 500 万韩元以下罚款：

1. 违反第十条之二未包装保管、搬运、陈列或销售者；

2. 删除（2013 年 7 月 30 日删除）；

3. 违反第二十四条第二款未申报者；

4. 违反第二十五条、第三十四条未报告或虚假报告者；

5. 违反第二十九条第一款及第二款未接受健康诊断，或健康诊断结果有可能给他人带来危害的疾病的经营者进行营业者；

6. 违反第二十九条第一款及第三款未接受健康诊断，或健康诊断结果让有可能给他人带来危害的疾病的从业人员从事营业者；

7. 违反第三十条第一款、第三款及第六款让未接受培训的责任兽医师或从业人员从事检查业务或营业者；

8. 违反第三十条第二款、第三款及第五款未接受卫生培训的经营者从事营业者；

9. 违反第三十一条第一款拒绝家畜屠宰、处理或集乳要求者；

10. 违反第三十一条之二第二款不报告或虚假报告者；

11. 违反依照第三十五条下达的设施改善命令的。

（三）对适用下列情形之一者处 300 万元以下罚款：

1. 不履行依照第十二条之二第二款下达的纠正命令者；

2. 按照第三十一条第二款第一项到第四项或第六项，在经营者及其从业人员应当遵守的事项中，不遵守总理令规定的轻微的事项者；

3. 违反第四十一条收取手续费者。

（四）依照第一款到第三款的规定收缴的罚款，按照总统令规定由食品药品安全处长，市、道知事或市长、郡守、区长负责征收。

附则（法律第 5443 号，1997 年 12 月 13 日）

第一条　施行日

本法自公布后 6 个月之日起开始施行。

译者注：

1. 韩国《畜产品卫生管理法》，于 2010 年 5 月 25 日在《畜产品加工处理法》（1962 年 1 月 20 日制订并施行〈法律第 1011 号〉）基础上修订而成。

2. 本书译本为 2014 年 5 月 25 日修订本（法律第 12672 号）。

3. 本法附则部分只译第一条，其余部分省略。

附录 3 韩国农畜水产品国家认证统一标志图案

有机加工食品认证标志（农林畜产食品部）

水产品质量认证标志（海洋水产部）

安全管理认证标志（农林畜产食品部）

良好管理认证标志（农林畜产食品部）

无农药认证标志（农林畜产食品部）

无抗生剂认证标志（农林畜产食品部）

食品名人认证标志（农林畜产食品部）

传统食品认证标志（农林畜产食品部）

地理标示认证标志（农林畜产食品部）

加工食品 KS 认证标志（KS）工厂标示牌

（续）

畜产品履历管理标志	农产品履历跟踪管理标志
有机农标志（农林畜产食品部） 未使用活性处理剂标志（海洋水产部）	有机农农渔业材料公示及质量认证标志

注：因韩国农畜水产品认证制度种类多，认证标志样式多，人们难以区分。为防止标志混乱，便于国民区分，从 2012 年 1 月开始统一国家认证的 14 个农畜水产食品标志。标志图中前 10 个认证标志为统一后国家认证标志，供读者参考。

后　记

　　该书是我利用工作之余，在收集大量相关资料的基础上，受辽宁省海洋水产科学研究院的委托，经过认真思考，深入研究，编写而成的，现已脱稿。该书脱稿之时正值我国《农产品质量安全法》颁布实施10周年之际。在这10年里，我国农畜水产品质量安全管理发生了很大变化，无论是质量监管体系，检验检测体系，还是标准化体系都已初步形成，尤其是法律法规体系建设日臻完善，国民的食品安全意识不断增强，要求提供放心食品的呼声也越来越高。在这种形势下，该书与读者见面，相信会引起更多人的关注和兴趣，也能为完善我国农畜水产品质量管理制度有所借鉴。

　　我多年从事水产品质量安全管理工作，亲身经历过2006年11月多宝鱼事件对辽宁省乃至全国水产养殖业造成的重大冲击，亲眼目睹了养殖渔民因多宝鱼事件造成的经济损失，也饱尝了与渔民代表一起进京推销滞销多宝鱼的艰辛。长期以来，我深深感到农畜水产品的质量安全管理无论对生产者的持续生产、消费者的身体健康，还是对我国国民经济的发展都是至关重要的。特别是2013年我到辽宁省人大常委会农业与农村工作委员会工作后，曾多次参与畜产品和农产品质量安全立法调研，发现我们在农畜水产品质量安全管理方面还存在许多亟待解决的问题。另外，我国目前系统研究国外农畜水产品质量安全管理方面的专著并不多，对国外这方面的情况系统了解更少。为了帮助生产者、消费者及科研工作者更多地了解外国先进的管理经验和健全的管理制度、管理方法，推动我国农畜水产品质量安全管理，确保消费者舌尖上的食品安全，使我增强了编著该书的信心，克服了编写中遇到的诸多困难，最终完成了该书的编写工作。

在编著该书的过程中因国内关于韩国农畜水产品质量安全管理方面的资料较少，专著更不多见，所以大部分资料只能通过网络收集，资料比较零散，涉及的领域较多，涵盖的范围较宽，收集资料的时间跨度较长，其资料大部分为韩文，加上自己的专业知识和韩国语水平有限，特别是在相关法律的翻译中因法律知识欠缺，有些地方可能不符合法言法语的要求，仅供参考，如有不准确或错误之处，敬请读者及同仁批评指正。在编写过程中，因收集和参考的文献资料较多，在最后梳理时可能有漏掉的，没有收集到参考文献中来，如果遗漏请予谅解并表示抱歉。

杨宝瑞

2016 年 12 月 12 日

图书在版编目（CIP）数据

韩国农畜水产品质量安全管理制度概览：发展中的韩国农畜水产品质量安全管理制度 / 杨宝瑞编著. —北京：中国农业出版社，2017.11
ISBN 978-7-109-23564-9

Ⅰ.①韩… Ⅱ.①杨… Ⅲ.①农产品—质量管理—安全管理—韩国 ②畜产品—质量管理—安全管理—韩国 ③水产品—质量管理—安全管理—韩国 Ⅳ.①F331.266

中国版本图书馆 CIP 数据核字（2017）第 284199 号

中国农业出版社出版
（北京市朝阳区麦子店街 18 号楼）
（邮政编码 100125）
责任编辑　闫保荣　章　颖

北京万友印刷有限公司印刷　新华书店北京发行所发行
2017 年 11 月第 1 版　2017 年 11 月北京第 1 次印刷

开本：700mm×1000mm　1/16　印张：22.5
字数：416 千字
定价：40.00 元
（凡本版图书出现印刷、装订错误，请向出版社发行部调换）